新学習指導要領対応

小学 5 年生

学校でも、家庭でも
教科書レベルの力がつく！

理科習熟プリント

大判サイズ
コピーしやすい！

山下 洋 著

清風堂書店

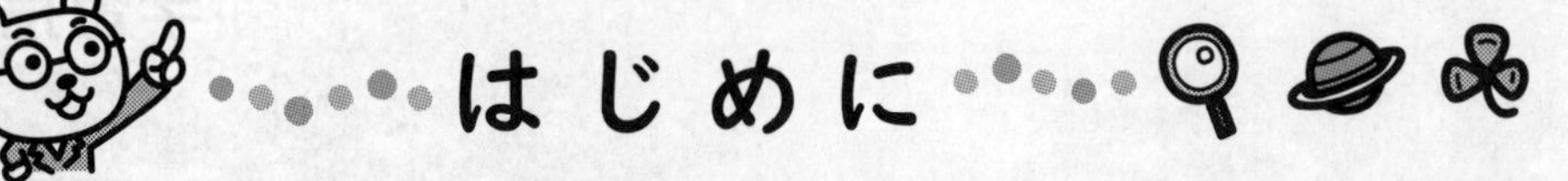

はじめに

本書は、学校や家庭で長年にわたり支持され、版を重ねてまいりました。その中で貫き通してきた特長が
- ○ 通常のステップよりも、さらに細かくして理解しやすくする
- ○ 大切なところは、くり返し練習して習熟できるようにする
- ○ 教科書レベルの力がどの子にも身につくようにする

です。新学習指導要領の改訂にしたがい、その内容にそってつくっていますが、さらにつけ加えた特長としては
- ○ 読みやすさ、わかりやすさを考えて、「太めの手書き文字」を使用する
- ○ 学校などでコピーしたときに「ページ番号」が消えて見えなくする
- ○ 解答は本文を縮小し、その上に赤で表す

などです。これらの特長を生かし、十分に活用していただけると思います。

さて、理科習熟プリントは、それぞれの内容を「イメージマップ」「習熟プリント」「まとめテスト」の3つで構成されています。

イメージマップ　各単元のポイントとなる内容を図や表を使いまとめました。内容全体が見渡せ、イメージできるようにすることはとても大切です。重要語句のなぞり書きや色ぬりで世界に1つしかないオリジナル理科ノートをつくりましょう。

習熟プリント　実験や観察などの基本的な内容を、順を追ってわかりやすく組み立ててあります。
基本的なことがらや考え方・解き方が自然と身につくよう編集してあります。順を追って、進めることで確かな基礎学力が身につきます。

まとめテスト　習熟プリントのおさらいの問題を2～4回つけました。100点満点で評価できます。
各単元の内容が理解できているかを確認します。わかるからできるへと進むために、理科の考えを表現する問題として記述式の問題（★印）を一部取り入れました。

このような構成内容となっていますので、授業前の予習や授業後の復習に適しています。また、ある単元の内容を短時間で整理するときなども効果を発揮します。
さらに、理科ゲームとして、取り組むことのできる内容も追加しました。遊びながら学ぶ機会があってもよいのではと思います。

このプリント集が、多くの子どもたちに活用され、「わかる」から「できる」へと自ら進んで学習できることを祈ります。

目次

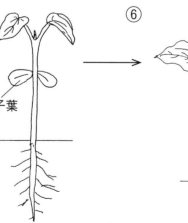

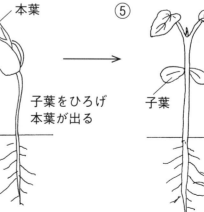

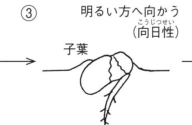

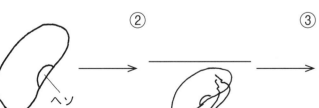

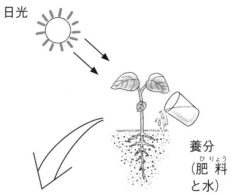

イメージマップ

植物の発芽と成長

月　　日　名前

発芽の3条件

1　水

2　空気

3　適当な温度

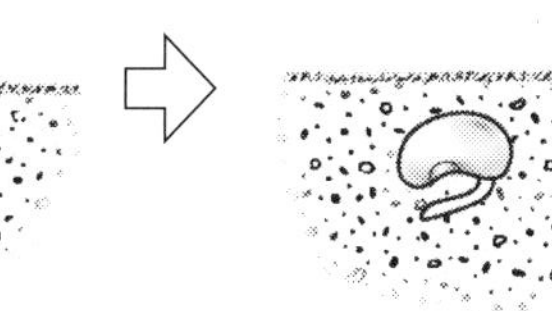

発芽　植物の種子が芽を出すこと。

成長の5条件

※発芽の条件に加えて

4　日光

5　養分（肥料）

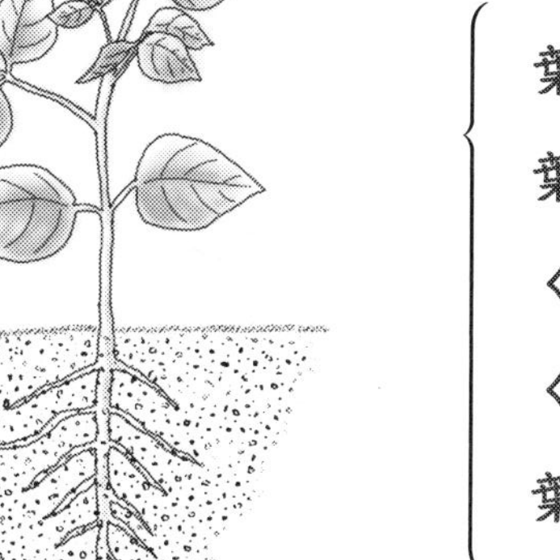
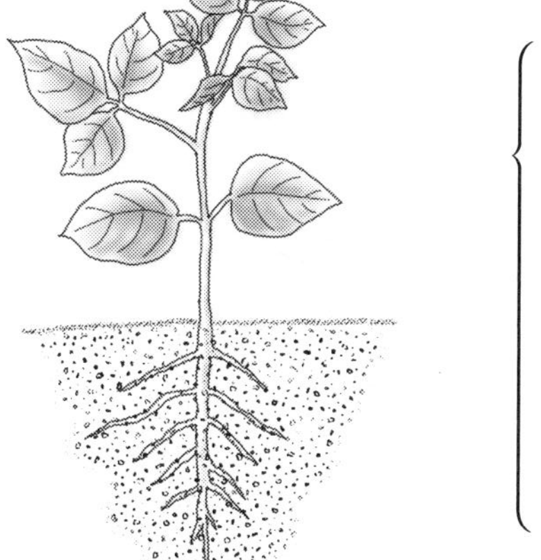

- 葉の数…………多い
- 葉の大きさ……大きい
- くきの太さ……太い
- くきののび……よい
- 葉やくきの色…緑色

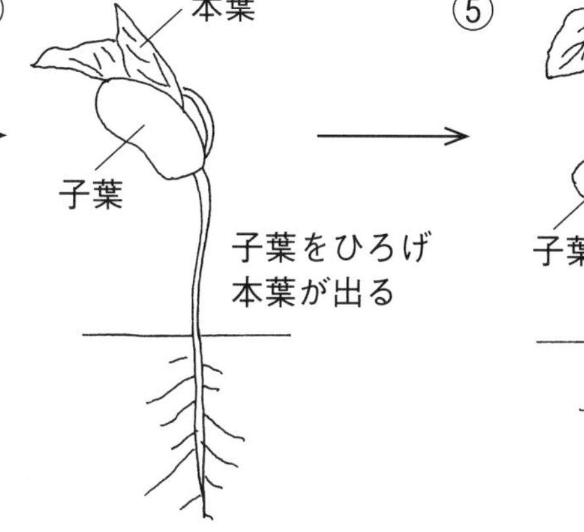

◆ なぞったり、色をぬったりしてイメージマップをつくりましょう

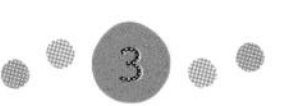

イメージマップ

植物の発芽と成長

月　日　名前

種子のつくり

インゲンマメ

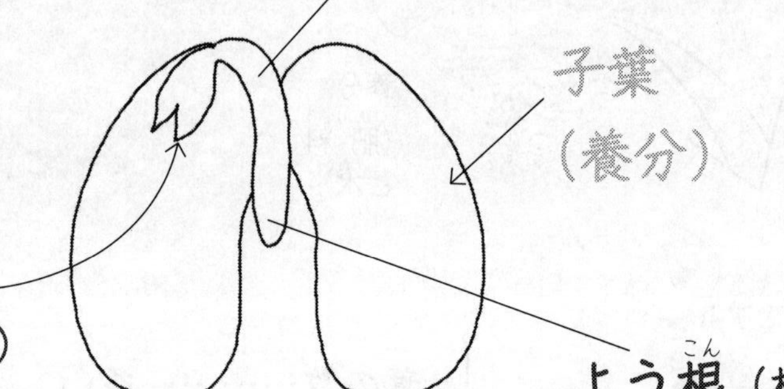

トウモロコシ

種皮
はいにゅう（養分）
はい（根・くき・葉になる）

イネ

種皮
はいにゅう（養分）
はい

カキ

種皮
よう芽
よう根

でんぷんの調べ方

でんぷん＋ヨウ素液⟶青むらさき色

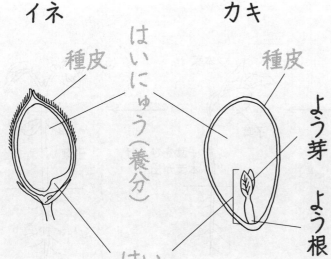

スポイト
ヨウ素液
インゲンマメ
ペトリ皿

ジャガイモ

青むらさき色

青むらさき色に変わる
⇕
でんぷんがある

インゲンマメ

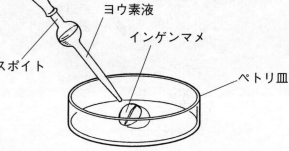

子葉（養分）

トウモロコシ

はいにゅう（養分）

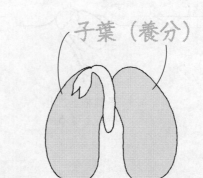

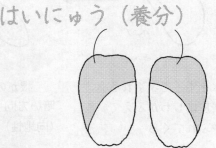

でんぷんをふくむ食品…ご飯・うどん・パンなど

植物の発芽と成長 ①
発芽の条件

月　　日　名前

ポイント 植物の発芽には、水・空気・適当な温度が必要であることを学びます。

1 次のように種子が発芽する条件(じょうけん)を調べました。表の(　　)にあてはまる言葉を□から選んでかきましょう。

(1) 発芽に水が必要かどうか調べました。[実験(1)]

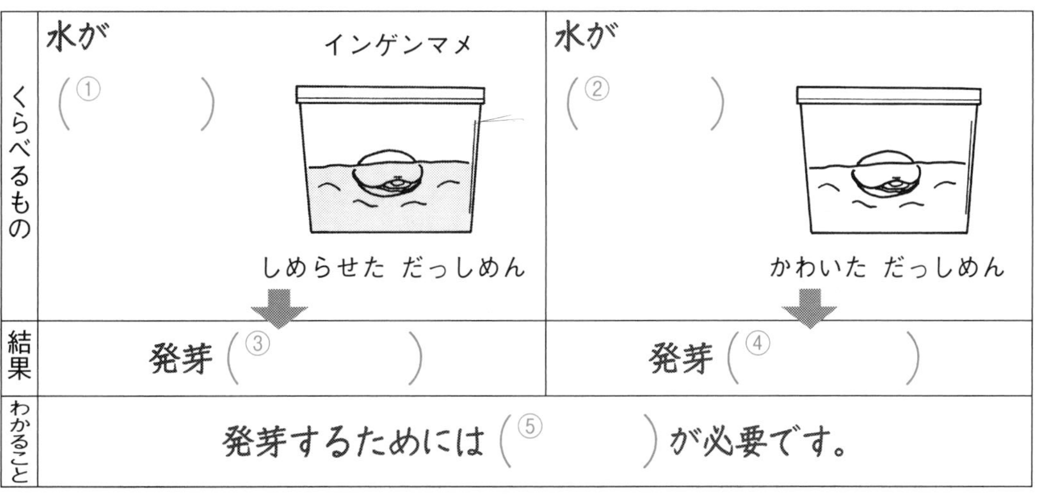

くらべるもの	水が(①　　)	水が(②　　)
結果	発芽(③　　)	発芽(④　　)
わかること	発芽するためには(⑤　　)が必要です。	

ある　ない　する　しない　水

(2) 発芽に空気が必要かどうか調べました。[実験(2)]

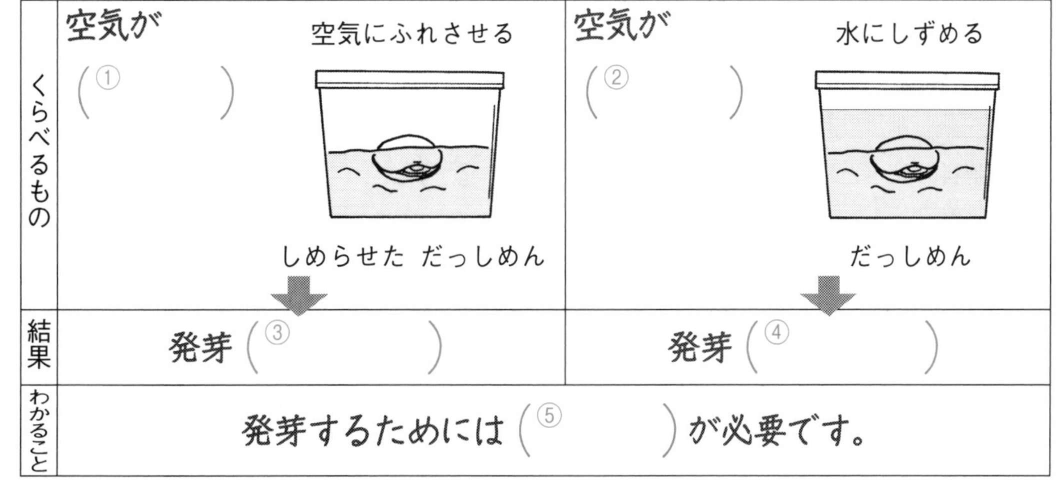

くらべるもの	空気が(①　　)	空気が(②　　)
結果	発芽(③　　)	発芽(④　　)
わかること	発芽するためには(⑤　　)が必要です。	

ある　ない　する　しない　空気

(3) 発芽に適当(てきとう)な温度が必要かどうか調べました。[実験(3)]

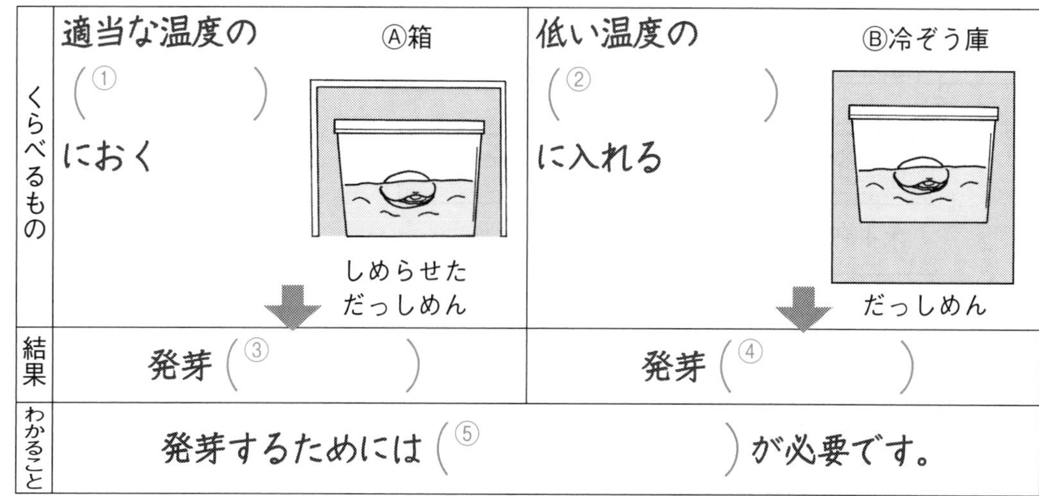

くらべるもの	適当な温度の(①　　)におく	低い温度の(②　　)に入れる
結果	発芽(③　　)	発芽(④　　)
わかること	発芽するためには(⑤　　)が必要です。	

する　しない　箱の中　冷ぞう庫　適当な温度

2 **1**の(1)~(3)の実験を表にまとめました。表の(　　)にあてはまる言葉を□から選んでかきましょう。

	変える条件	同じにする条件
実験(1)	(　　)が あるかないか。	・(　　)がある ・(　　)がある
実験(2)	(　　)が あるかないか。	・(　　)がある ・(　　)がある
実験(3)	(　　)が あるかないか。	・(　　)がある ・(　　)がある

水　空気　適当な温度　◉3回ずつ使います

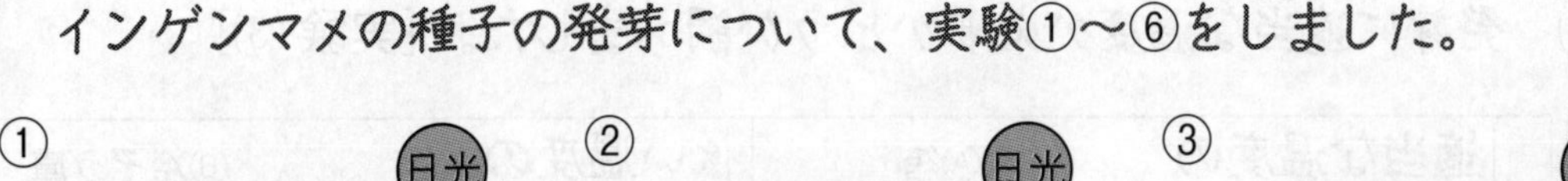

植物の発芽と成長 ②

発芽の条件

ポイント　植物の発芽の条件に日光と土が必要かどうかを調べます。

月　　日　名前

1 インゲンマメの種子の発芽について、実験①～⑥をしました。

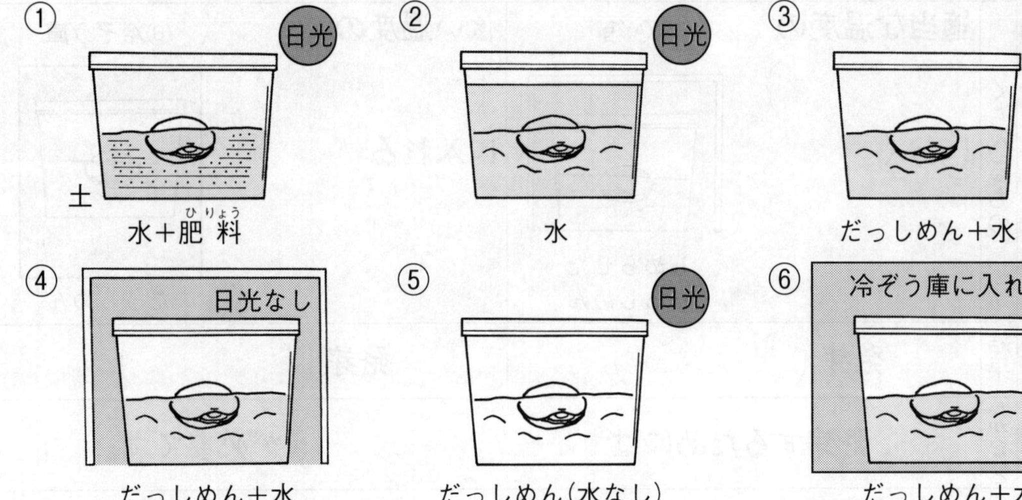

(1) 水と発芽の関係を調べるには、どの実験とどの実験を比（くら）べるのがよいですか。㋐～㋒から選びましょう。

㋐ ①と⑤　　㋑ ③と⑤　　㋒ ②と③　　（　　）

(2) 空気と発芽の関係を調べるには、どの実験とどの実験を比べるのがよいですか。㋐～㋒から選びましょう。

㋐ ③と⑤　　㋑ ②と③　　㋒ ②と④　　（　　）

(3) 温度と発芽の関係を調べるには、どの実験とどの実験を比べるのがよいですか。㋐～㋒から選びましょう。

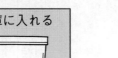

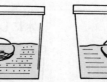

㋐ ④と⑥　　㋑ ⑤と⑥　　㋒ ②と⑥　　（　　）

(4) ①～⑥の実験の結果、発芽するものはどれですか。

（　　）（　　）（　　）

(5) この実験から発芽に必要な３つの条件（じょうけん）をかきましょう。

（　　）（　　）（　　）

2 インゲンマメの種子の発芽の条件を調べました。（　）にあてはまる言葉を□から選んでかきましょう。

(1) 発芽に土が必要かどうか調べる実験をしました。

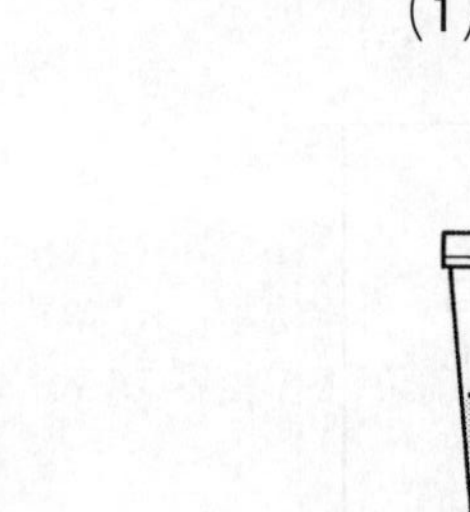

㋐には、土が（①　　）、㋑には、土が（②　　）。

㋐、㋑のどちらにも水をあたえます。

すると、㋐、㋑どちらも発芽（③　　）。これから、発芽に土は（④　　）。

ありますなく　しました　必要ありません

(2) 発芽に肥料が必要かどうか調べる実験をしました。

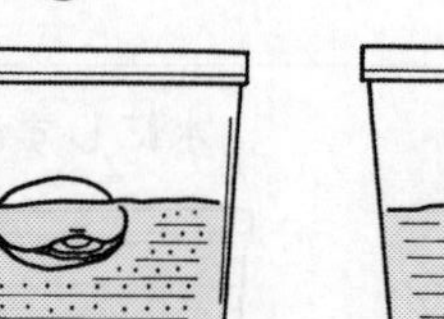

㋒には、肥料が（①　　）、㋓には、肥料が（②　　）。

㋒、㋓のどちらにも水をあたえます。

すると、㋒、㋓どちらも発芽（③　　）。これから、発芽に肥料は（④　　）。

ありません　あり　しました　必要ありません

植物の発芽と成長 ③

種子のつくり

1 次の（　）にあてはまる言葉を□から選んでかきましょう。

(1) インゲンマメの種子を数時間水につけ、やわらかくなった種子を２つに切ると㋐のようになりました。

① （　　　　）発芽して、根・くき・葉になります。

② （　　　　）種子を守っています。

③ （　　　　）養分をたくわえています。

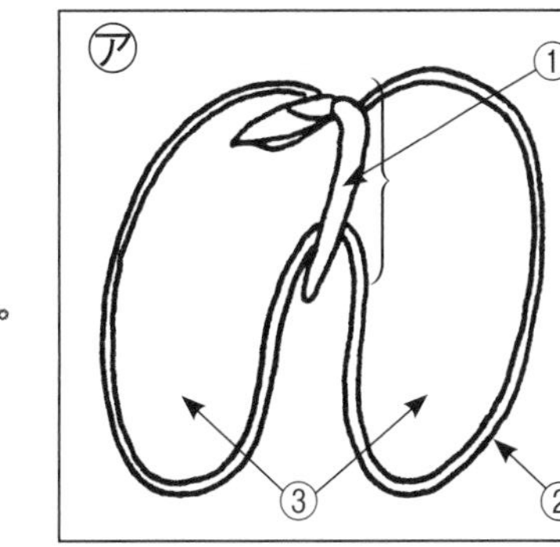

はいじく　種皮　子葉

(2) トウモロコシの種子を２つに切ると㋑のようになりました。

① （　　　　）養分をたくわえています。

② （　　　　）発芽して、根・くき・葉になります。

③ （　　　　）種子を守っています。

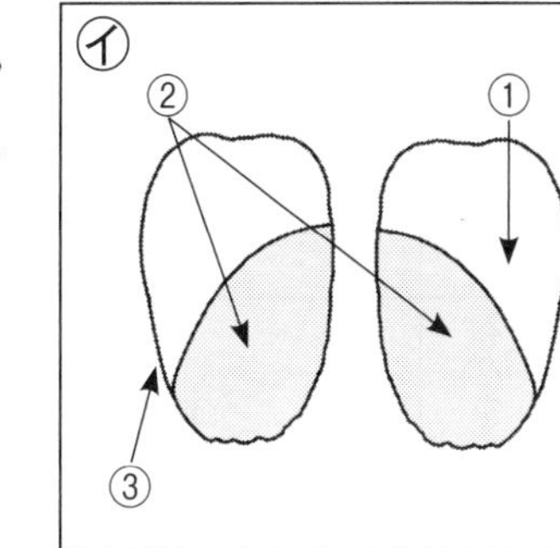

種皮　はい　はいにゅう

(3) インゲンマメの種子を半分に切り、切り口に（①　　　　）をつけると、（②　　　　）になります。

このことから、種子にふくまれている養分は、（③　　　　）だとわかります。

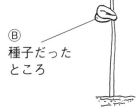

でんぷん　ヨウ素液（そえき）　青むらさき色

月　　日　名前

植物の種子のつくりを調べ、発芽のようすを学びます。

2 右の図は、発芽してしばらくたったインゲンマメのようすを表したものです。

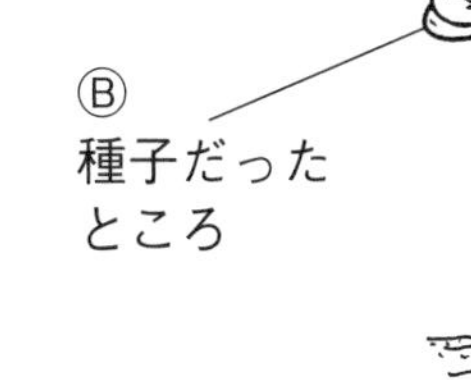

(1) 図のⒶ、Ⓑの名前を□から選んでかきましょう。

Ⓐ（　　　　）　Ⓑ（　　　　）

子葉　本葉

(2) 発芽する前にインゲンマメにヨウ素液をつけました。何色に変わりますか。次の中から選びましょう。（　　）

㋐ 赤むらさき色　㋑ 青むらさき色　㋒ 変わらない

(3) 色が変わると何があることがわかりますか。次の中から選びましょう。（　　）

㋐ でんぷん　㋑ 空気　㋒ 水

(4) 種子だったところⒷにヨウ素液をつけてみました。色はどうなりますか。次の中から選びましょう。（　　）

㋐ 赤むらさき色　㋑ 青むらさき色　㋒ 変わらない

(5) 種子だったところⒷのようすは、発芽する前とくらべてどうなっていますか。次の中から選びましょう。（　　）

㋐ 発芽する前よりも、小さくなってしおれています。
㋑ 発芽する前よりも、少し大きくなっています。
㋒ 発芽する前と変わりません。

(6) 種子だったところⒷが、(5)のようになったのはなぜですか。次の中から選びましょう。（　　）

㋐ 発芽するのに、養分は必要ないので。
㋑ 発芽したあとに栄養がたまったので。
㋒ 発芽して大きくなるのに養分が使われたので。

植物の発芽と成長 ④

日光と養分

月　日　名前

植物の成長に、日光と肥料がどのように関係するかを学びます。

1 日光と植物の成長との関係を次のようにして調べました。表の(　)にあてはまる言葉を□から選んでかきましょう。

		日光に(①　　)	日光に(②　　)
くらべること		肥料を入れた水をあたえる	肥料を入れた水をあたえる
結果	葉の色	(③　　)	(④　　)
	葉の数	(⑤　　)	(⑥　　)
	くき	(⑦　　)	(⑧　　)
わかること		植物がよく育つためには(⑨　　)が必要です。	

あてる　あてない　こい緑色　うすい緑色
多い　少ない　よくのびてしっかりしている
細くてひょろりとしている　日光

2 肥料と植物の成長との関係を次のようにして調べました。表の(　)にあてはまる言葉を□から選んでかきましょう。

		(①　　)をあたえる	水をあたえる
くらべること		日光にあてる	日光にあてる
結果	葉の色	(②　　)	(③　　)
	葉の数	(④　　)	(⑤　　)
	くき	(⑥　　)	(⑦　　)
わかること		植物がよく育つためには(⑧　　)が必要です。	

肥料をとかした水　こい緑色　こい緑色　多い　少ない
よくのびてしっかりしている　あまりのびない　肥料

3 **1** **2**の実験から、植物の成長に必要なもの2つをかきましょう。

(　　)(　　)

4 **1** **2**の実験をするにあたって、そろえておかなければならない条件が3つあります。発芽のときにも必要です。何でしょう。

(　　)(　　)(　　)

月　　日 名前

植物の発芽と成長 ⑤

発芽と成長

1 図のように、同じくらいの大きさに育っている３本のインゲンマメをバーミキュライト（肥料（ひりょう）のない土）に植えかえて実験しました。

㋐
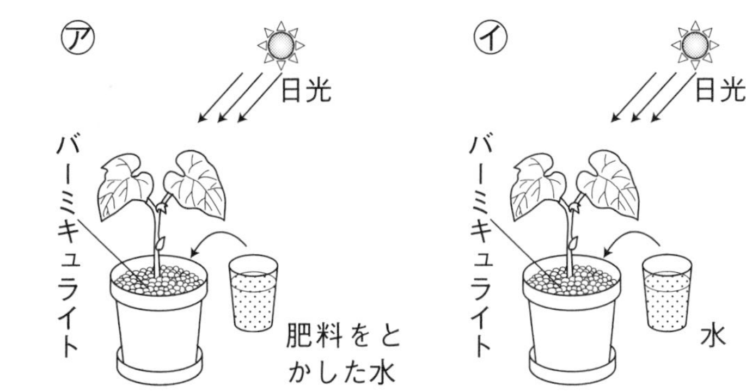

㋑
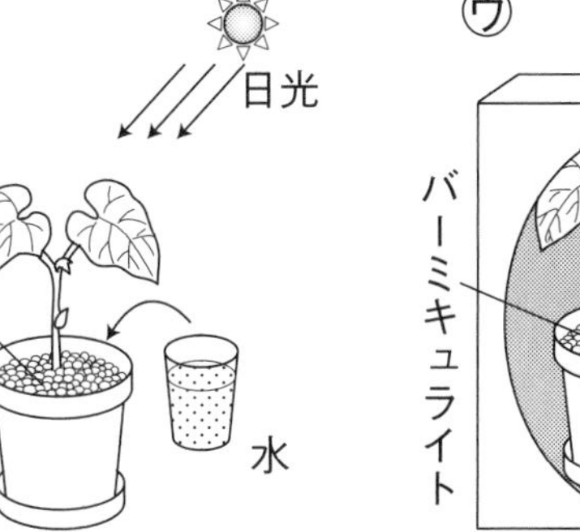

㋒
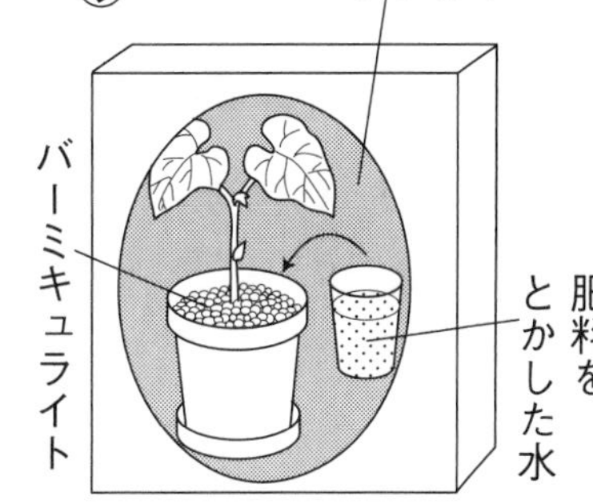

(1) 次の（　　）にあてはまる言葉を□から選んでかきましょう。

㋐と㋑を比（くら）べると、インゲンマメの成長と（①　　　）の関係を調べることができます。このとき、同じにする条件（じょうけん）は、（②　　　）をやることと、（③　　　）にあてることです。

また、㋐と㋒を比べると、インゲンマメの成長と（④　　　）の関係を調べることができます。このとき、同じにする条件は、（⑤　　　）と（⑥　　　）をやることです。

水　　肥料　　日光　◉２回ずつ使います

(2) ㋐〜㋒の結果として、正しいものを線で結びましょう。

㋐・　　・葉の緑色がうすくなっている。

㋑・　　・葉の緑色がこく、葉も大きくなっている。

㋒・　　・植物のたけが低く、葉はあまり大きくなっていない。

ポイント 植物の成長には、水・空気・適当な温度・日光・肥料（養分）が必要なことを学びます。

2 図は、**1**の実験をはじめて、およそ10日後のようすです。図を見て、あとの問いに答えましょう。

㋐

㋑

㋒
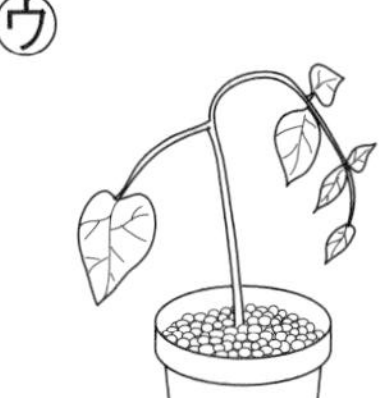

(1) ㋐と㋑の育ち方について比べました。次の①〜⑤はどちらのことですか。㋐、㋑の記号で答えましょう。

① くきは、太くなっています。（　　）

② くきは、やや細く、弱よわしくなっています。（　　）

③ 葉の大きさは、はじめたときとあまり変わりません。（　　）

④ 葉の大きさは、はじめたときより大きくなっています。（　　）

⑤ ２つの葉の数を比べると、葉の数が多くなっています。（　　）

(2) ㋐と㋒の育ち方について比べました。次の①〜⑥はどちらのことですか。㋐、㋒の記号で答えましょう。

① くきは、ひょろひょろとしていて細くなっています。（　　）

② くきは、太くしっかりしています。（　　）

③ 葉は大きく、数も多くなっています。（　　）

④ 葉が小さく、数も少なくなっています。（　　）

⑤ くきや葉の色は、緑色がこくなっています。（　　）

⑥ くきや葉の色は、緑色がうすくなっています。（　　）

月　日　名前

植物の発芽と成長 ⑥

発芽と成長

ポイント　発芽の３条件と成長の２条件（日光・肥料）をたしかめます。

1 図を見て、あとの問いに答えましょう。

(1) 発芽してしばらくすると、Ⓐが⒝のように育ちます。Ⓐの①～④の部分は、Ⓑの㋐～㋓のどの部分になりますか。記号をかきましょう。

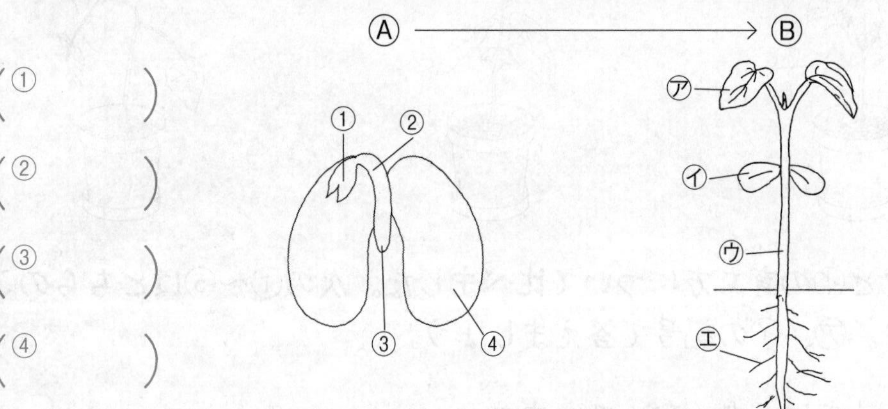

(①　　)

(②　　)

(③　　)

(④　　)

(2) 次の(　　)にあてはまる言葉を□から選んでかきましょう。

ヨウ素液（そえき）は、何もつけないときは、(①　　　　)をしています。発芽前のインゲンマメの子葉にヨウ素液をつけると青むらさき色に(②　　　　)。

発芽後、種子だったところにヨウ素液をつけると、色は(③　　　　)。

発芽によって養分の(④　　　　)が使われたためです。

でんぷんは種子によって、形がちがいます。

でんぷんをふくむものに(⑤　　　　)、(⑥　　　　)、(⑦　　　　)などがあります。

茶かっ色　変わりません　変わります　うどん ご飯　でんぷん　じゃがいも

2 次の(　　)にあてはまる言葉を□から選んでかきましょう。

(1) 土の中に植物の種子をまいて、水をやると発芽します。種子が発芽する３つの条件（じょうけん）は(①　　　)と(②　　　)と(③　　　)です。土は、発芽するための条件ではありません。また、種子には発芽するために養分として使われる(④　　　)とよばれる部分があり、(⑤　　　)も、発芽するための条件ではありません。

水　肥料（ひりょう）　空気　適当（てきとう）な温度　子葉

(2) 同じぐらいに育ったインゲンマメのなえを肥料のあるもの、ないもの、日光のあたるもの、あたらないもので育てました。２週間後

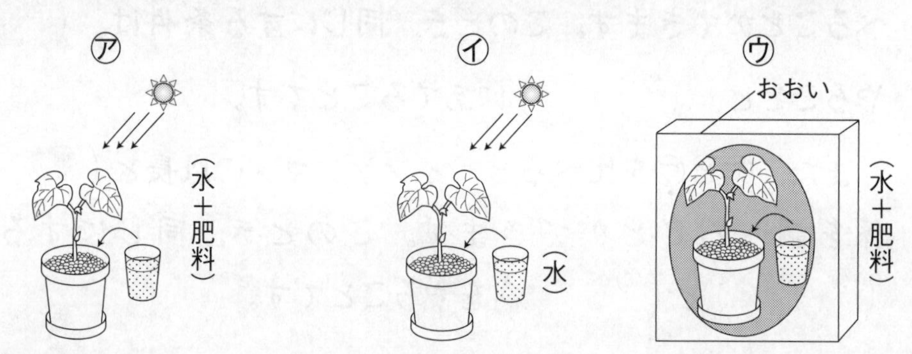

㋐は葉の緑色がこく、葉も(①　　　)なっていました。㋑は植物のたけが(②　　　)、葉はあまり大きくなっていませんでした。

㋒は葉の緑色が(③　　　)なっていました。

植物が成長するには(④　　　)と(⑤　　　)が必要なことがわかりました。

日光　肥料　低く　うすく　大きく

まとめテスト

植物の発芽と成長

月　　日　名前

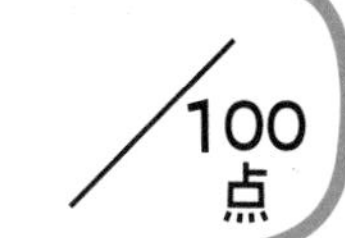

/100点

1 右の図はインゲンマメの種子のつくりを表したものです。　（1つ6点）

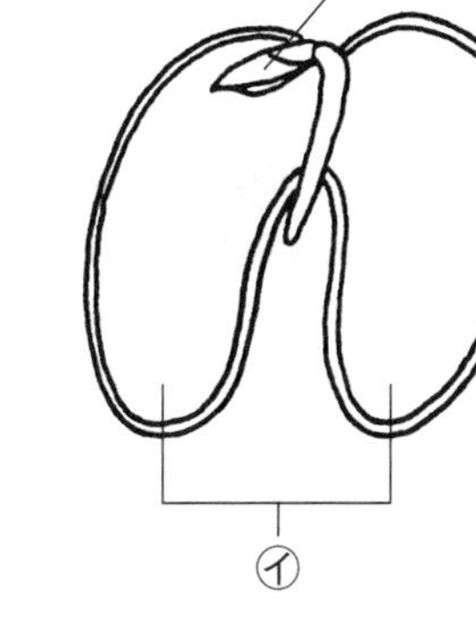

(1) 発芽したあと、本葉やくきに育つところは㋐、㋑のどちらですか。　（　　）

(2) 発芽のときに使う養分を多くふくんでいるのは、㋐、㋑のどちらですか。　（　　）

(3) ㋐、㋑の部分を何といいますか。□から選んでかきましょう。

（㋐　　　）（㋑　　　）

よう芽　子葉

(4) インゲンマメの種子にうすいヨウ素液をつけると、㋑の部分が青むらさき色になりました。ここにあった養分の名前をかきましょう。

（　　　）

2 発芽してしばらくすると、Ⓐが Ⓑのように育ちます。Ⓐの①～④の部分は、Ⓑの㋐～㋓のどの部分になりますか。　（1つ5点）

（①　　）
（②　　）
（③　　）
（④　　）

Ⓐ　→　Ⓑ

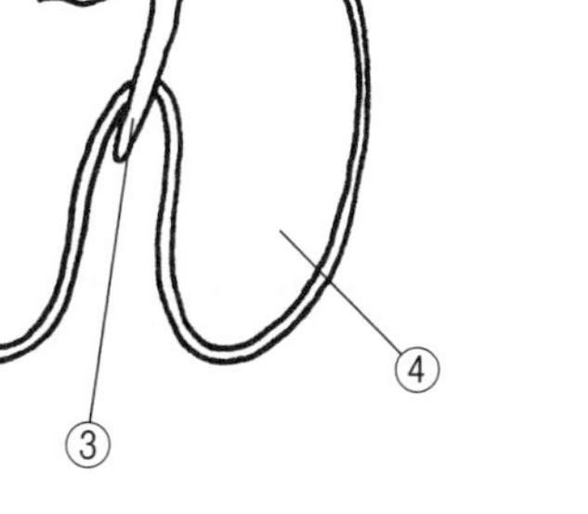

インゲンマメ

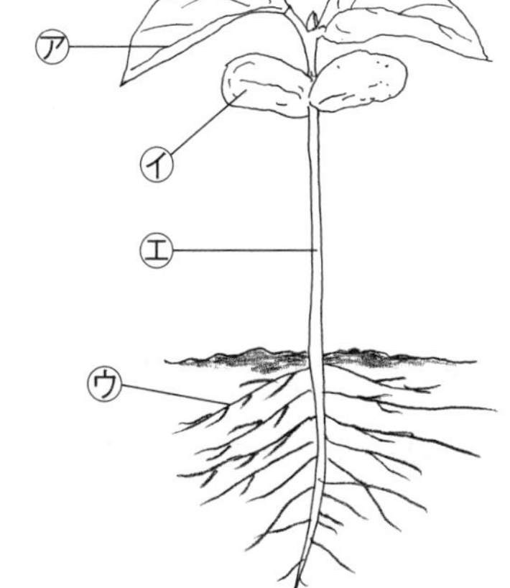

3 インゲンマメの種子の発芽について、実験をしました。　（1つ5点）

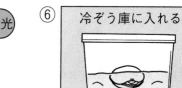

① 日光　土　水

② 日光　水

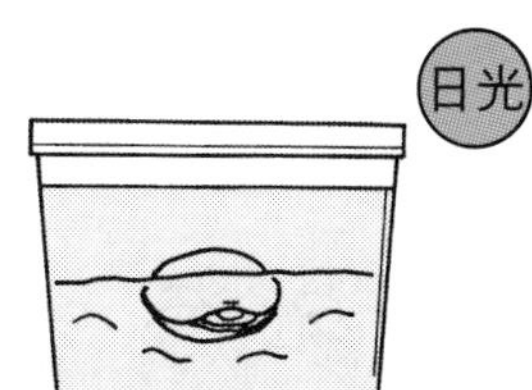

③ 日光　だっしめん＋水

④ 日光なし　だっしめん＋水

⑤ 日光　だっしめん（水なし）

⑥ 冷ぞう庫に入れる　だっしめん＋水

(1) 次の㋐～㋒の関係を調べるにはどの実験を比べればよいですか。あてはまるものを線で結びましょう。

㋐ 空気と発芽　・　　・　②と③

㋑ 水と発芽　・　　・　④と⑥

㋒ 温度と発芽　・　　・　③と⑤

(2) ①～⑥の実験の結果、発芽するものはどれですか。

（　　）（　　）（　　）

(3) ①と③を比べると、発芽と何について調べることができますか。

発芽と（　　　）の関係

(4) この実験から発芽に必要な3つの条件をかきましょう。

（　　　）（　　　）（　　　）

まとめテスト

植物の発芽と成長

月　日　名前　　/100点

1 同じぐらいに育ったインゲンマメのなえを、肥料のない土に植えて育てました。 ((1)〜(3)1つ6点)

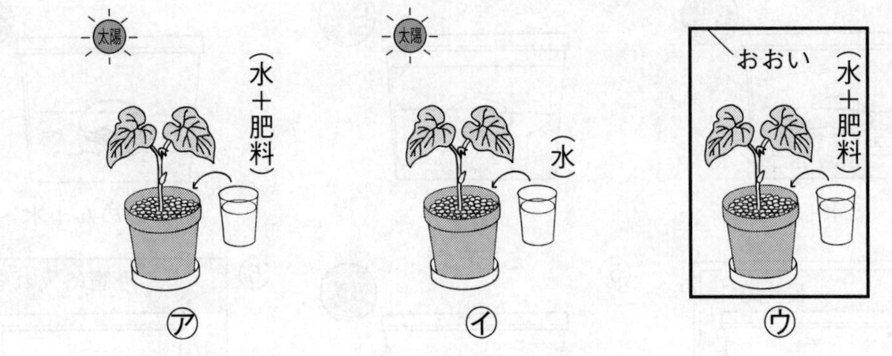

(1) ㋐と㋑を比べると、植物の成長に必要なものがわかります。それは何ですか。 (　　　　)

(2) ㋐と㋒を比べると、植物の成長に必要なものがわかります。それは何ですか。 (　　　　)

(3) ㋐と㋑、㋐と㋒で同じにする条件は何ですか。□から選んで記号をかきましょう。

	㋐と㋑	㋐と㋒
同じにする条件	(　　)(　　)	(　　)(　　)

Ⓐ 日光にあてる　Ⓑ 肥料をあたえる　Ⓒ 適当な温度にする

(4) 実験をはじめてから2週間後には、㋐〜㋒はどのようになっていますか。(　)に記号をかきましょう。 (1つ5点)

① 植物のたけが低く、葉はあまり大きくなっていません。 (　　)

② 葉の緑色がこく、葉も大きくなっています。 (　　)

③ 葉の緑色がうすくなっています。 (　　)

2 ヨウ素液の性質について、次の(　)にあてはまる言葉を□から選んでかきましょう。 (1つ7点)

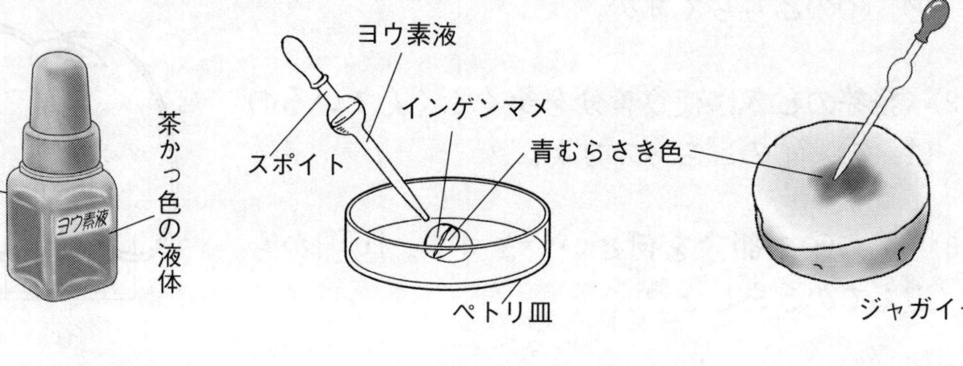

(1) ヨウ素液は、(①　　　　)の液体で、(②　　　　)につけると(③　　　　)に変わります。

青むらさき色　茶かっ色　でんぷん

(2) ご飯やパンにも(①　　　　)がふくまれているので、ヨウ素液をつけると(②　　　　)に変わります。

でんぷん　青むらさき色

(3) ヨウ素液をつけたとき、色が変わるのは、㋐、㋑のどちらですか。 (　　)

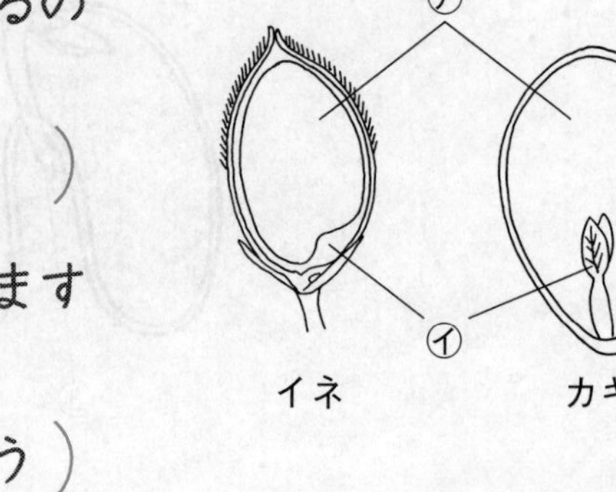

(4) (3)の色が変わる部分を何といいますか。○をつけましょう。

(はい・はいにゅう)

まとめテスト

植物の発芽と成長

月　　日　名前

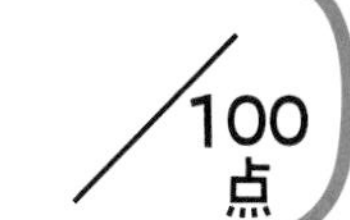

／100点

1 インゲンマメやトウモロコシについて、あとの問いに答えましょう。（1つ5点）

(1) それぞれの部分の名前を［　］から選んでかきましょう。

①（　　　）
②（　　　）
③（　　　）

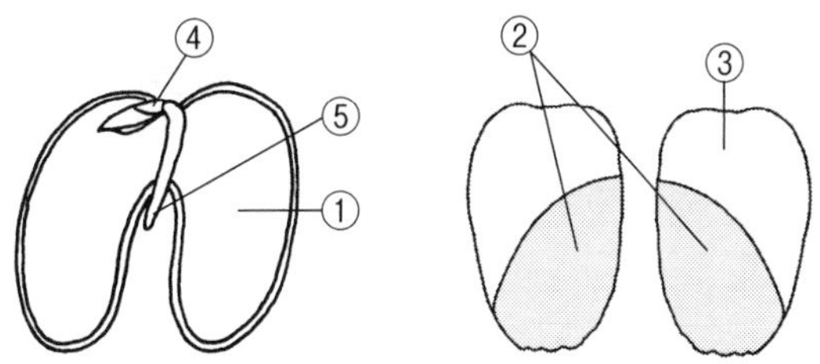

インゲンマメ　トウモロコシ

はい　はいにゅう　子葉

(2) 図の番号で答えましょう。

㋐ 発芽後、本葉になる部分はどこですか。（　）（　）

㋑ インゲンマメで、発芽後、小さくなる部分はどこですか。（　）

㋒ インゲンマメで、発芽して根になる部分はどこですか。（　）

㋓ インゲンマメの①と同じ役目をするトウモロコシの部分はどこですか。（　）

㋔ 養分をふくんでいる部分はどこですか。（　）（　）

(3) 養分があるかどうかを調べるのに使う薬品は、何ですか。（　　　）

(4) 養分があれば、何色に変化しますか。（　　　）

(5) 養分の名前は何ですか。（　　　）

2 右の図は、発芽してしばらくたったインゲンマメのようすを表したものです。これについて、あとの問いに答えましょう。（1つ5点）

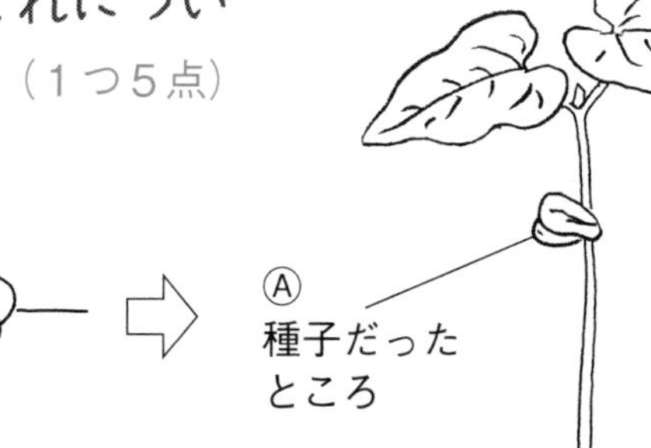

(1) Ⓐの種子だったところのようすは、発芽する前とくらべてどうなっていますか。次の㋐～㋒から選びましょう。（　）

㋐ 小さくなってしおれています。
㋑ 少し大きくなっています。
㋒ 変わりません。

(2) Ⓐの種子だったところが、(1)のようになったのはなぜですか。次の㋐～㋒から選びましょう。（　）

㋐ 発芽するのに、養分は必要ないので。
㋑ 発芽したあとに栄養がたまったので。
㋒ 発芽して大きくなるのに養分が使われたので。

(3) Ⓐの部分を何といいますか。（　　　）

(4) 図のように発芽したのは、水以外に何があったからですか。2つかきましょう。（　　　）（　　　）

(5) 今後、さらに成長するために必要なものは何ですか。2つかきましょう。（　　　）（　　　）

まとめテスト

植物の発芽と成長

月　　日　名前　　　　/100点

1 インゲンマメの発芽について答えましょう。（1つ5点）

(1) （　）にあてはまる言葉を□から選んで記号でかきましょう。

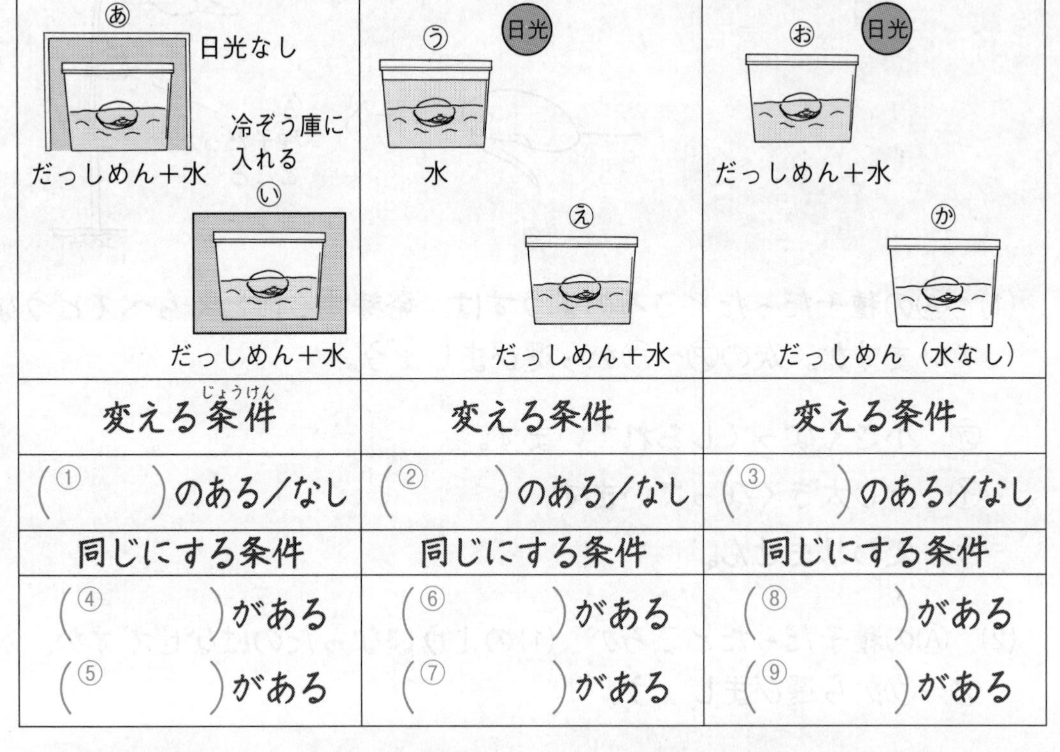

変える条件	変える条件	変える条件
（①　）のある／なし	（②　）のある／なし	（③　）のある／なし
同じにする条件	同じにする条件	同じにする条件
（④　）がある （⑤　）がある	（⑥　）がある （⑦　）がある	（⑧　）がある （⑨　）がある

㋐ 水　㋑ 空気　㋒ 適当な温度　◉3回ずつ使います。

(2) 発芽するものはどれですか。3つかきましょう。

（　）（　）（　）

(3) 図のようなものを用意して実験を行いました。この実験の結果からわかる発芽の条件を2つ答えましょう。

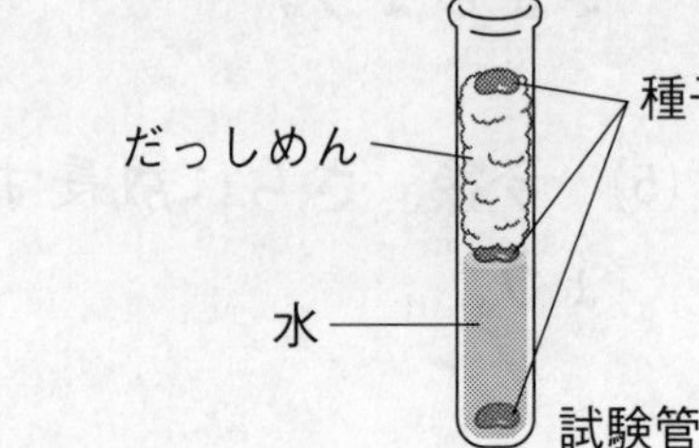

①（　）は、発芽に必要です。

②（　）は、発芽に必要です。

2 インゲンマメのなえを、図のような条件で育てました。

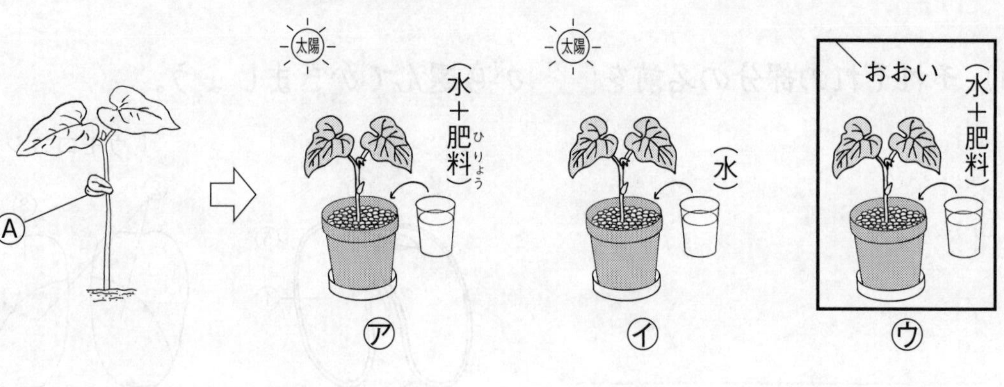

(1) Ⓐを何といいますか。（5点）

（　）

(2) ㋐〜㋒のようすとして正しいものに○をつけましょう。（5点）

①（　）㋐の葉の色は、うすく、くきは太くがっしりしている。

②（　）㋑の葉の色は、こい緑色をしており、葉の数も㋐〜㋒の中で、最も多い。

③（　）㋒の葉の色はうすく、くきは細くひょろりとしている。

(3) 植物の成長に必要な2つのものをかきましょう。（1つ5点）

（　）（　）

★(4) ダイズのもやしは、色がうすく、ひょろりとしています。発芽したあと、どのように育てるのか、かきましょう。（10点）

［　］

イメージマップ

天気の変化

気温の上がり方

日光 ⇒ 地面が あたためられる ⇒ 空気が あたためられる

気温が上がるのが 1〜2時間 おくれる

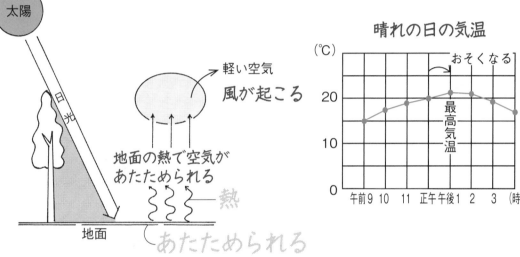

晴れの日の気温

気象観測

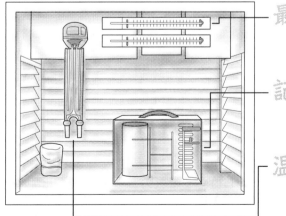

直接日光が入らない……とびらは北側
風通しがよいように……よろい戸
温度計は地面から……1.2m〜1.5mの高さ

百葉箱の中

最高・最低温度計
(1日の最高気温と最低気温をはかる)

記録温度計
(気温を自動的にはかり記録する)

温度計・しつ度計
(空気のしめり気をはかる)

月　　日 名前

風向・風力・雨量

風の向き
ふいてくる方位

風力(0〜6)
ふき流してはかる

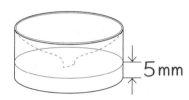

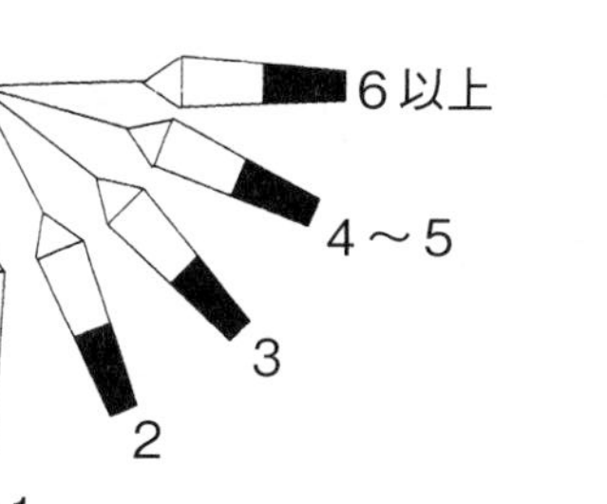
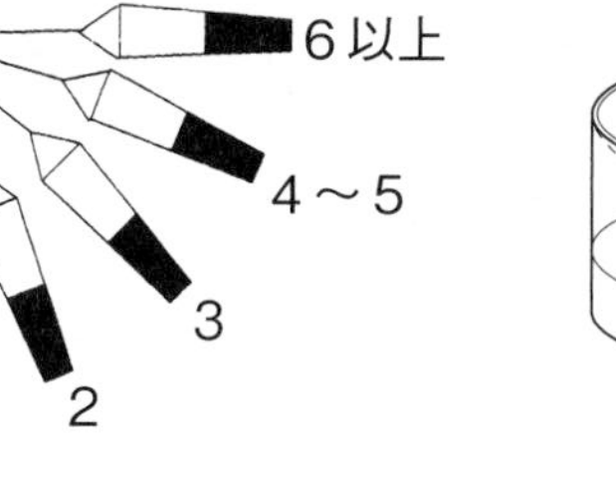
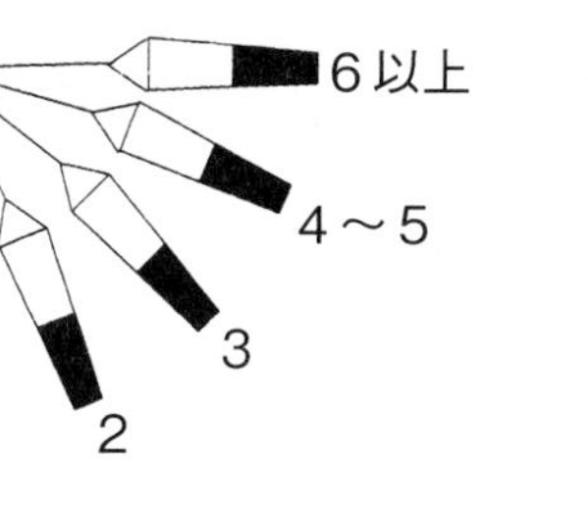
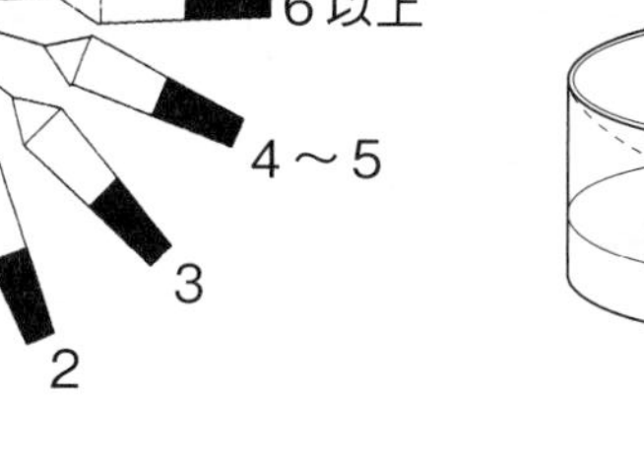
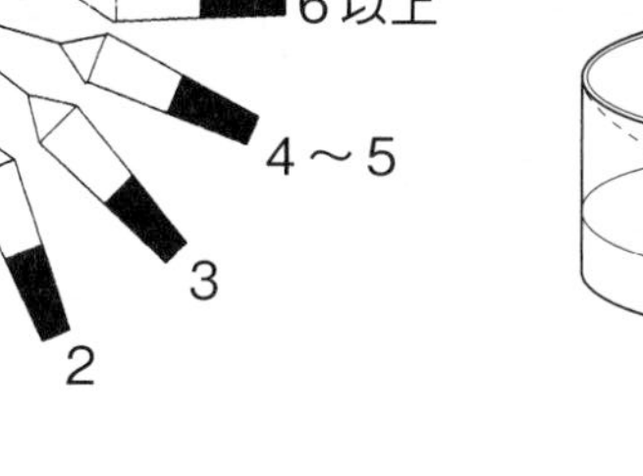

雨量
雨が1時間に何mm
ふったかをはかる

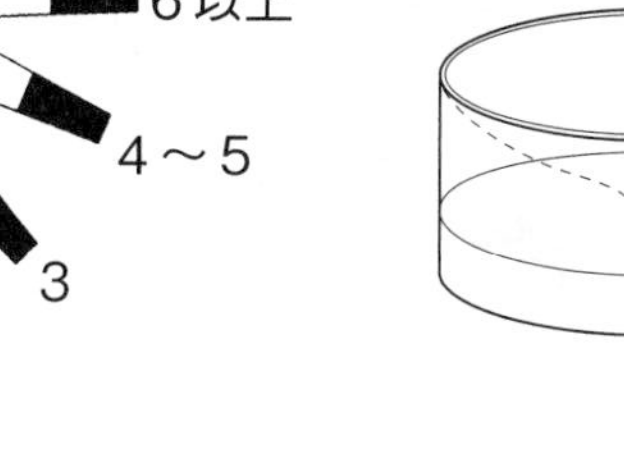

雲のようすと天気

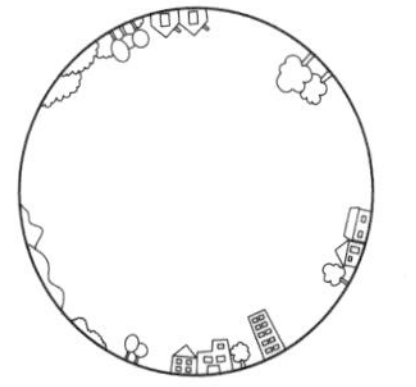
雲の量0(雲がない)

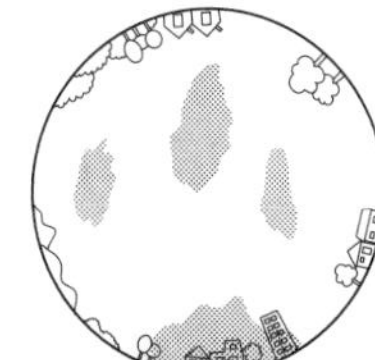

雲の量3

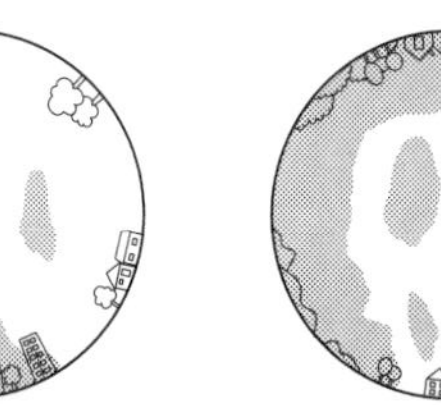
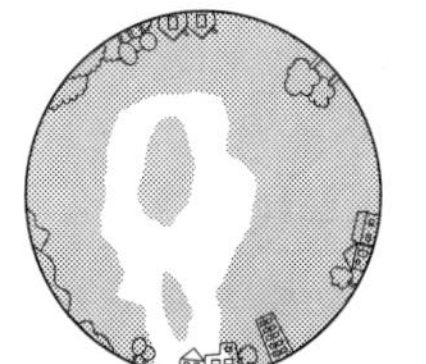
雲の量8

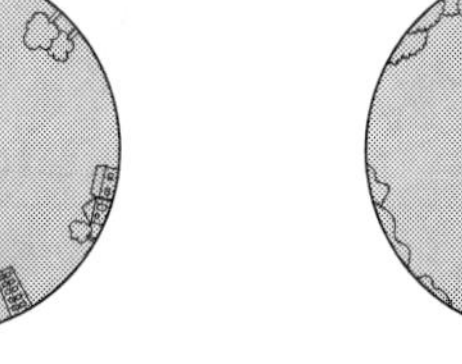
雲の量10

晴れ
雲の量0〜8

くもり
雲の量9〜10

天気の変化

月　　日　名前

日本の天気の変わり方

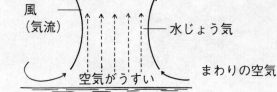

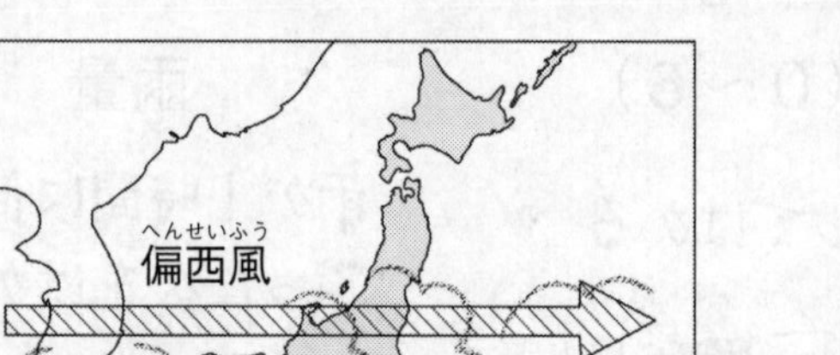

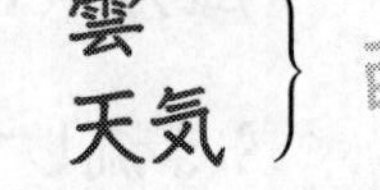

雲
天気 } 西から東へ

偏西風（へんせいふう）
日本の上空をいつもふく西風

台風の進路と雲のでき方

台風

南の海上で発生
⇓
西または北東へ
（偏西風のえいきょう）

台風の動きにつれて天気も変わる
・強い風
・強い雨

風（気流）
水じょう気
まわりの空気
空気がうすい
台風の中心・目

これがはげしく起こるのが
台風

天気予報（よほう）

気象衛星（えいせい）　ひまわり

気象観測（かんそく）そう置　アメダス（全国1300か所）

データを集めて

天気予報（よほう）

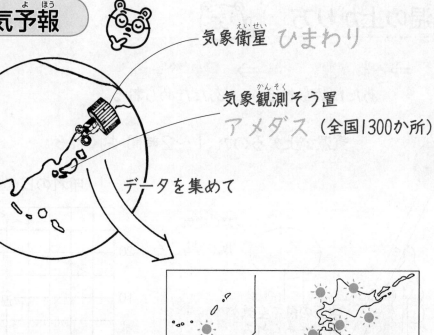

雲の種類

入道雲
（夕立が起こる）

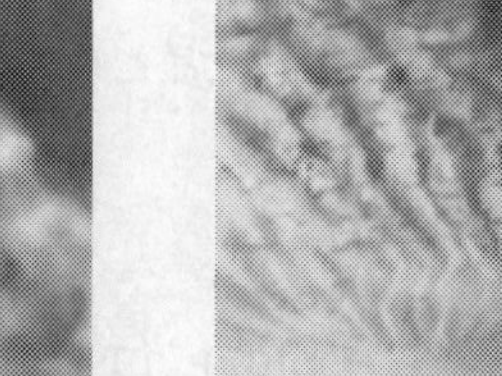
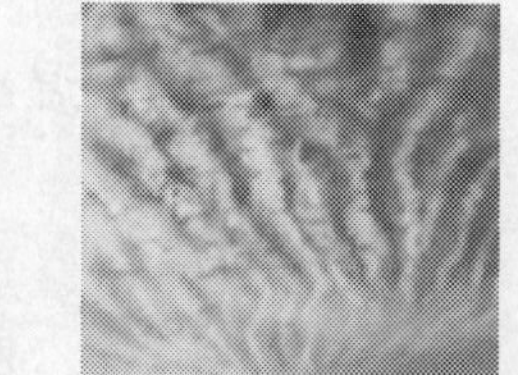

うろこ雲
（次の日、雨になることがある）

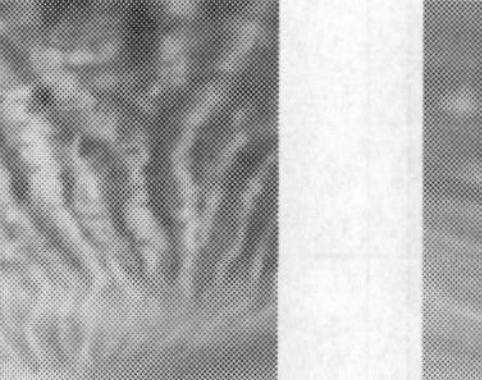
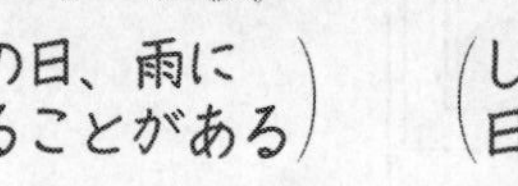

すじ雲
（しばらく晴れの日が続く）

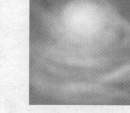

うす雲
（太陽がぼんやり見える
雨の前ぶれ）

天気の変化 ①

気象観測

1 次の（　）にあてはまる言葉を□から選んでかきましょう。

(1) 空気が移動(いどう)すると風が起こります。

風は、ふいてくる方位、（①　　）をつけてよびます。南からふいてくる風のことを（②　　）といいます。

風の強さを（③　　）といい、ふき流しなどではかります。

（④　　）は１時間に雨が何mmふったかを表します。右の図の場合は（⑤　　）になります。

北　西　東　南

南の風

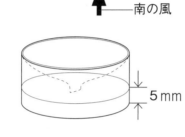

5mm

風力	風の向き	南風	雨量	5mm

(2) 図は（①　　）の中です。

（①）の中には、ふつう、１日の最高気温と最低気温をはかる（②　　）、気温を自動的にはかって記録する（③　　）、空気のしめり気をはかる（④　　）が入っています。

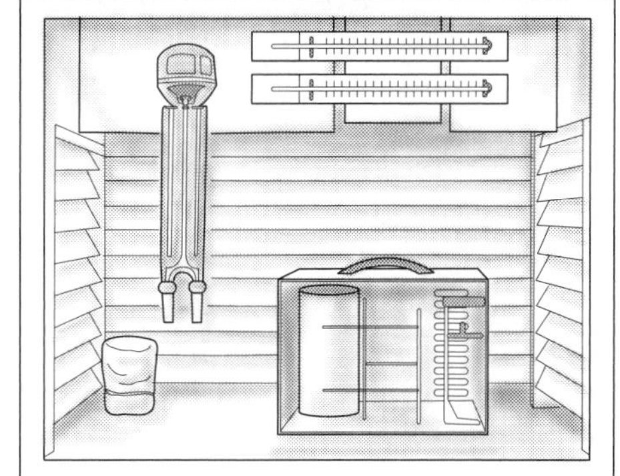

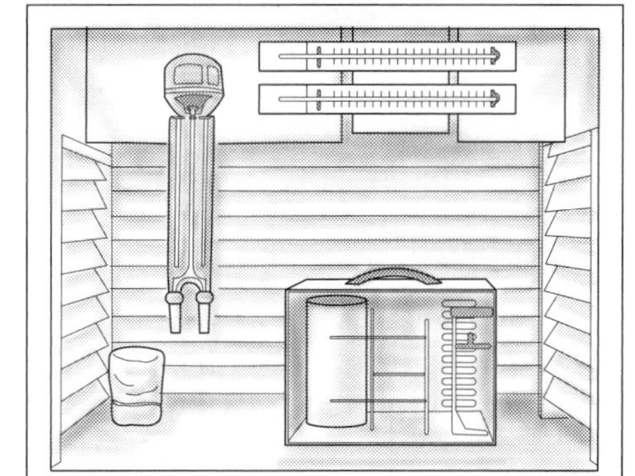

記録温度計	最高・最低温度計	しつ度計	百葉箱

月　　日　名前

ポイント　気象観測のことがら、雨・風・気温のはかり方を学習します。また、百葉箱の中の器具についても学びます。

2 気象観測(かんそく)についてかかれた文で、正しいものには○、まちがっているものには×をかきましょう。

①（　）右の図㋐と㋑では、㋐の方が風力が強いです。

②（　）図㋒の風を北東の風といいます。

③（　）図㋒の風を南西の風といいます。

④（　）雨量50mmというのは、１時間にふった雨の量のことです。

⑤（　）しつ度が高いとき、むしあつくなります。

⑥（　）「晴れ」や「くもり」などの天気は雲の量で決まります。

㋐　㋑

㋒　北　西　東　南

3 次の（　）にあてはまる言葉を□から選んでかきましょう。

「夕焼けのあった次の日は、（①　　）」といわれています。

夕焼け空というのは、（②　　）の方角にある（③　　）が、わたしたちの頭上にある雲を明るく照らすと起こる現象(げんしょう)です。

太陽のしずむ西の方角には（④　　）が（⑤　　）ということがわかります。

日本付近の天気は（⑥　　）のえいきょうで、西から（⑦　　）へ変わるので、この話があてはまるのです。

西	東	太陽	雲	偏西風(へんせいふう)	ない	晴れ

天気の変化 ②
気象観測

ポイント 気象衛星やアメダスの記録から、全国の天気について調べます。

月　　日 名前

1 次の(　)にあてはまる言葉を□から選んでかきましょう。

(1) 次の図は、それぞれ何という気象情報(じょうほう)ですか。

㋐ 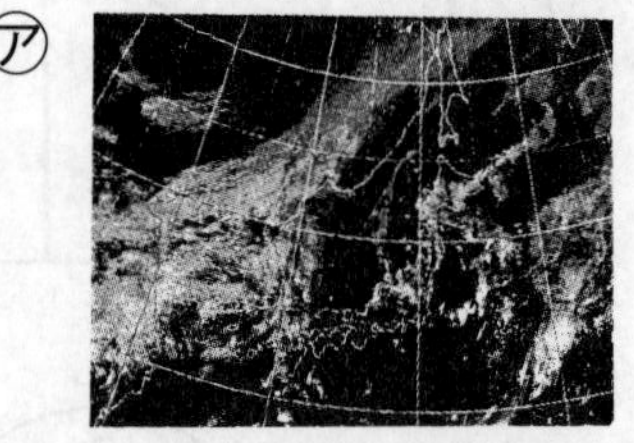

㋑ 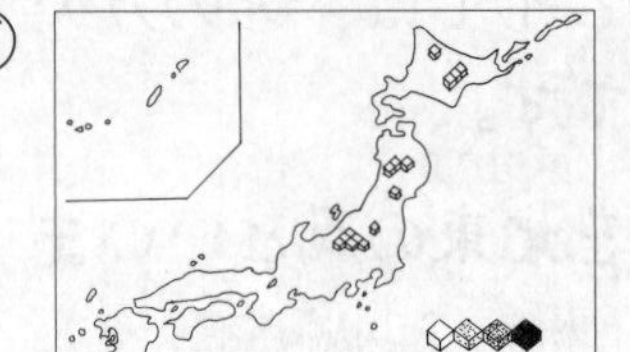

㋒ 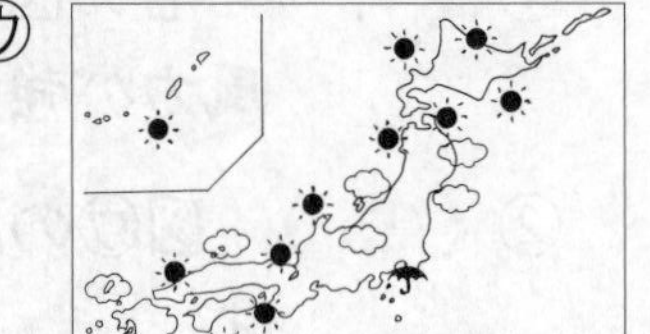

(　　　)の雲の写真　(　　　)の雨量　(　　　)

各地の天気　アメダス　気象衛星(えいせい)

(2) アメダスは、地いき気象観測(かんそく)システムといい、全国におよそ(①　　)か所設置(せっち)されています。(②　　)、風速、気温などを自動的に観測しています。

気象衛星による観測は(③　　)はん囲(い)を一度に観測することができます。これによって、(④　　)などを調べることができます。

各地の天気は、全国にある(⑤　　)や測候所(そっこうしょ)が観測しているものを集め、調べたものです。

雲の動き　気象台　雨量　広い　1300

(3) 図の気象衛星の名前は何ですか。正しい方に○をつけましょう。

(ひまわり・たんぽぽ)

2 図は日本列島にかかる雲のようすを表しています。正しい方に○をつけましょう。

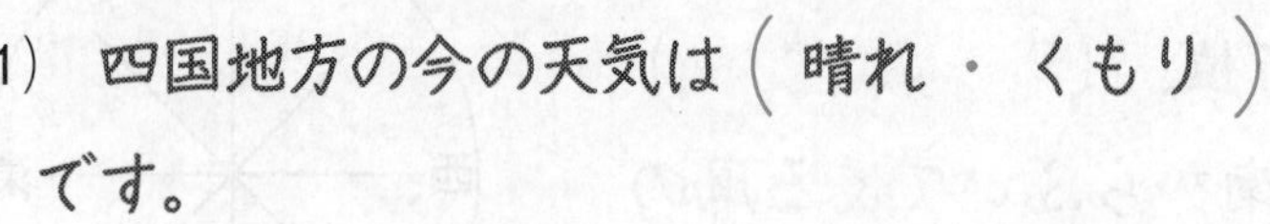

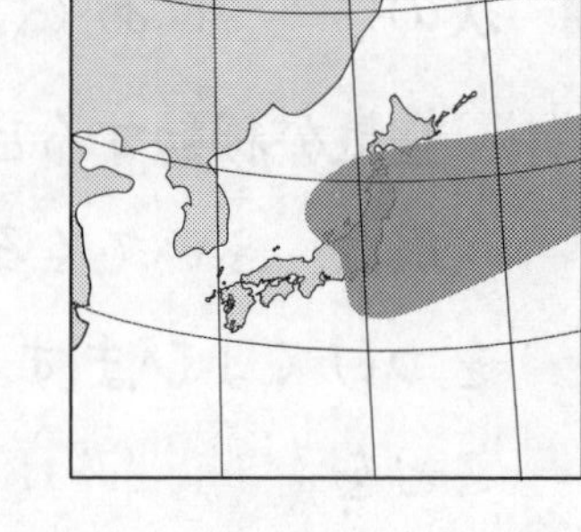

(1) 四国地方の今の天気は(晴れ・くもり)です。

(2) 東北地方の今の天気は(晴れ・くもり)です。

(3) 東北地方の天気は、次の日からは(晴れ・くもり)と予想できます。雲は(東・西)から(東・西)へと動きます。それにともなって、天気も(東・西)から(東・西)へと変わります。

3 雲の種類と天気について、あとの問いに答えましょう。

(1) 下の図の雲の名前を□から選んでかきましょう。

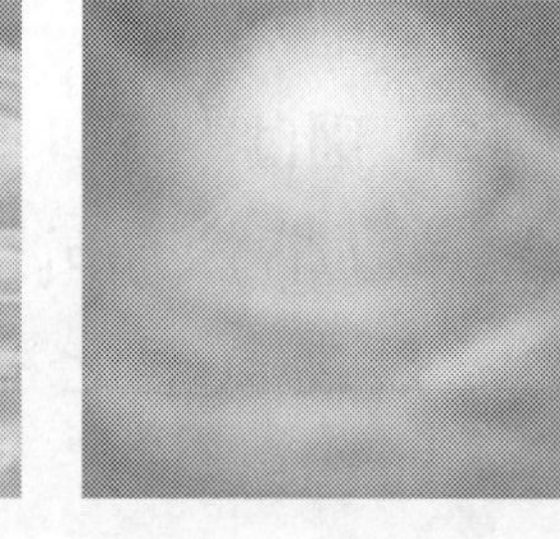

㋐(　　　)㋑(　　　)㋒(　　　)㋓(　　　)

うろこ雲　すじ雲　入道雲　うす雲

(2) 次の文は㋐〜㋓のどの雲についてかいたものですか。記号で答えましょう。

① (　) このあと夕立が起こります。

② (　) しばらく晴れの日が続きます。

天気の変化 ③

気温の変わり方

1 次の（　　）にあてはまる言葉を□から選んでかきましょう。

晴れの日の気温は朝夕は（①　　　）、昼すぎに（②　　　）なります。

晴れの日は、1日の気温の変化が（③　　　）なります。

くもりの日は、1日の気温の変化が（④　　　）なります。

大きく	小さく	高く	低く

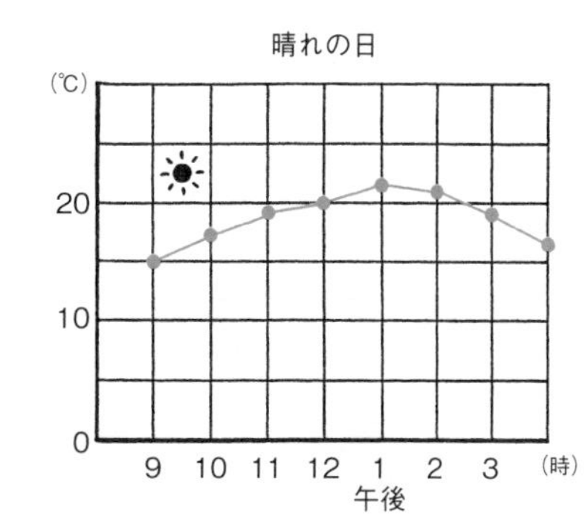

くもりの日
(℃)
20
10
0
9 10 11 12 1 2 3 (時)
午後

2 次の（　　）にあてはまる言葉を□から選んでかきましょう。

太陽の光は、まず（①　　　）をあたためます。あたたまった（①）がその上の（②　　　）をあたためます。あたためられた（②）は、上へ上がっていきます。

そのため1日の（③　　　）気温は、午後（④　　　）時ごろにずれます。また、1日の最低気温は日の出前の午前（⑤　　　）時ごろになります。

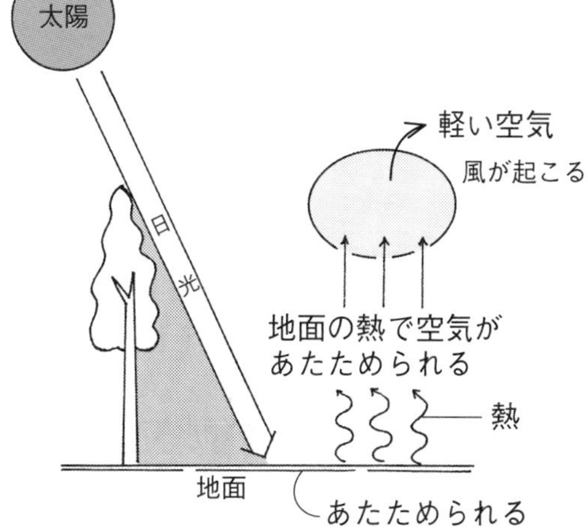

4～6	1～2	地面	空気	最高

月　　日　名前

ポイント　天気と気温の変化の関係を学習します。

3 次の（　　）にあてはまる言葉を□から選んでかきましょう。

天気は、空全体を（①　　　）としたときのおよその（②　　　）の量で決まります。

雲の量が0～8は（③　　　）、9～10は（④　　　）です。

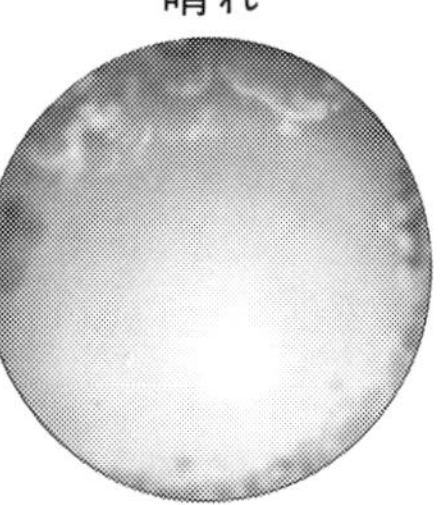

晴れ	くもり	雲	10

4 次の文で正しいものには○、まちがっているものには×をかきましょう。

①（　　）百葉箱のとびらは、直しゃ日光が入らないように北側にあります。

②（　　）百葉箱は、風通しがよいように、よろい戸になっています。

③（　　）百葉箱の中には、気温を自動的にはかり記録する記録温度計が入っています。

④（　　）百葉箱の中には、むしあつさをはかる温度計が入っています。

⑤（　　）日光は、空気のようなとうめいなものはあたためにくいです。

⑥（　　）たえず、東から西へふく風を偏西風（へんせいふう）といいます。

⑦（　　）日本の天気は、西から東へと変わることが多いです。

⑧（　　）南から北へ向かってふく風を北風といいます。

天気の変化 ④

天気の変わり方

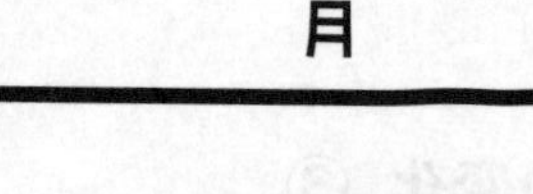

日本付近の天気の変化のしかたを学びます。

月　　日　名前

1 雲はⒶ、Ⓑ、Ⓒと動いています。あとの問いに答えましょう。

Ⓐ 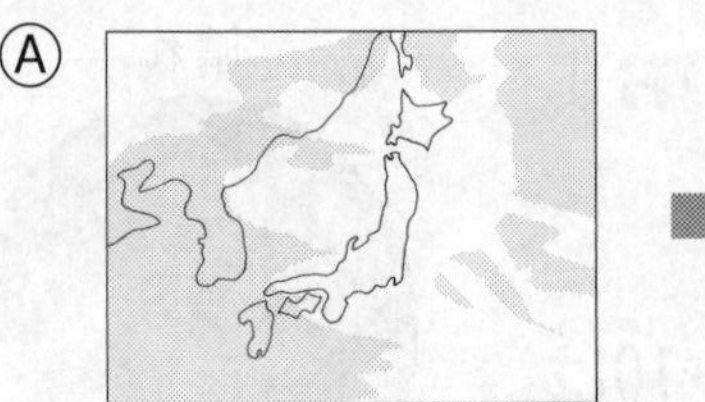 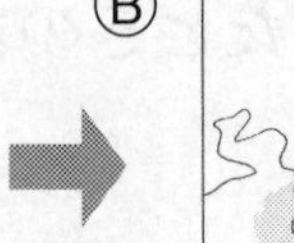 Ⓑ   Ⓒ 

(1) 大きい雲の広がりは、およそどの方向に動いていますか。次の中から選びましょう。

①（　　）東から西　②（　　）西から東　③（　　）南から北

(2) 次の文で、正しい方に○をつけましょう。

(1)のように雲が動くのは、日本付近の上空を（偏西風（へんせいふう）・季節風）という風がふいているからです。また、ⒶからⒷへ雲は、約（３日・１週間）かかって移動（いどう）します。

2 次の（　）にあてはまる言葉を□から選んでかきましょう。

楽しい遠足などの前日は、明日の天気が気になります。夕方、空を見上げ、雲の形や量、動きなどを観察したりもします。

気象衛星（えいせい）（①　　　）の雲の写真などから、雲はだいたい西から東へ動きます。それにともない、天気も（②　　）から（③　　）へ変わります。

これは、日本付近の上空を（④　　　）といういつも（⑤　　）から（⑥　　）へふいている風のえいきょうです。

東　東　西　西　ひまわり　偏西風

3 図は、ある３日間の雲のようすを表したものです。あとの問いに答えましょう。

㋐ １日目

㋑ ２日目

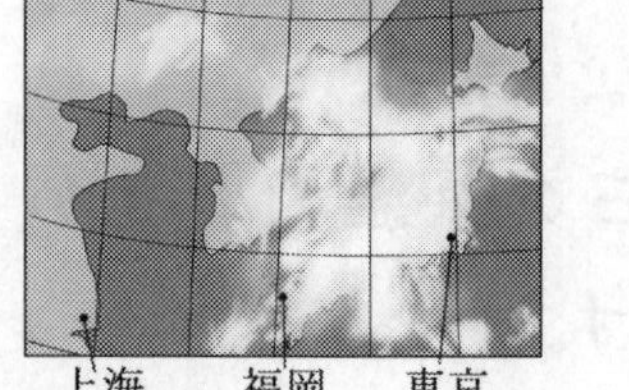

㋒ ３日目

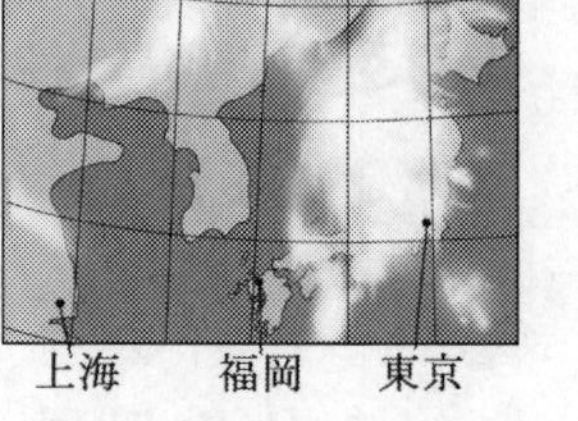

(1) 右の図は、上の３日間のいずれかの天気を表しています。どの日の天気を表したものですか。㋐～㋒の記号で答えましょう。

（　　　）

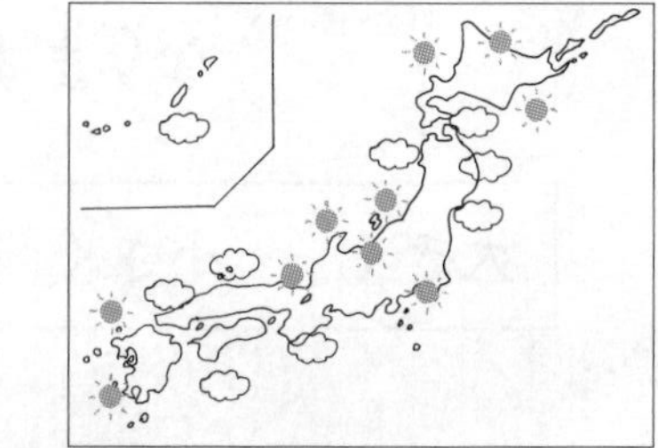

(2) ３日間の東京の天気について、正しいものには○、まちがっているものには×をかきましょう。

①（　　）３日間の天気は、すべて雨でした。

②（　　）１日目の天気は晴れでした。

③（　　）１日目の天気は雨で、２日目、３日目と晴れへと変わりました。

(3) 次の（　）にあてはまる言葉を□から選んでかきましょう。

（①　　　）の動きにあわせて（②　　　）も変化しています。天気は、毎日（③　　　）ます。

天気　雲　変わり

天気の変化 ⑤

台 風

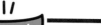

1 次の文は台風についてかいたものです。次の(　　)にあてはまる言葉を□から選んでかきましょう。

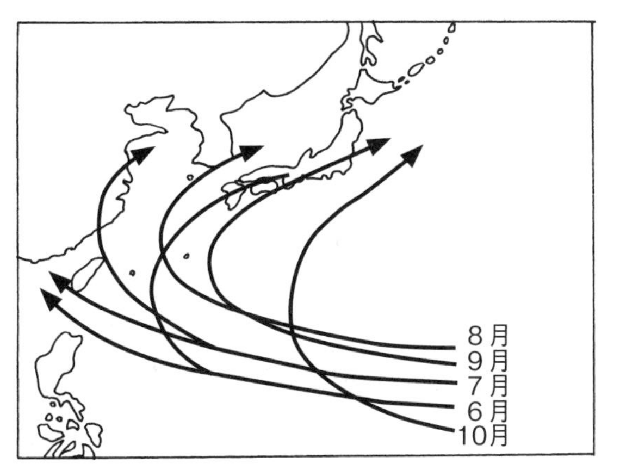

台風が近づくと、雨の量が(①　　　)なります。また風も(②　　　)なります。

台風は各地に(③　　　)をもたらすことも多くあります。

台風が日本にやってくるのは(④　　　)にかけてで、近くを通過(つうか)したり、日本に(⑤　　　)したりすることがあります。

台風は、日本の(⑥　　　)の海上で発生します。

海水が(⑦　　　)の光によって強くあたためられます。

すると、(⑧　　　)が大量に発生し、そのあたりの空気が(⑨　　　)なります。そこへ周りの空気が入りこんで水じょう気と空気の(⑩　　　)が発生します。この(⑩)がだんだん大きくなって台風になります。

台風は、はじめは(⑪　　　)の方に動きます。やがて(⑫　　　)や(⑬　　　)の方へ向きを変えます。

東	西	南	北	多く	強く	夏から秋
上陸	災害(さいがい)	太陽	水じょう気	うすく	うず	

月　　日 名前

ポイント 台風の発生のしくみと天気の変化を学習します。

2 図は、台風が日本付近にあるときのようすを表したものです。

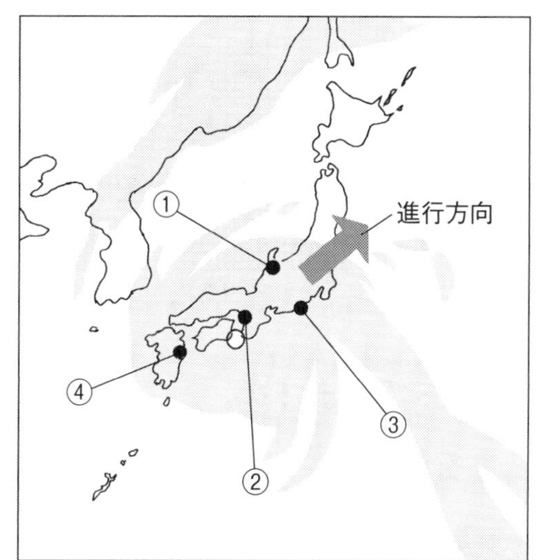

(1) 図の①、②の場所のようすについて正しいものを㋐～㋒から選びましょう。

① (　　　)　② (　　　)

㋐ しだいに風雨が強くなります。

㋑ 強風がふき、はげしく雨がふっています。

㋒ 風雨がおさまってきています。

(2) 図の③、④の場所のうち、まもなく風雨がおさまるのはどちらですか。(　　　)

(3) ②の場所では、しばらくすると、とつぜん晴れ間が見えました。これを何といいますか。(　　　)

(4) ①の場所では、風は主にどちらからふいていますか。北西・北東・南西・南東のどれかを選びましょう。(　　　)

(5) 次の文の中から正しいものを２つ選んで○をつけましょう。

㋐ (　　) 台風の雲は、うずをまいて、ほぼ円形をしています。

㋑ (　　) 台風の雲は、うずをまいて、南北に長いだ円形になっています。

㋒ (　　) 台風の雲は、図の白く見える部分です。

㋓ (　　) 台風の雲は、反時計まわりにうずをまいています。

まとめテスト

天気の変化

月　日　名前　　／100点

■1 次のグラフを見て、あとの問いに答えましょう。（1つ5点）

㋐
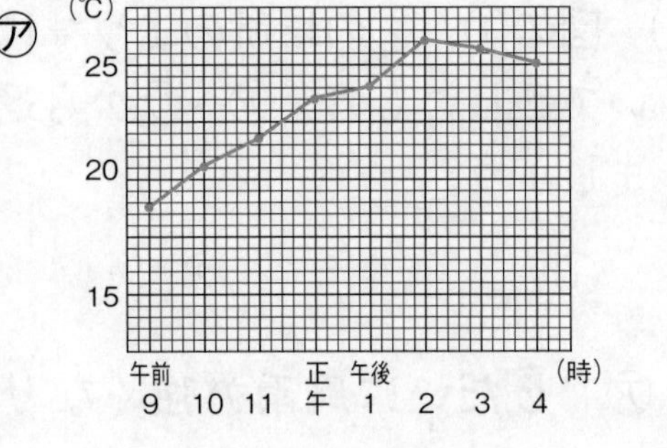

㋑
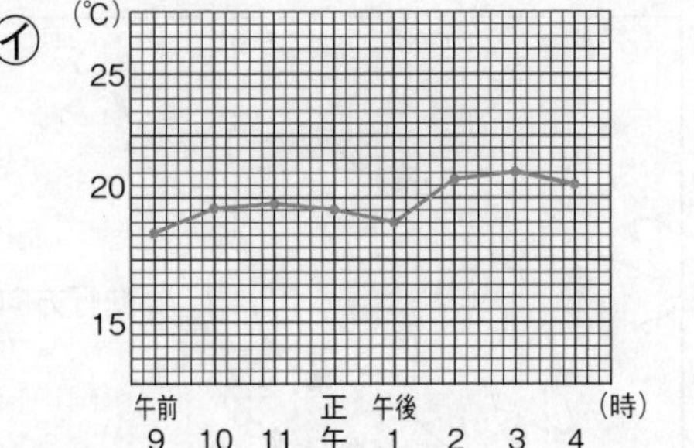

(1) ㋐と㋑のグラフは天気と何の関係を調べていますか。

天気と（　　　　　）の関係

(2) ㋐と㋑で、気温が最も高い時こくと最も低い時こくは何時ですか。

㋐ 高い（　　　　　）　低い（　　　　　）

㋑ 高い（　　　　　）　低い（　　　　　）

(3) ㋐と㋑の天気は晴れですか、それとも雨ですか。

㋐（　　　　　）　㋑（　　　　　）

(4) 次の（　）にあてはまる言葉を□から選んでかきましょう。

日光は、とうめいな（①　　）はあたためずに通りこし、（②　　）や海水面をあたためます。あたためられた（②）はそれにふれている（①）をじょじょにあたためます。ですから、１日のうち、太陽が一番高くなるのは（③　　）ですが、実際の気温が上がるのはそれより（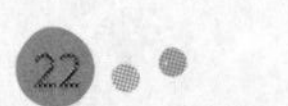④　　）くらいおそくなります。

１～２時間　地面　正午　空気

■2 気温のはかり方について、あとの問いに答えましょう。（1つ5点）

(1) 気温のはかり方で、正しいもの３つに○をつけましょう。

①（　）コンクリートの上ではかります。

②（　）地面の上やしばふの上ではかります。

③（　）風通しのよい屋上ではかります。

④（　）まわりがよく開けた風通しのよい場所ではかります。

⑤（　）温度計に直しゃ日光をあてません。

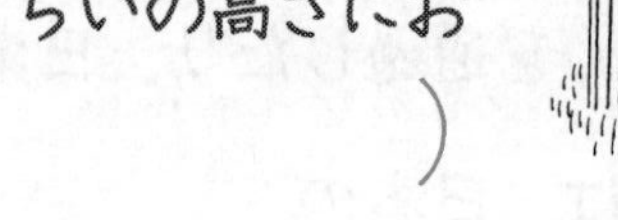

(2) 気温をはかるときに使う図のような木の箱のことを何といいますか。（　　　　　）

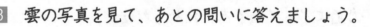

(3) 箱に入れる温度計は、地面からどれぐらいの高さにおきますか。（　　　　　）

■3 雲の写真を見て、あとの問いに答えましょう。（1つ5点）

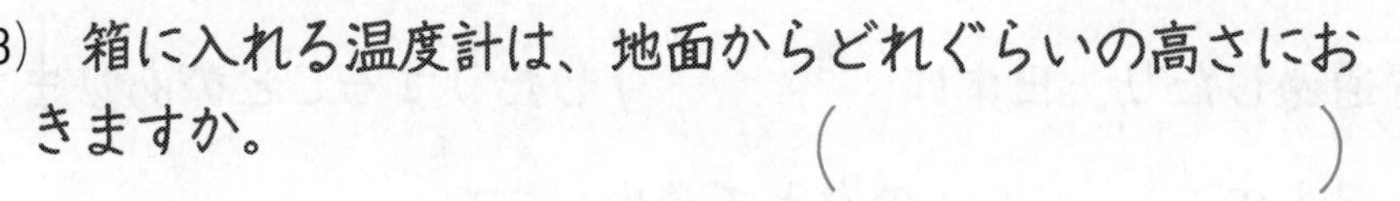

5月7日　10時

(1) Ⓐ、Ⓑの地点の天気は、それぞれ晴れ・雨のどちらですか。

Ⓐ（　　　）　Ⓑ（　　　）

(2) Ⓐ、Ⓑの地点の天気は、これからどのように変わりますか。
次の㋐～㋒から選びましょう。

㋐ 雲が広がり雨がふり出します。

㋑ 雨がやんで、晴れてきます。

㋒ このまましばらく雨がふり続きます。

Ⓐ（　　　）　Ⓑ（　　　）

まとめテスト

天気の変化

1 次の雲の写真について、あとの問いに答えましょう。

(1) ㋐～㋒の雲の名前は何といいますか。□から選んでかきましょう。（各５点）

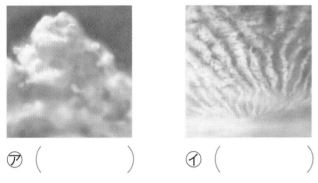

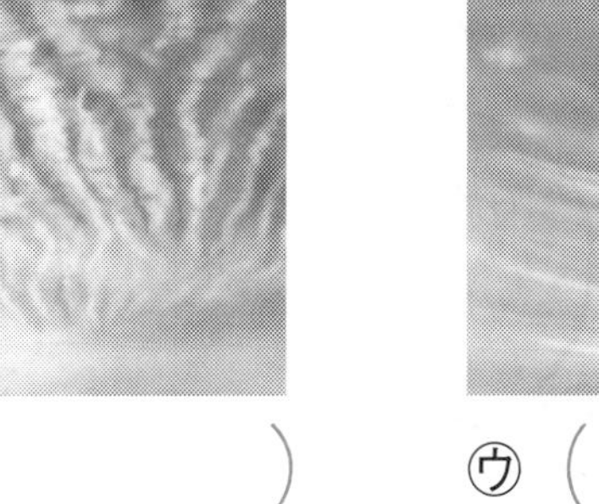

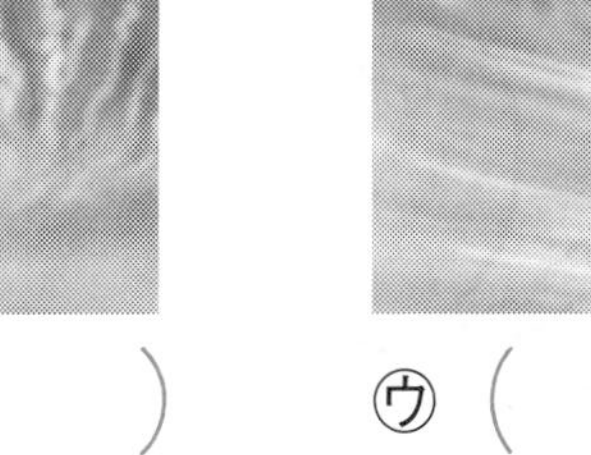

㋐（　　　　）　㋑（　　　　）　㋒（　　　　）

うろこ雲　すじ雲　入道雲

(2) 次の雲は、㋐～㋒のどれですか。記号で答えましょう。（各８点）

① 夏の強い日差しでできる雲。（　　　）

② 次の日、雨になることが多い雲。（　　　）

③ しばらく晴れの日が続くことが多い雲。（　　　）

④ 短い時間に、はげしい雨をふらせる雲。（　　　）

(3) 日本の上空をいつもふいている西風のことを何といいますか。（８点）

（　　　　　）

月　　日　名前　　　　　／100点

2 図は、台風が日本付近にあるときのようすを表したものです。

(1) （　）にあてはまる言葉を□から選んでかきましょう。（各５点）

台風が近づくと雨の量が（①　　　）なります。また、風も（②　　　）なります。

台風がもたらす（③　　　）や（④　　　）で災害（さいがい）が起きることもあります。

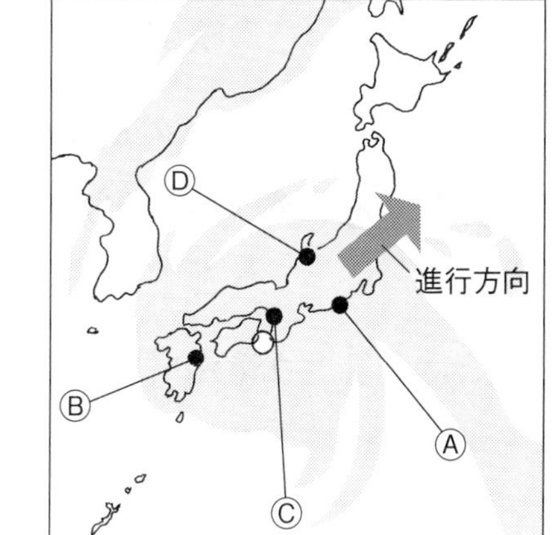

強風　大雨　多く　強く

(2) 図のⒶ、Ⓑの場所のようすについて正しいものを㋐～㋒から選びましょう。（各５点）

Ⓐ（　　　）　Ⓑ（　　　）

㋐ しだいに風雨が強くなります。

㋑ 強風がふき、はげしく雨がふっています。

㋒ 風雨がおさまってきます。

(3) Ⓒの場所では、しばらくすると、とつぜん晴れ間が見えました。これを何といいますか。（10点）

（　　　　　）

(4) Ⓓの場所では、風は主にどちらからふいていますか。北西・北東・南西・南東から選んでかきましょう。（５点）

（　　　　　）

まとめテスト

天気の変化

月　日　名前　　　／100点

1 次の(　)にあてはまる言葉を□から選んでかきましょう。(各5点)

新聞やテレビの気象情報では、気象衛星(①　　　)の(②　　　)の映像で天気の変化を知らせています。また、日本各地に約(③　　　)か所ある気象観測そう置の(④　　　)から送られてくる情報も用いられています。これらの情報から、雲の動きはほぼ(⑤　　　)から(⑥　　　)へ動き、天気も雲の動きにそって、変化していることがわかります。

東　西　ひまわり　アメダス　雲　1300

2 気象情報について、あとの問いに答えましょう。(1つ4点)

(1) 図の㋐～㋒は、何という気象情報ですか。

㋐ 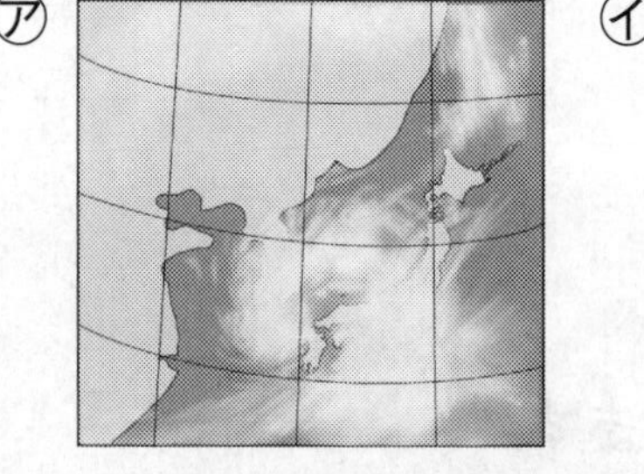

㋑ 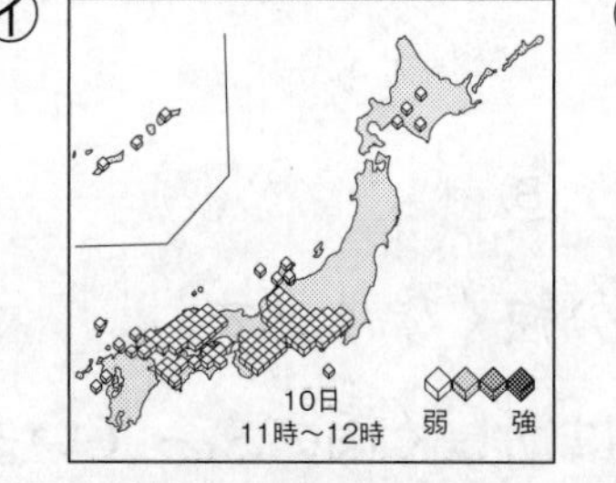

㋒ 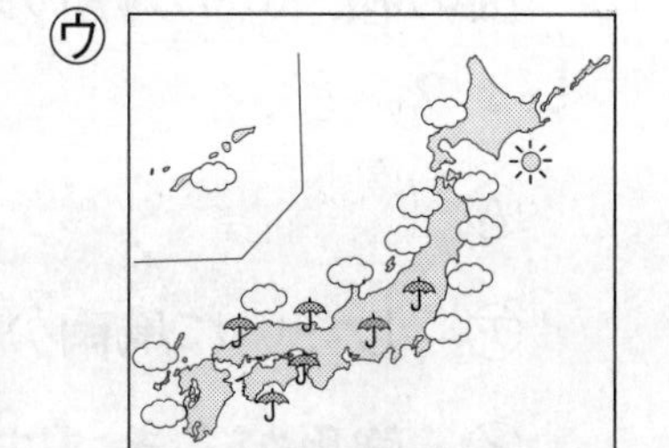

(　　　)(　　　)(　　　)

アメダスの雨量　各地の天気　気象衛星の写真

(2) 次の文は、どの気象情報からわかりますか。㋐～㋒から選んで答えましょう。

① 東京はたくさん雨がふっている。(　　)

② 九州の明日の天気は、晴れる。(　　)

3 次の文は台風についてかいたものです。次の(　)にあてはまる言葉を□から選んでかきましょう。(各5点)

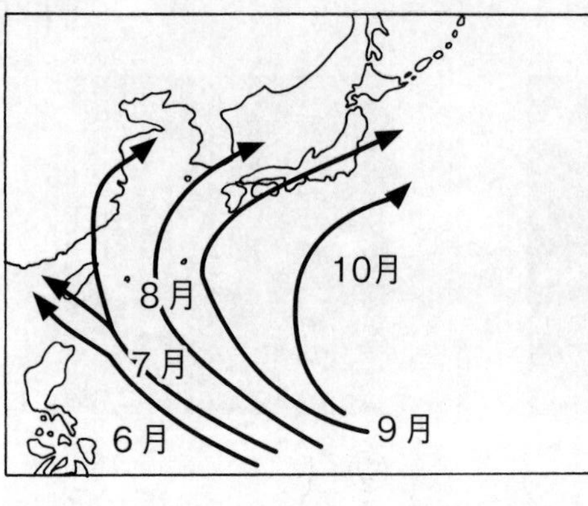

台風が近づくと(①　　　)や(②　　　)が強くなり、ときには各地に(③　　　)をもたらすこともあります。

台風は、日本の(④　　　)の海上で発生し、(⑤　　　)にかけて日本付近にやってきます。

台風の雲は、ほぼ(⑥　　　)で、反時計回りのうずをまいています。

雨　風　円形　夏から秋　災害　南

4 次の文の中で正しいものには○、まちがっているものには×をかきましょう。(各4点)

①(　) 台風の目とよばれるところでは、雨がふらないこともあります。

②(　) 台風は、5月・6月ごろに日本に上陸することが多いです。

③(　) 晴れの日で、気温が一番高くなるのは、12時ごろです。

④(　) 百葉箱のとびらは、南側についています。

⑤(　) 日本の天気の変わり方と、日本の上空にふいている風とは、深い関係があります。

まとめテスト

天気の変化

月　　日　名前

／100点

1 図を見て、あとの問いに答えましょう。（1つ6点）

(1) 雨のふっている地いきは、どこですか。線で結びましょう。

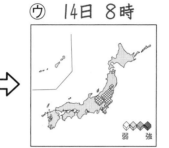

㋐ 12日 12時　　㋑ 13日 10時　　㋒ 14日 8時

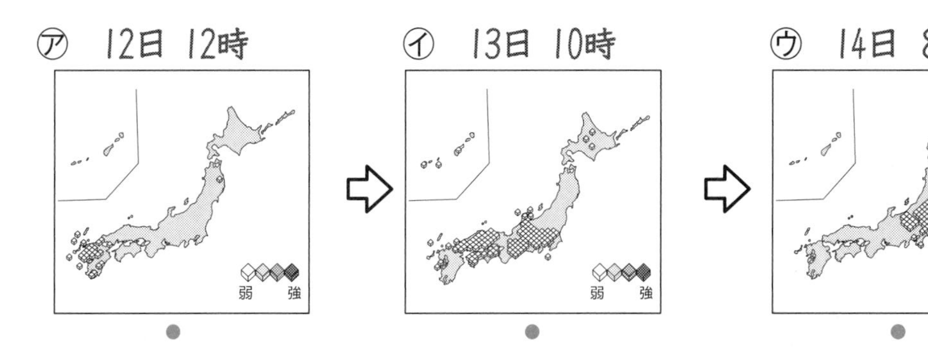

本州西部・四国　　関東から東北にかけて　　九　州

(2) 次の(　　)にあてはまる言葉をかきましょう。

上の図は、(①　　　　)による気象情報(じょうほう)です。(①)は、気温や(②　　　)を自動的に観測(かんそく)しています。

(3) 図は、14日の九州と大阪と北海道の空のようすです。晴れですか、くもりですか。(　　)に天気をかきましょう。

空全体の7　　空全体の3　　空全体の10

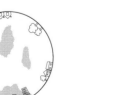

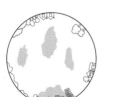

九州　　大阪　　北海道

(　　　)　(　　　)　(　　　)

2 次の文の中で正しいものには○、まちがっているものには×をかきましょう。（1つ5点）

① (　　) 図の㋐と㋑では、㋐の方が風力が強いです。

② (　　) 風力1と風力5では風力1の方が強い風です。

③ (　　) 図の㋒の風を北東の風といいます。

④ (　　) 雲の形や量は、時こくによって変わります。

⑤ (　　) うろこ雲は、夕立ちをふらせます。

⑥ (　　) 雲には雨をふらせるものとそうでないものがあります。

⑦ (　　) 台風は、西の海上で発生し、東へ進みます。

⑧ (　　) 百葉箱の温度計は、地面から1.6～2.0mの高さにあります。

★**3** 「夕焼けのあった次の日は、晴れ」といわれています。その理由を西、太陽、雲という言葉を使って説明しましょう。（12点）

イメージマップ

メダカのたんじょう

月　　日　名前

メダカのめすとおす

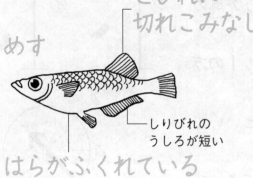

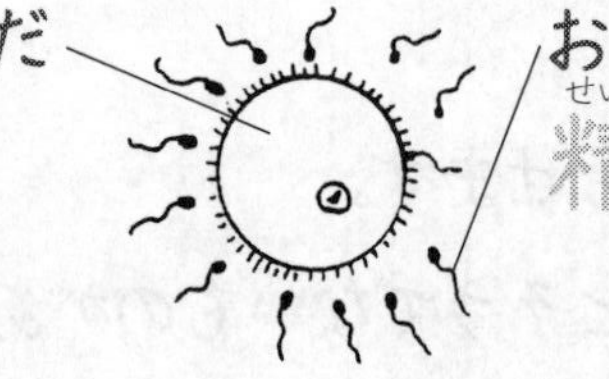

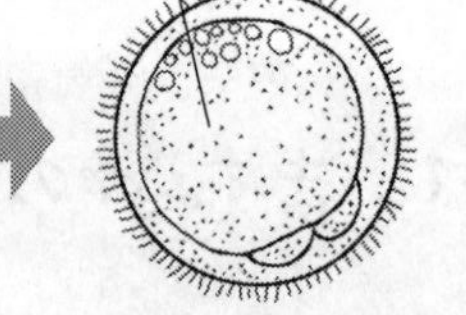
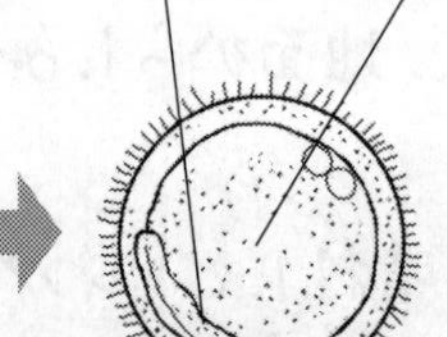
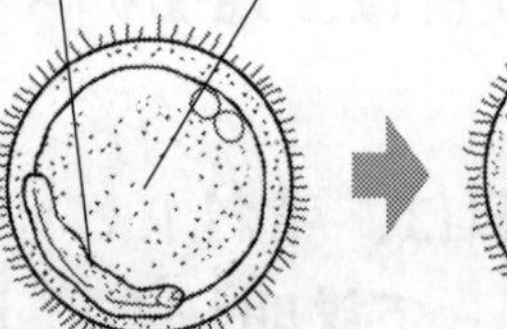
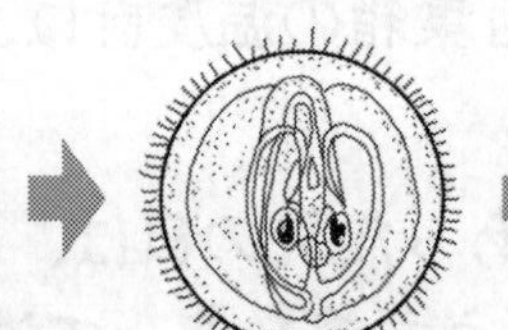
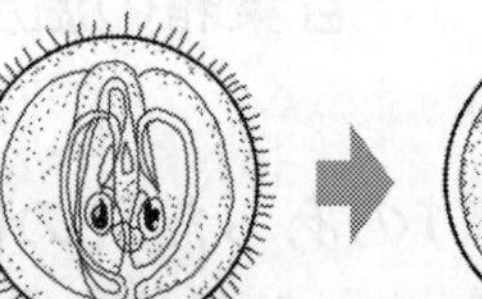
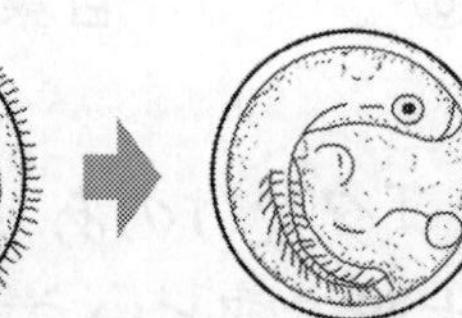

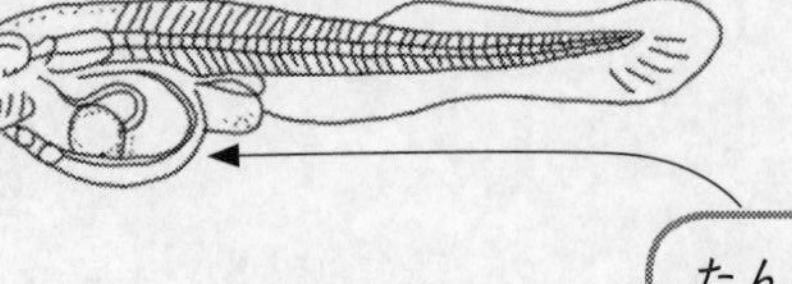

メダカの飼い方

日光が直接（ちょくせつ）あたらないところ　水温（25℃）に気をつける
えさ（かんそうミジンコなど、食べ残しが出ないように）

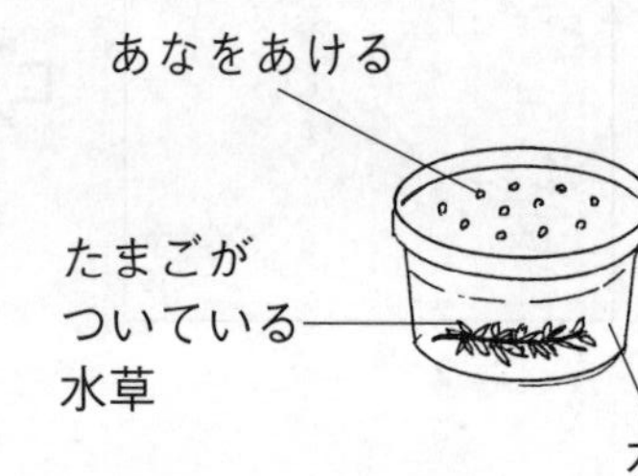

池や川の小さな生物

動物性（せい）プランクトン

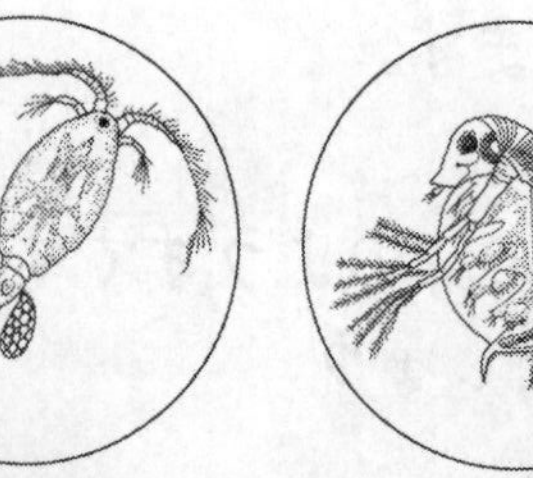
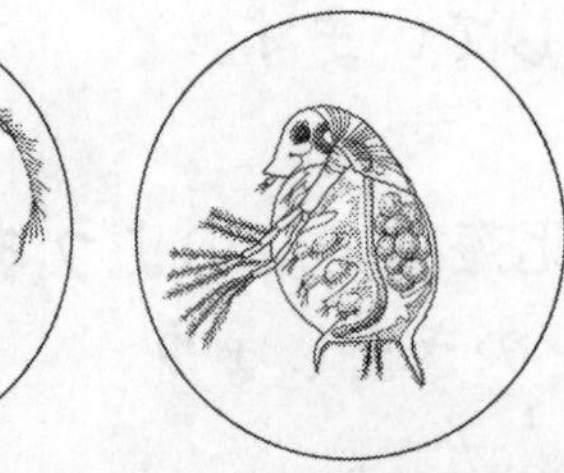
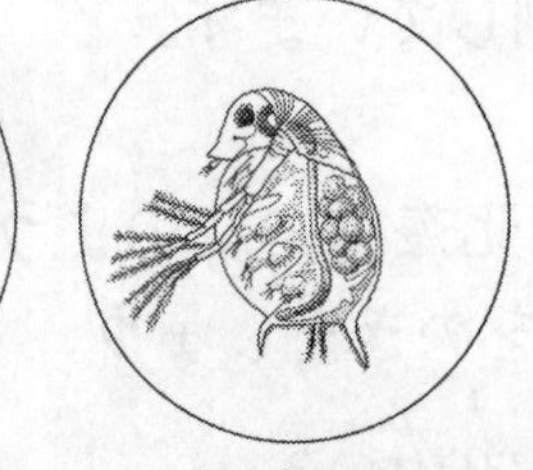
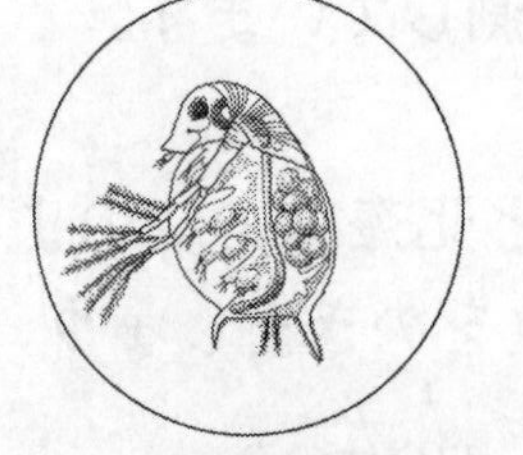
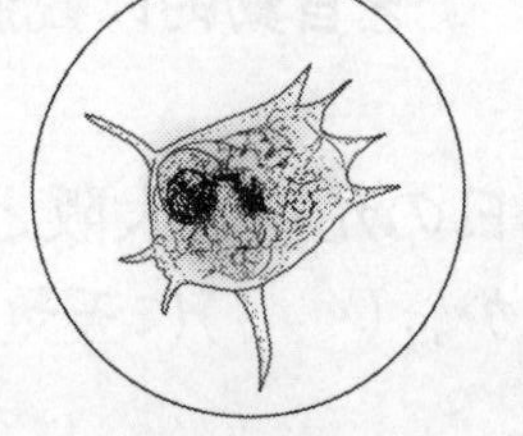

ケンミジンコ（約20倍）　ミジンコ（約20倍）　ツボワムシ（約50倍）　ゾウリムシ（約100倍）

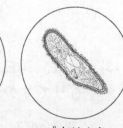

植物性プランクトン

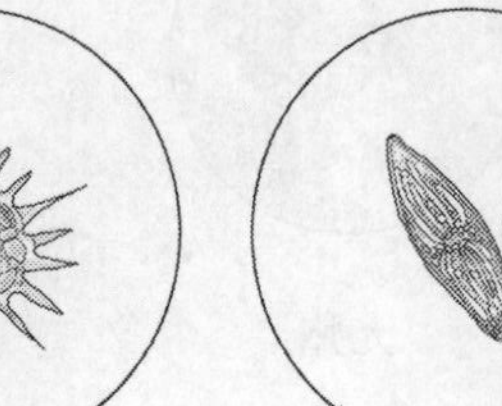
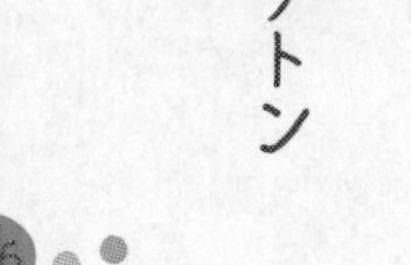
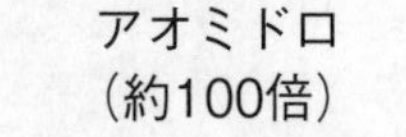
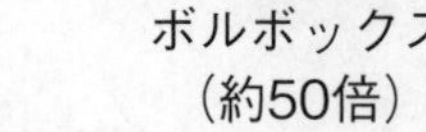
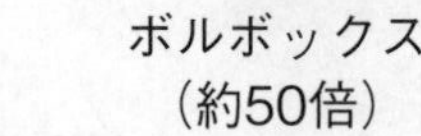
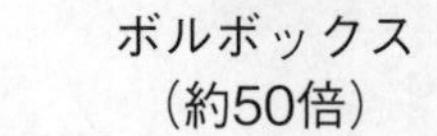

アオミドロ（約100倍）　ボルボックス（約50倍）　クンショウモ（約300倍）　ミドリムシ（約300倍）

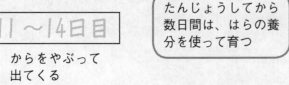

メダカのたんじょう ①
メダカの飼い方

月　日 名前

ポイント メダカの飼い方とエサとなる小さな生き物について学習します。

1 図はメダカのおすとめすを表しています。

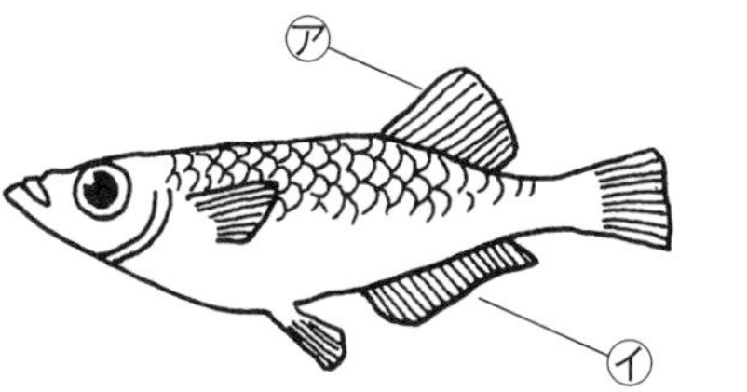

(1) ア、イのひれの名前をかきましょう。

ア(　　　　　)　イ(　　　　　)

(2) せびれに切れこみがあるのは、おすですか、めすですか。(　　　)

(3) しりびれが平行四辺形のようになっているのは、おすですか、めすですか。(　　　)

(4) しりびれのうしろが短いのは、おすですか、めすですか。(　　　)

(5) はらがふくれているのは、おすですか、めすですか。(　　　)

2 次の(　　)にあてはまる言葉を□から選んでかきましょう。

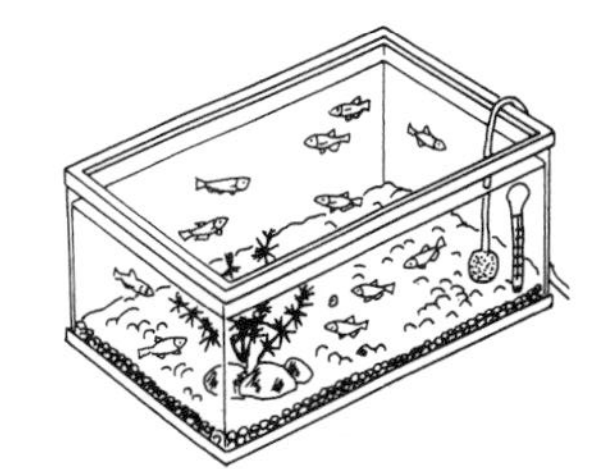

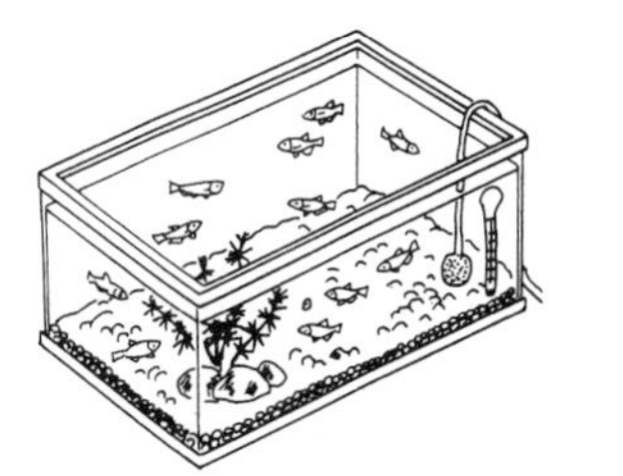

水そうは、日光が直接(①　　　　)明るい場所に置きます。水そうの底には、(②　　　)をしきます。水そうの中には、たまごをうみつけやすいように(③　　　)を入れます。

水は(④　　　　)の水を入れます。メダカの数は、おすとめすを(⑤　　　)ずつ入れます。

水草	小石	同じ数	くみおき	あたらない

3 メダカのエサになるものについて、あとの問いに答えましょう。

(1) 自然の池や川の中には、メダカのエサになる小さな生き物がたくさんいます。名前を□から選んでかきましょう。

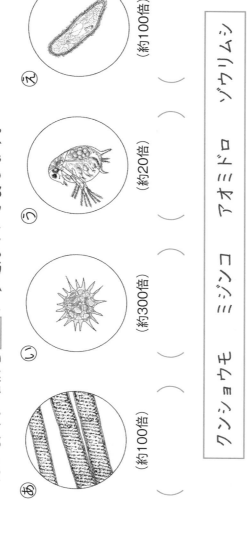

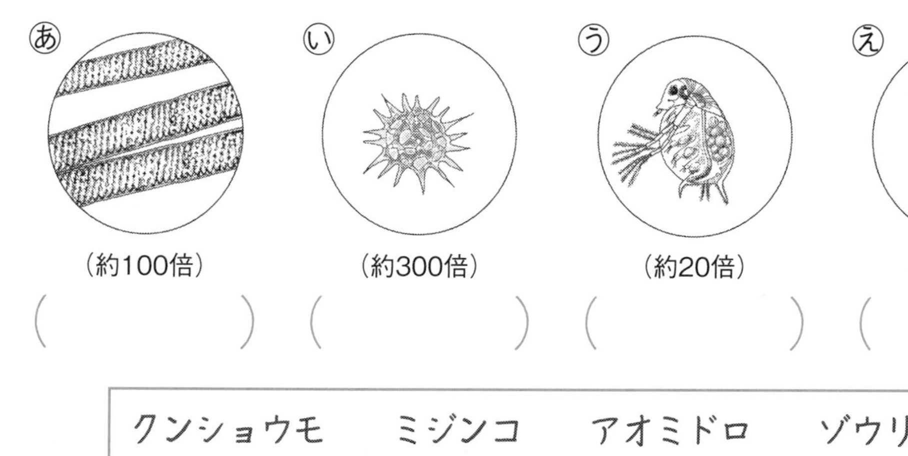

(約100倍)　(約300倍)　(約20倍)　(約100倍)

(　　　)　(　　　)　(　　　)　(　　　)

クンショウモ	ミジンコ	アオミドロ	ゾウリムシ

(2) あ～えを大きい順に記号でかきましょう。

(　　)→(あ)→(　　)→(　　)

(3) 体が緑色をしている植物性のものⒶと、それらを食べる動物性のものⒷがあります。あ、い、う、えをⒶとⒷに分けましょう。

Ⓐ(　　)(　　)　Ⓑ(　　)(　　)

(4) 次の(　　)にあてはまる言葉を□から選んでかきましょう。

水そうでメダカを飼うときは、(①　　　　)させたミジンコなどを(②　　　　)くらいあたえます。また、たまごを見つけたら水草などといっしょに(③　　　　)にうつします。

別の入れ物	かんそう	食べきれる

メダカのたんじょう ②

メダカのうまれ方

1 メダカのめすは、水温が高くなると、たまごをうむようになります。あとの問いに答えましょう。

(1) 図の①～③は、メダカのめすがたまごをうんで、体につけているようすです。正しいものを選んで○をつけましょう。

①（　　）

②（　　）

③（　　）

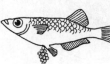

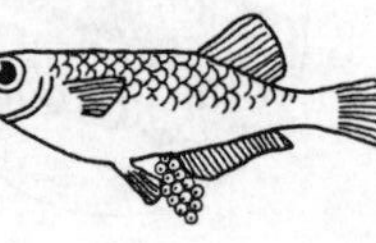

(2) 右の図は、水草についたメダカのたまごです。（　　）にあてはまる言葉を□から選んでかきましょう。

たまごの形は、（①　　　）なっています。

たまごの中は、（②　　　）います。

たまごの大きさは、約（③　　　）mmくらいです。

たまごの中は、小さな（④　　　）のようなものが見られます。

たまごのまわりには（⑤　　　）のようなものがはえています。

1　あわ　毛　丸く　すきとおって

(3) めすがうんだ（①　　　）がおすが出す（②　　　）と結びつくことを（③　　　）といい、(③) したたまごを（④　　　）といいます。

精子（せいし）　たまご　受精（じゅせい）　受精卵（じゅせいらん）

月　　日　名前

ポイント　メダカのたんじょうと成長のようすを学習します。

2 図の㋐～㋔は、メダカのたまごの成長を表したものです。また、あ～おは、たまごの成長のようすを説明したものです。それぞれ何日目のことですか。あとの表にかきましょう。

㋐

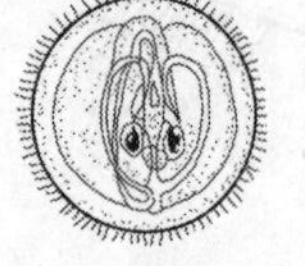

㋑

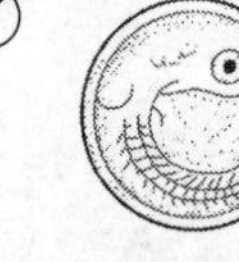

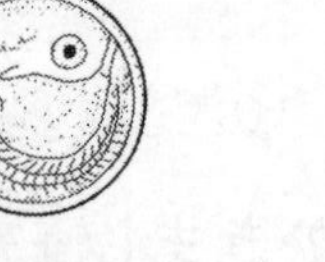

㋒

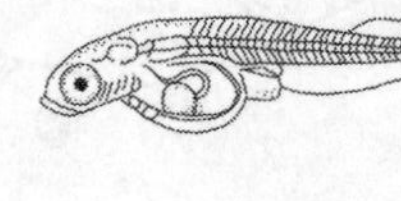

㋓

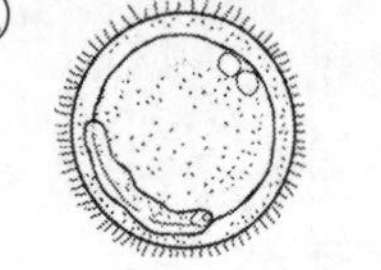

㋔

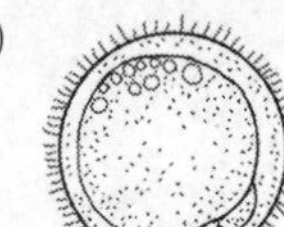

あ　目がはっきりしてくる。

い　からだのもとになるものが見えてくる。

う　あわのようなものが少なくなる。

え　からをやぶって出てくる。

お　心ぞうが見え、たまごの中でときどき動く。

受精から	数時間後	2日目	4日目	8～11日目	11～14日目
図	①（　　）	②（　　）	③（　　）	④（　　）	⑤（　　）
説明	⑥（　　）	⑦（　　）	⑧（　　）	⑨（　　）	⑩（　　）

3 メダカのたまごの成長を調べました。観察の方法について、次の文のうち正しいものには○、まちがっているものには×をかきましょう。

①（　　）　たまごを水草といっしょにとり出して、水の入ったペトリ皿に入れて観察します。

②（　　）　毎日、いろんな時こくに、いろんなたまごを観察します。

③（　　）　かいぼうけんび鏡で見るときには、スライドガラスの上にたまごをのせて観察します。

メダカのたんじょう ③

水中の小さな生物

ポイント　けんび鏡やかいぼうけんび鏡を使って、水の中の小さな生き物を調べます。

1 水中の小さな生物を観察するときには、かいぼうけんび鏡を使います。

㋐～㋓の名前を□から選んでかきましょう。

㋐(　　　)
㋑(　　　)
㋒(　　　)　㋓(　　　)

のせ台　反しゃ鏡　調節ねじ　レンズ

2 次の(　)にあてはまる言葉を□から選んでかきましょう。

かいぼうけんび鏡は、(①　　)が直接(ちょくせつ)あたらない明るいところに置きます。レンズをのぞきながら、(②　　)を動かして、明るく見えるようにします。

観察するものを(③　　)の上に置き、(④　　)を回して(⑤　　)をあわせます。

プレパラートのつくり方は、見たいものを(⑥　　)にのせます。その上に(⑦　　)をかけて、はみ出した水をすい取ります。

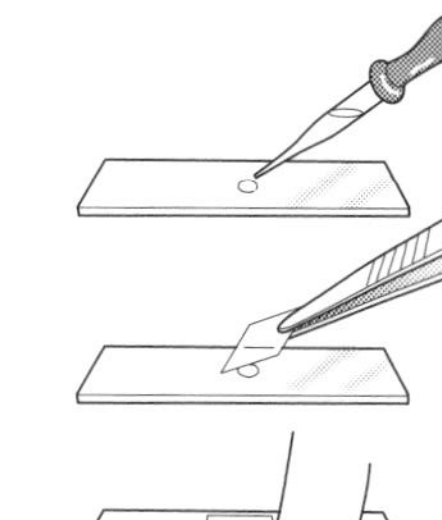

スライドガラス　カバーガラス　ピント 日光　反しゃ鏡　のせ台　調節ねじ

3 池や水の中には、小さな生き物がたくさんいます。けんび鏡で見ると小さいものが大きく見えます。

(1) 次の生きものの名前を□から選び、かきましょう。

①（約100倍）(　　　)

② 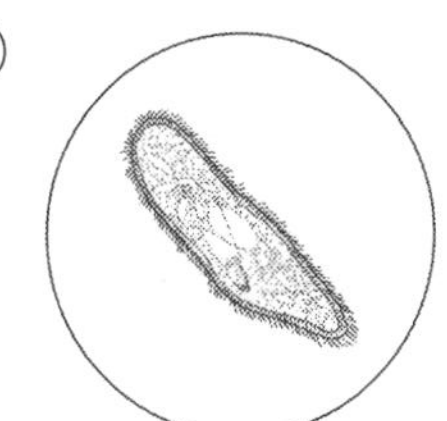（約20倍）(　　　)

③ 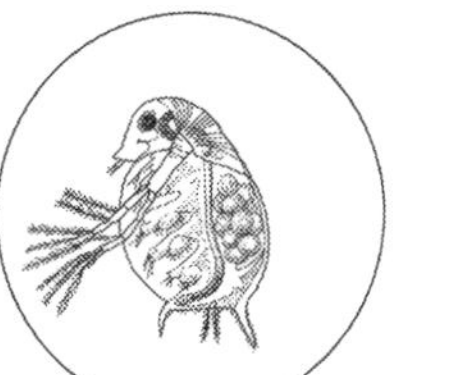（約100倍）(　　　)

④（約50倍）(　　　)

⑤ （約300倍）(　　　)

⑥ （約20倍）(　　　)

アオミドロ　ミドリムシ　ボルボックス　ゾウリムシ ミジンコ　ケンミジンコ

(2) ①～⑥の中で、もっとも小さい生物はどれですか。(　　)

(3) けんび鏡では上下左右が逆(ぎゃく)になって見えます。（P.39参照）けんび鏡で見ると図のように見えました。見たいものをまん中にするには、プレパラートを㋐、㋑のどちらに動かせばよいですか。(　　)

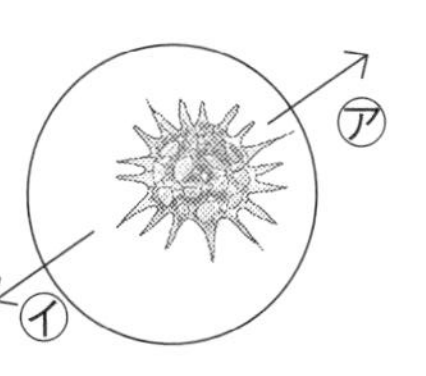

まとめテスト

メダカのたんじょう

月　　日　名前　　　　/100点

1 次の(　)にあてはまる言葉を□から選んでかきましょう。(各４点)

(1) メダカのような魚は、(①　　　)でたまごをうみます。

メダカは、春から夏の間、水温が(②　　　)なると、たまごをうむようになります。たまごの形は(③　　　)なっていて、その中は(④　　　)います。大きさは、１mmぐらいです。

水中　丸く　高く　すきとおって

(2) メダカを飼(か)うときの水そうは、水であらいます。

(①　　　)が直接(ちょくせつ)水そうにあたらない、(②　　　)平らなところに置きます。

水そうの底には(③　　　)であらった(④　　　)や(⑤　　　)をしきます。

水そう

メダカのえさ　イトミミズ　かんそうミジンコ

水は(⑥　　　)したものを入れて、(⑦　　　)を入れます。

メダカは(⑧　　　)と(⑨　　　)を同じ数、まぜてかいます。

えさは、(⑩　　　)が出ない量を毎日(⑪　　　)あたえます。水がよごれたら、(⑥)した水と半分ぐらい入れかえます。

小石　すな　水　日光　明るい　くみおき 水草　おす　めす　１～２回　食べ残し

2 図を見て、あとの問いに答えましょう。

(1) 右の①、②はメダカのおす、めすのどちらですか。(各２点)

①
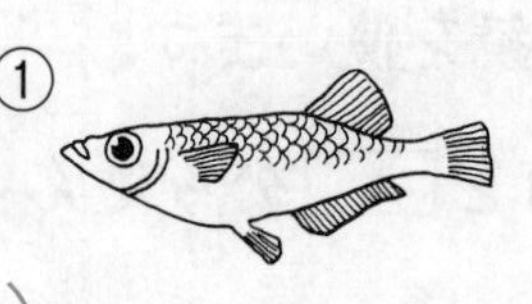
②

(①　　　)　(②　　　)

(2) メダカのめすとおすのおなかを比(くら)べてみると、はらがふくれているのはどちらですか。(４点)

(　　　)

3 次の(　)にあてはまる言葉を□から選んでかきましょう。(１つ４点)

(1) かいぼうけんび鏡の図の(　)に部分の名前をかきましょう。

(㋐　　　)　(㋑　　　)

(㋒　　　)

(㋓　　　)

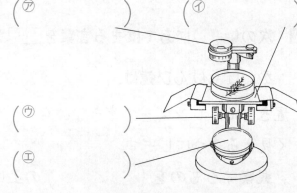

(2) 日光が直接あたらない、明るい平らなところに置きます。

(①　　　)を動かして、見やすい明るさにします。

見るものを(②　　　)の中央にのせます。真横から見ながら(③　　　)を回して、(④　　　)を見るものに近づけます。そして、少しずつはなしていきながらピントをあわせます。

反しゃ鏡　レンズ　のせ台　調節ねじ ◉(1)と(2)で２回使います。

まとめテスト

メダカのたんじょう

月　　日　名前　　　　／100点

1 メダカのたまごの育ち方について、あとの問いに答えましょう。

㋐ ㋑ ㋒ ㋓

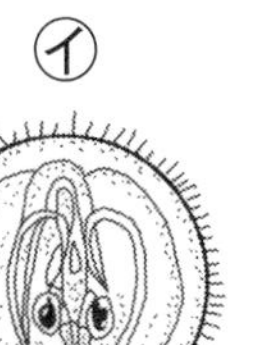
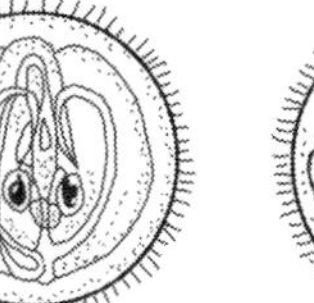
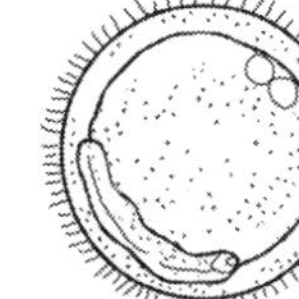
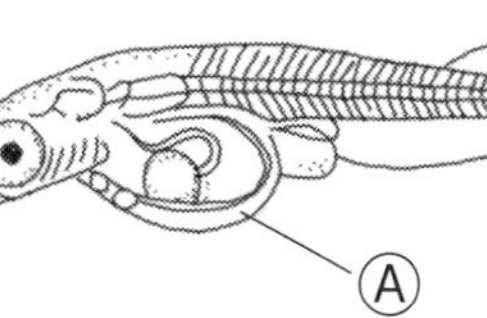

(1) 図の㋐～㋓を正しい順にならべかえましょう。（各２点）

（　　　）→（　　　）→（　　　）→（　　　）

(2) 次の文の（　）にあてはまる言葉をかきましょう。（各５点）

Ⓐのふくらみは、やがてなくなります。それは、Ⓐの中にある（①　　　）が、メダカの（②　　　）に使われたからです。

2 メダカの飼い方について、正しいものには〇、まちがっているものには×をかきましょう。（各５点）

①（　）水そうは、日光が直接あたらない、明るい平らなところに置きます。

②（　）水そうには、くみおきの水を入れ、底にはあらったすなをしきます。

③（　）水そうには、たまごをうむめすだけを、10～15ひき入れます。

④（　）えさは食べ残すぐらいの量を、毎日５～６回あたえます。

⑤（　）水そうには、たまごをうみつけるための水草を入れておきます。

⑥（　）水がよごれたら、水そうの水を全部、くみおきの水と入れかえます。

3 水中の小さな生き物について、あとの問いに答えましょう。

(1) ①～⑥の名前を□から選んで記号でかきましょう。（各２点）

①（　　）②（　　）
③（　　）④（　　）
⑤（　　）⑥（　　）

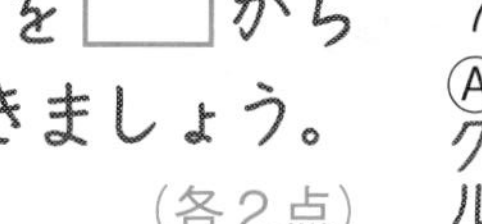

Ⓐグループ
① 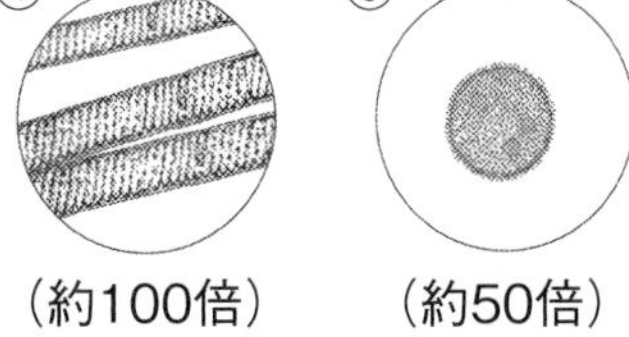 （約20倍）
②  （約50倍）
③  （約100倍）

Ⓑグループ
④  （約100倍）
⑤  （約50倍）
⑥  （約300倍）

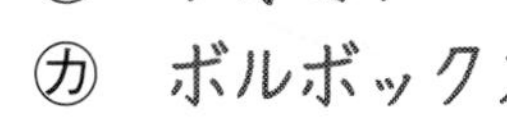

㋐ クンショウモ	㋑ ミジンコ	㋒ アオミドロ
㋓ ツボワムシ	㋔ ゾウリムシ	㋕ ボルボックス

(2) 自分で動くことができるのは、Ⓐ、Ⓑのどちらのグループですか。（10点）

（　　　）

4 メダカのたまごの図と記録文で、あうものを線で結びましょう。（各６点）

㋐ 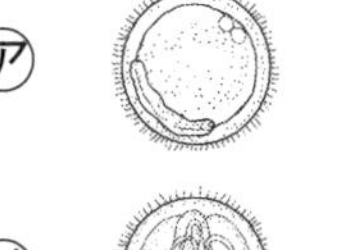 ・　　・ あ 11～14日目、からをやぶって出てくる

㋑  ・　　・ い ２日目、からだのもとになるものが見えてくる

㋒ 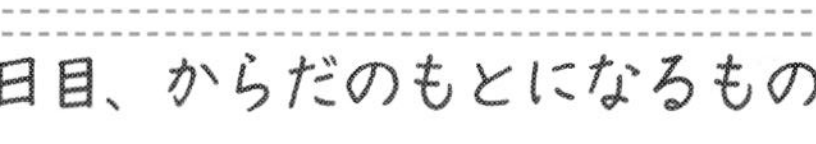 ・　　・ う ８～11日目、たまごの中でときどき動く

㋓ 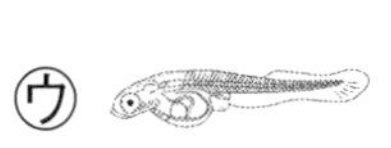  ・　　・ え ４日目、目がはっきりしてくる

㋔ 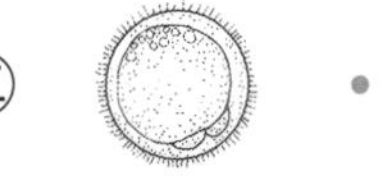  ・　　・ お 数時間後、あわのようなものが少なくなる

イメージマップ

動物のたんじょう

月　　日　名前

ヒトのたんじょう

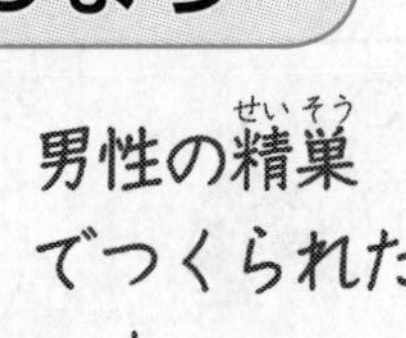
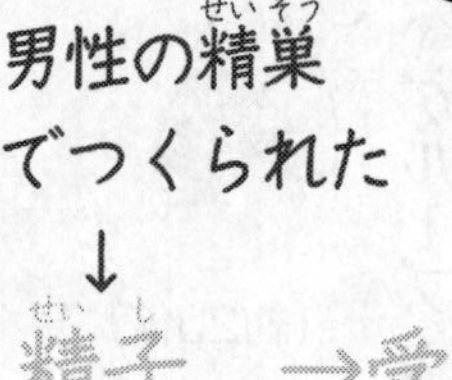

女性の卵巣（らんそう）でつくられた
↓
卵子（らんし）

＋

男性の精巣（せいそう）でつくられた
↓
精子（せいし）

→受精（受精卵（じゅせいらん））約0.1mm

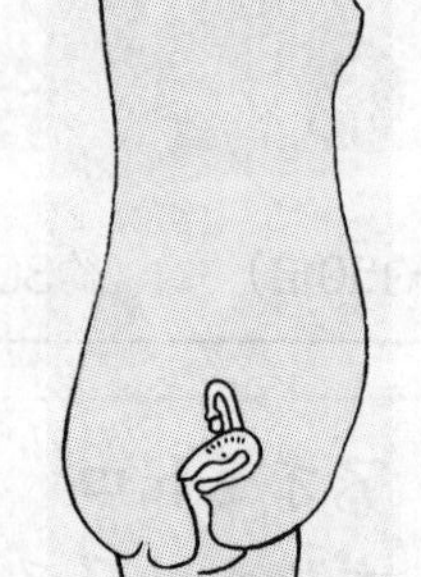

約4週
心ぞうが動きはじめる。
体重は約0.01g
体長は約0.4cm

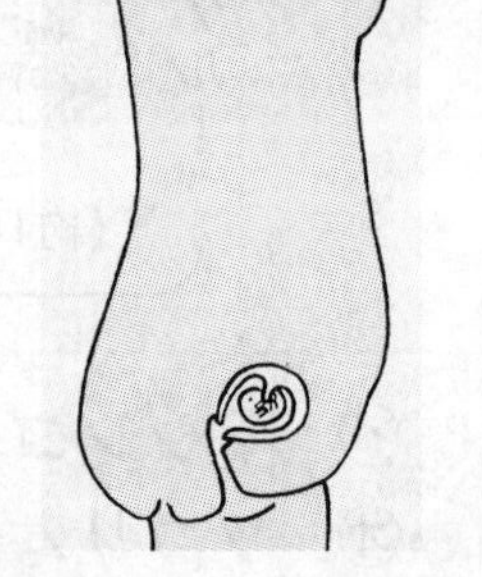

約8週
目や耳ができる。手や足の形がはっきりしてくる。
体重は約1g
体長は約4cm

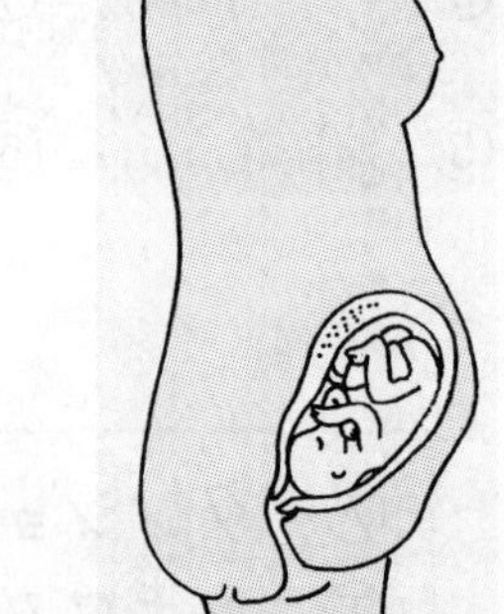

約16週
体の形や顔のようすがはっきりしてくる。男女の区別ができる。
体重は約220g
体長は約25cm

約24週
心ぞうの動きが活発になり、体を回転させて、よく動くようになる。
体重は約970g
体長は約30～35cm

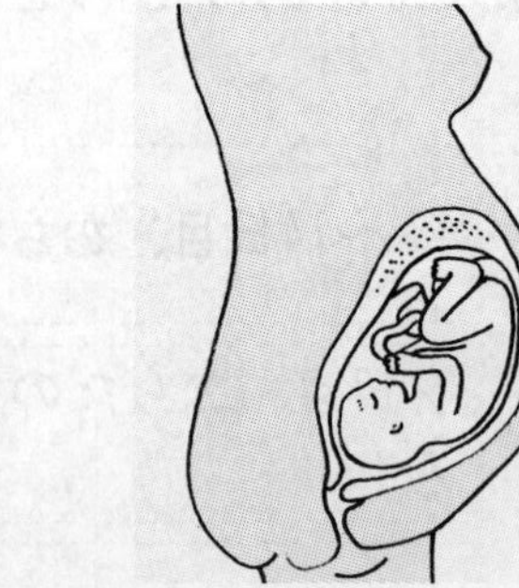

約32～36週
かみの毛やつめが生えてくる。
体重は約2300～2900g
体長は約40～45cm

約270日（およそ38週）
でうまれる

おなかの中のようす

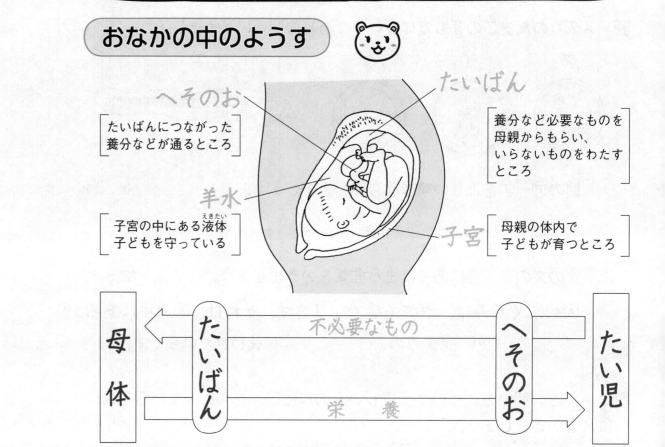

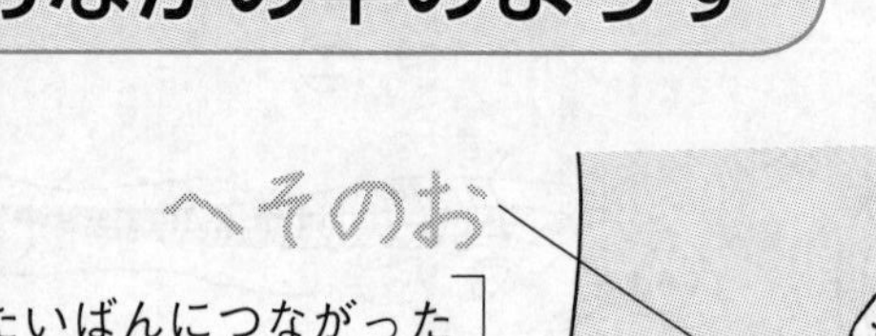
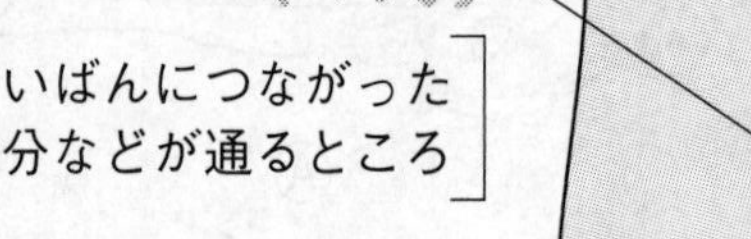

へそのお：たいばんにつながった養分などが通るところ

たいばん：養分など必要なものを母親からもらい、いらないものをわたすところ

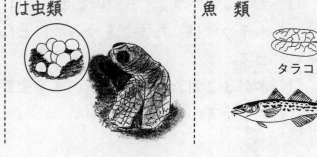

羊水：子宮の中にある液体（えきたい）子どもを守っている

子宮：母親の体内で子どもが育つところ

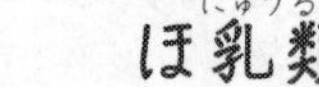

母体 ← たいばん ← へそのお ← たい児（不必要なもの）

母体 → たいばん → へそのお → たい児（栄養）

ほ乳類（にゅうるい）

母親の体内で成長しうまれたあとは乳（ちち）を飲んで育ちます。

鳥類

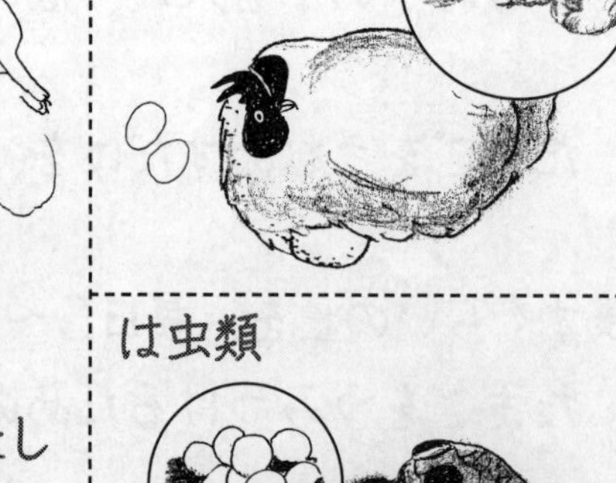

両生類

は虫類

魚類

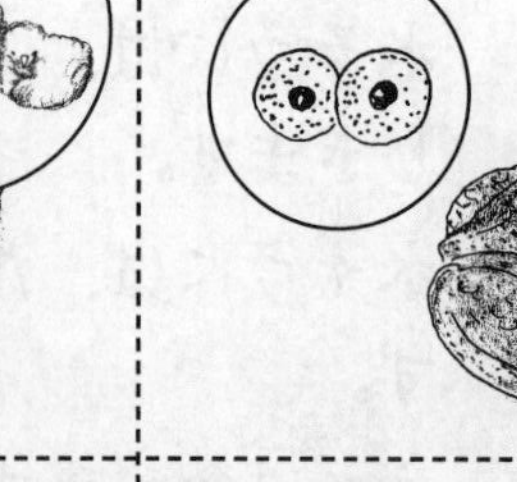

動物のたんじょう ①
いろいろな動物

1 次の動物はどんなすがたでうまれますか。たまごでうまれるものに○、親と似(に)たすがたでうまれるものに×をつけましょう。

（　）トラ　（　）サケ　（　）カエル
（　）カラス　（　）カメ　（　）ウサギ
（　）ネコ　（　）ハエ　（　）ゴキブリ

2 次の表は、いろいろなほ乳(にゅう)動物のおよそのにんしん期間（母親の体内にいる期間）をくらべたものです。（　）にあてはまる数字を□から選んでかきましょう。

動物	にんしん期間	動物	にんしん期間
ゾウ	（①　）	チンパンジー	（②　）
ウシ	300日	イヌ	70日
ヒト	270日	ウサギ	（③　）

600日　250日　30日

大きい体の動物ほど、にんしん期間が長いとわかります。

3 次の文は、ヒトやメダカのことについてかいてあります。メダカだけにあてはまるものには×、ヒトにあてはまるものには○、両方にあてはまるものには△をつけましょう。

①（　）子どもはたまごの中で成長します。
②（　）たんじょうするまでに約270日もかかります。
③（　）受精(じゅせい)しないたまごは、成長しません。
④（　）へそができます。
⑤（　）受精後におす、めすが決まります。

いろいろな動物のうまれ方と動物の種類を学習します。

4 たくさんたまごをうむ動物について調べました。次の（　）にあてはまる言葉を□から選んでかきましょう。

(1) （①　）やシシャモは、一生の間に（②　）個(こ)のたまごをうむといわれています。

なぜこんなに（③　）のたまごをうむのでしょうか。

実は、これらのたまごは（④　）にされるため、たまごのうちの多くが（⑤　）てしまいます。子どもにかえっても多くの（⑥　）に食べられたり、（⑦　）をとれずに死んでしまったりします。

生き残るのは、もとの（⑧　）と、ほとんど変わらないという結果になるのです。大型(おおがた)動物の子どもの数が（⑨　）のは、親が子どもを（⑩　）からなのです。（⑪　）もその仲間なのです。

少ない　ヒト　イワシ　たくさん　エサ　親の数　てき
うみっぱなし　食べられ　数千〜数万　大事に育てる

(2) 母親の（①　）で育ってたんじょうし、（②　）を飲んで育つ動物をほ乳類(にゅうるい)といいます。クジラや（③　）もほ乳類です。（④　）で生活するほ乳類もいます。

乳(ちち)　イルカ　水中　体内

動物のたんじょう ②

ヒトのたんじょう

月　日 名前

ポイント　ヒトのたんじょうと成長のようすを学習します。

1 ヒトのうまれ方について調べました。次の(　)にあてはまる言葉を□から選んでかきましょう。

女性の(①　　)と男性の(②　　)が母親の体内で結びつくことを(③　　)といい、このとき生命がたんじょうします。

このたまごを(④　　)といい、(⑤　　)の中で成長して、約(⑥　　)週間でうまれます。

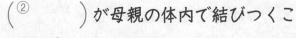

うまれた子どもが親になり、また、子どもをうむことで(⑦　　)が受けつがれていきます。

生命	精子	卵子	受精	受精卵	子宮	38

2 ヒトの卵子や精子について、正しいものには○、まちがっているものには×をつけましょう。

① (　) ヒトの卵子の大きさは、約1mmです。

② (　) ヒトの卵子はメダカのたまごよりも大きいです。

③ (　) 精子は、卵子よりも小さいです。

④ (　) 精子と卵子の数は、ほぼ同じです。

⑤ (　) 卵子は、女性の卵巣で、精子は男性の精巣でつくられます。

3 右の図の㋐～㋔は、母親の体内で育つ子どものようすを表したものです。また、㋕～㋙は、子どもが育つようすを説明したもので、㋚～㋞は子どもの体重をかいたものです。それぞれいつごろのものですか。表に記号をかきましょう。

㋐ 
㋑ 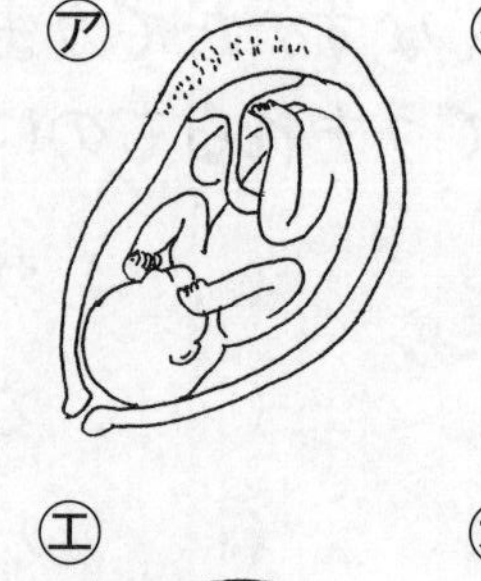
㋒ 
㋓ 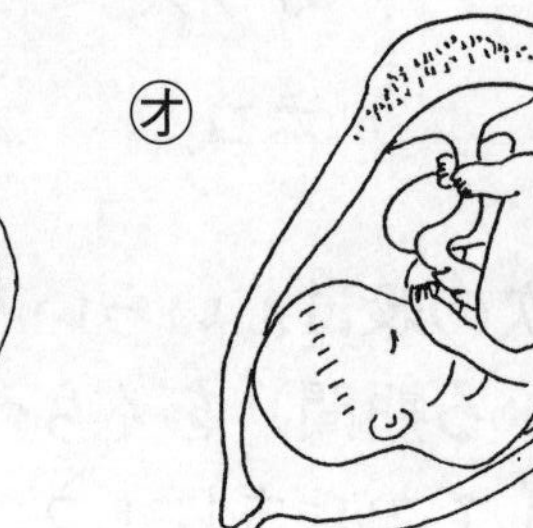
㋔

㋕ 心ぞうの動きが活発になります。体を回転させ、よく動くようになります。

㋖ 体の形や顔のようすがはっきりしています。男女の区別ができます。

㋗ 目や耳ができます。手や足の形がはっきりしてきます。

㋘ かみの毛やつめが生えてきます。

㋙ 心ぞうが動きはじめます。

㋚ 約2900g　　㋛ 約900g　　㋜ 約200g

㋝ 約1g　　㋞ 約0.01g

受精から	約4週	約8週	約16週	約24週	約36週
図	①(　)	②(　)	③(　)	④(　)	⑤(　)
説明	⑥(　)	⑦(　)	⑧(　)	⑨(　)	⑩(　)
体重	⑪(　)	⑫(　)	⑬(　)	⑭(　)	⑮(　)

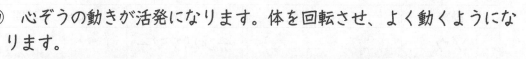

動物のたんじょう ③

ヒトのたんじょう

1 下の図は、ヒトの卵子(らんし)と精子(せいし)を表しています。あとの問いに答えましょう。

Ⓐ 　Ⓑ

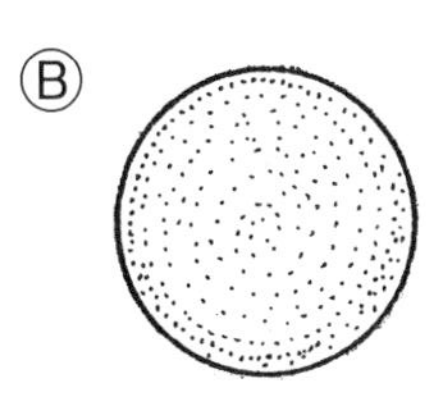

(1) Ⓐ、Ⓑはそれぞれ何といいますか。

Ⓐ（　　　　）　Ⓑ（　　　　）

(2) Ⓐ、Ⓑのうちつくられる数が多いのは、どちらですか。（　　）

(3) ⒶとⒷとどちらが大きいですか。（　　）

(4) Ⓑの大きさは、どれくらいですか。㋐～㋓から選んで記号で答えましょう。（　　）

㋐ はりでさしたあなぐらい。
㋑ イクラ（サケのたまご）くらい。
㋒ ニワトリのたまごくらい。
㋓ メダカのたまごくらい。

(5) 卵子と精子が母親の体内で結びつくことを何といいますか。

（　　　　）

(6) (5)の結果できたたまごを何といいますか。

（　　　　）

(7) 親の体内で、子どもを育てているところを何といいますか。

（　　　　）

月　日　名前

ポイント ヒトの卵子と精子の結びつきから、母体（子宮）での成長のようすを学習します。

2 右の図は、母親の体内で子どもが育つようすをかいたものです。

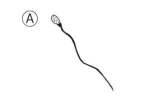

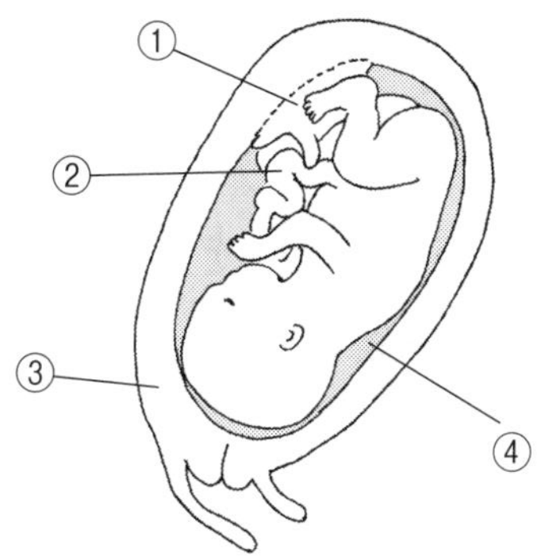

(1) ①～④の名前を□から選んでかきましょう。

①（　　　　）
②（　　　　）
③（　　　　）
④（　　　　）

たいばん	へそのお	羊水	子宮

(2) ①～④の説明にあたるものを選んでかきましょう。

①（　　　　）
②（　　　　）
③（　　　　）
④（　　　　）

- 外部からの力をやわらげ、たい児を守る
- 子どもが育つところ
- 養分が通るところで、母親とつながっている管
- 養分といらなくなったものを交かんするところ

まとめテスト

動物のたんじょう

月　　日　名前

／100点

1　次の(　)にあてはまる言葉を□から選んでかきましょう。(各3点)

男性の精巣でつくられた(①　　)と、女性の卵巣でつくられた(②　　)が、女性の(③　　)で出会って受精し、新しい生命がたんじょうします。

受精したたまごの(④　　)は、母親の(③)の中で成長します。その間、母親の(⑤　　)から(⑥　　)を通して酸素や(⑦　　)をもらい、(⑧　　)を返します。

(⑨　　)は、母親の体内で、およそ(⑩　　)日間育ちます。

子宮　270　卵子　たいばん　養分　精子 いらなくなったもの　たい児　へそのお 受精卵

2　次の文で正しいものには○、まちがっているものには×をかきましょう。(各5点)

①(　)カエルのたまごも受精卵がおたまじゃくしに育ちます。

②(　)ウシのめすには、子宮があります。

③(　)ゾウのにんしん期間はおよそ270日です。

④(　)イヌのにんしん期間はおよそ70日です。

⑤(　)ヒトの子どもは、身長50cm、体重3kgぐらいでうまれます。

⑥(　)受精しないたまごは、成長しません。

3　図は、母親の体内で子どもが育っていくようすを表したものです。㋐～㋔はそのようすを表しています。あてはまるものを選びましょう。(各4点)

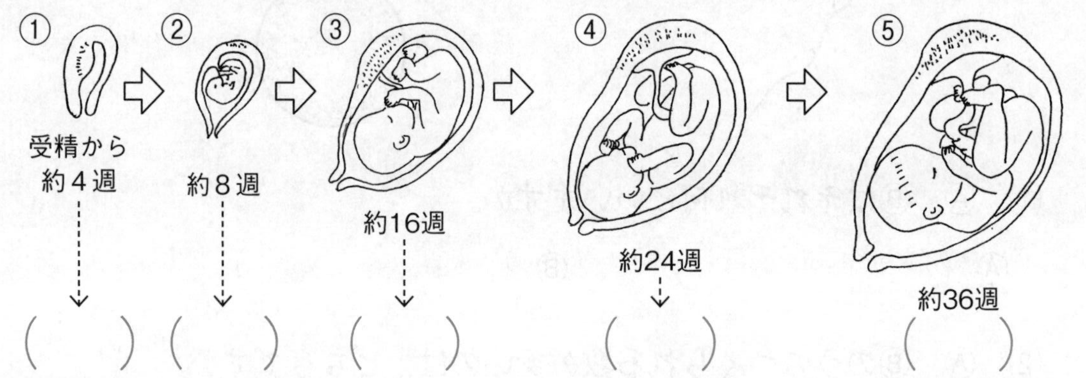

(　)(　)(　)(　)(　)

㋐　体の形や顔のようすがはっきりします。男女の区別ができます。

㋑　心ぞうが動きはじめます。

㋒　心ぞうの動きが活発になります。体を回転させ、よく動くようになります。

㋓　子宮の中で回転できないくらいに大きくなります。

㋔　目や耳ができます。手や足の形がはっきりします。体を動かしはじめます。

4　図は、母親の体内で子どもが育つようすをかいたものです。①～④の名前を(　)にかき、あうものを㋐～㋓から選び、線で結びましょう。(名前と線　各5点)

①(　　　)・　　・㋐　子どもが育つところ

②(　　　)・　　・㋑　養分などが通る管

③(　　　)・　　・㋒　子どもを守っている

④(　　　)・　　・㋓　養分やいらないものを交かんするところ

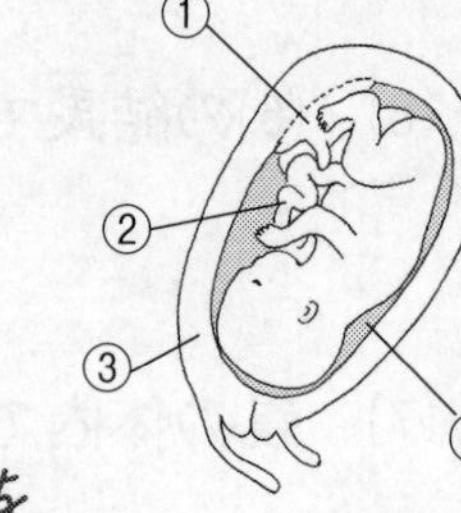

まとめテスト

動物のたんじょう

月　　日　名前

/100点

1 次の問いに答えましょう。（1つ5点）

(1) 次の図は、何を表していますか。名前をかきましょう。

㋐ 男性(だんせい)がつくるもの　（　　　　）

㋑ 女性がつくるもの　（　　　　）

(2) 図の㋐と㋑で、つくられる数が多いのはどちらですか。また、大きいのはどちらですか。

数（　　　　）　大きさ（　　　　）

(3) 図の㋐と㋑が体内で結びつくことを何といいますか。

（　　　　）

(4) (3)の結果、できたたまごを何といいますか。

（　　　　）

2 次の問いに答えましょう。（1つ5点）

(1) ヒトのように、体内で成長し、うまれたあとに乳(ちち)を飲んで育つ動物を何といいますか。

（　　　　）

(2) (1)の仲間は、次のうちどれですか。記号を２つかきましょう。

㋐ 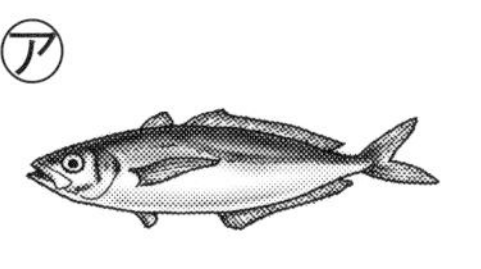
魚

㋑ 
ニワトリ

㋒ 
イルカ

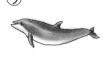

㋓ 
ゾウ

（　　　　）（　　　　）

3 次の文は、ヒトやメダカのことについてかいてあります。メダカだけにあてはまるものには×、ヒトだけにあてはまるものには○、両方にあてはまるものには△をつけましょう。（各5点）

①（　　）受精(じゅせい)しないたまごは、成長しません。

②（　　）子どもはたまごの中で成長します。

③（　　）たんじょうするまでに約270日もかかります。

④（　　）子どもにかえるのに温度がおおいに関係します。

⑤（　　）たまごの中の養分で成長します。

⑥（　　）親から養分をもらいます。

⑦（　　）受精後におす、めすが決まります。

⑧（　　）へそができます。

4 ヒトとウミガメのたんじょうについて、あとの問いに答えましょう。

(1) ウミガメのたまごの数は、ヒトのたまご（卵子(らんし)）の何倍ですか。正しいものに○をつけましょう。（5点）

10倍（　　）　50倍（　　）　100倍（　　）

★(2) ウミガメがヒトよりもたまごを多くうむわけを説明しましょう。（10点）

［　　　　　　　　　　　　　　　　］

花から実へ

月　　日　名前

1つの花におしべ・めしべがあるもの

アブラナ、アサガオの花

めしべ　子ぼう（種子を育てる）

花びら　おしべ・めしべを守る　虫をひきつける

おしべ　花粉が入っている　やくが開く時期がちがう

がく　花びらを支える

みつせんは　おくにあって　虫をみちびく

受粉（花粉がつくこと）

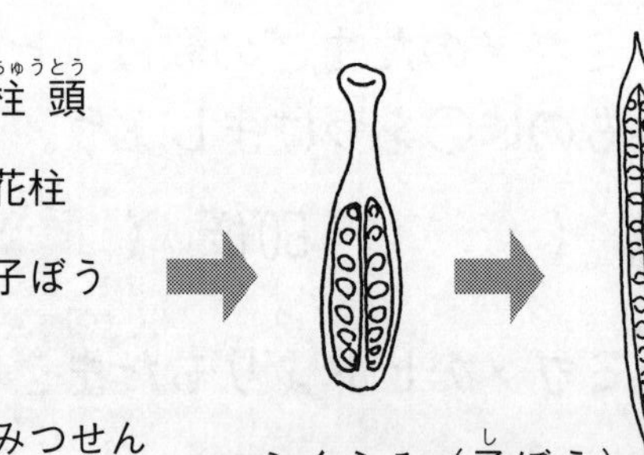

ふくらみ（子ぼう）の中に種子ができる

種子

受粉の方法

虫によるもの	風によるもの	鳥によるもの
カボチャ	マツ	ツバキ、サザンカ
表面にとげや毛がついて くっつきやすい形	小さく軽い 飛ぶしくみがある	虫のいない冬にさく花

おばな、めばなの区別があるもの

カボチャ、ヘチマ、ヒョウタンの花

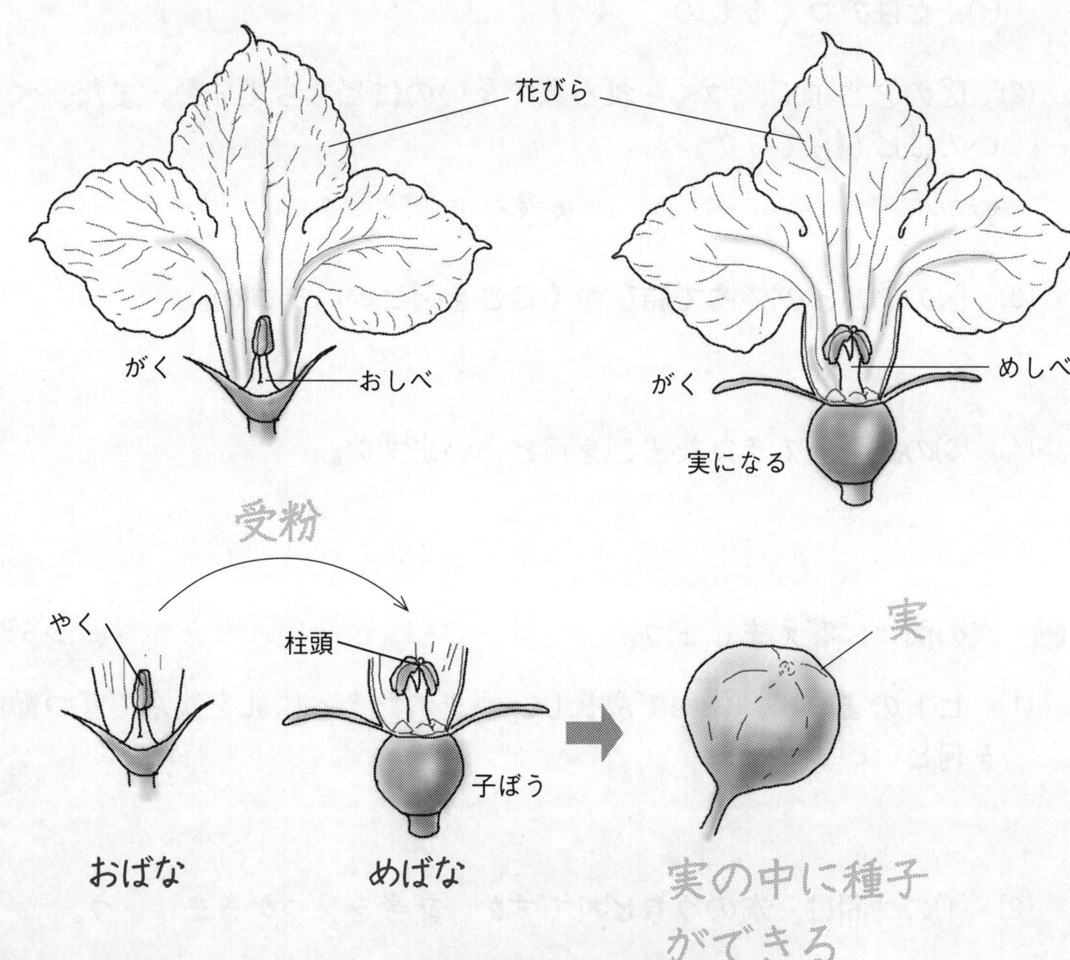

花から実へ

月　　日　名前

けんび鏡

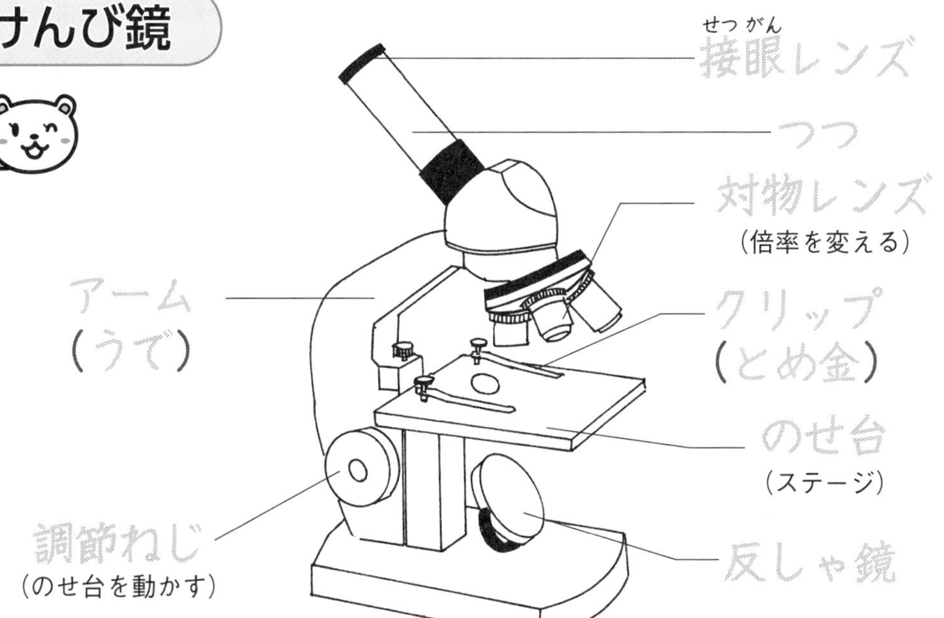

けんび鏡の倍率

倍率(ばいりつ)＝接眼レンズの倍率×対物レンズの倍率

高い倍率

(300倍)

低い倍率

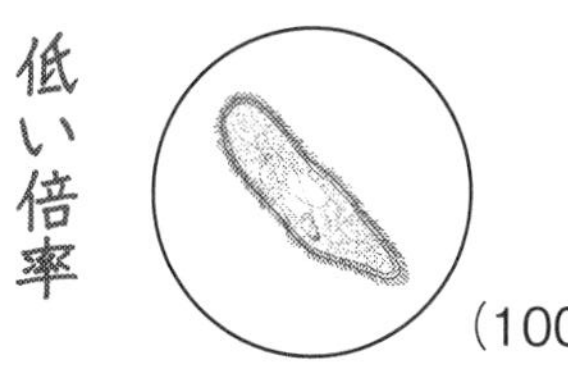

(100倍)

いろいろな花粉

カボチャ
(とっきがある)

ユリ
(ねばりけがある)

ツツジ
(糸のようなものがある)

マツ
(空気ぶくろがある)

ヘチマ

トウモロコシ

スギ

けんび鏡での見え方

けんび鏡では、上下左右が逆(ぎゃく)になって見える。

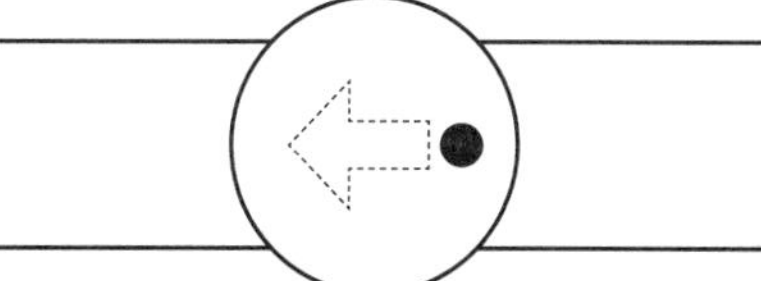

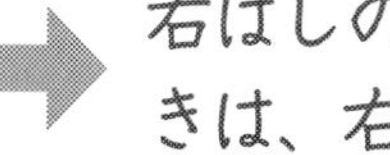

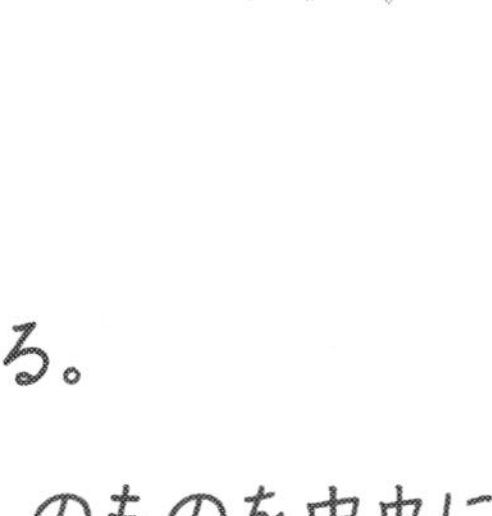

右はしのものを中央にするときは、右に動かす

けんび鏡の使い方

①

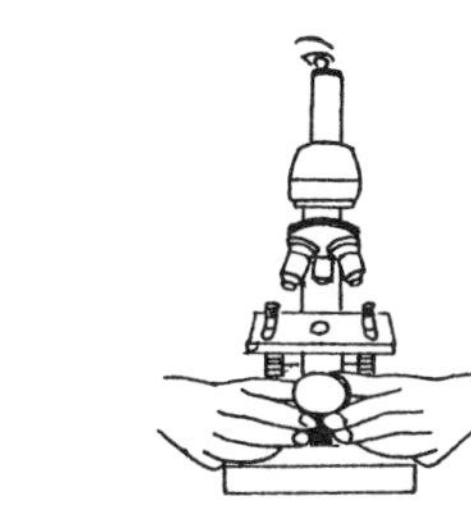

一番低い倍率にする。接眼レンズをのぞきながら、反しゃ鏡を動かして、明るくする。

②

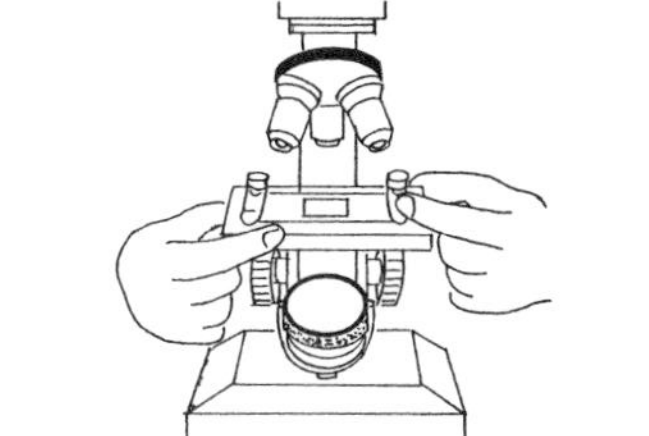

プレパラートをのせ台の上におく。

③

横から見ながら調節ねじを回し、対物レンズと、プレパラートの間をせまくする。

④

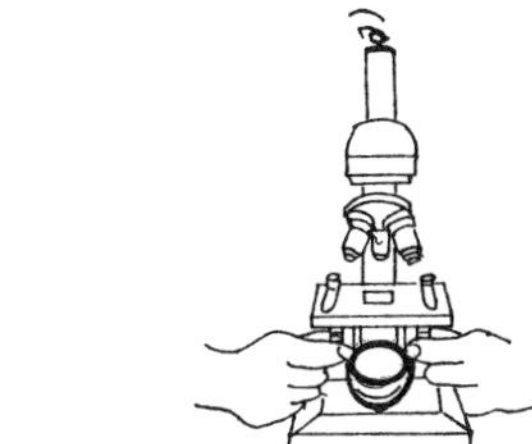

接眼レンズをのぞきながら、調節ねじを回し、対物レンズとプレパラートの間を少しずつ広げ、ピントをあわせる。対物レンズや接眼レンズを変えると倍率が変わる。

花から実へ ①

花のつくり

月　日　名前

おばな、めばなのつくりと、おしべ、めしべのはたらきを学習します。

1 図は、アサガオの花のつくりを表したものです。

(1) (　　)にあてはまる名前を□から選んでかきましょう。

花びら　めしべ　おしべ　がく

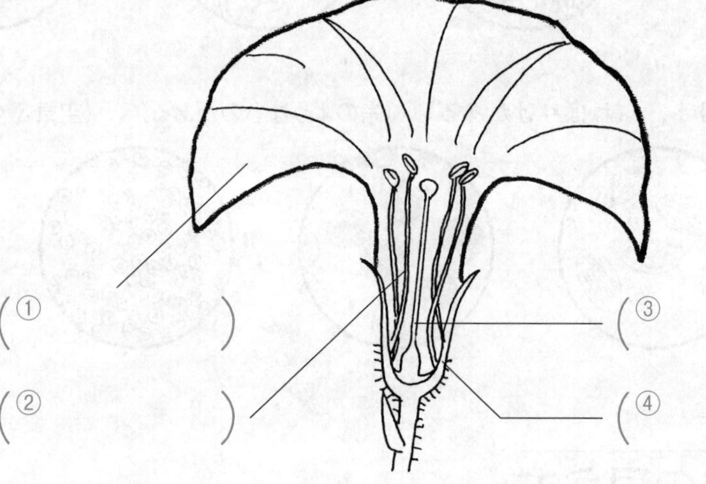

①(　　　)　②(　　　)　③(　　　)　④(　　　)

(2) 次の(　　)にあてはまる言葉を□から選んでかきましょう。

花びらには、虫をひきつけたり、おしべやめしべを(①　　　)はたらきがあります。そして、おしべは(②　　　)という花粉の入ったふくろを持っています。めしべはおしべの花粉を受粉して、実や(③　　　)を育てます。

がくは、花びらやめしべ、おしべを(④　　　)はたらきがあります。

種子　やく　支える　守る

2 カボチャの花について、あとの問いに答えましょう。

(1) □には、おばな・めばなを、(　　)にはその部分の名前を□から選んでかきましょう。

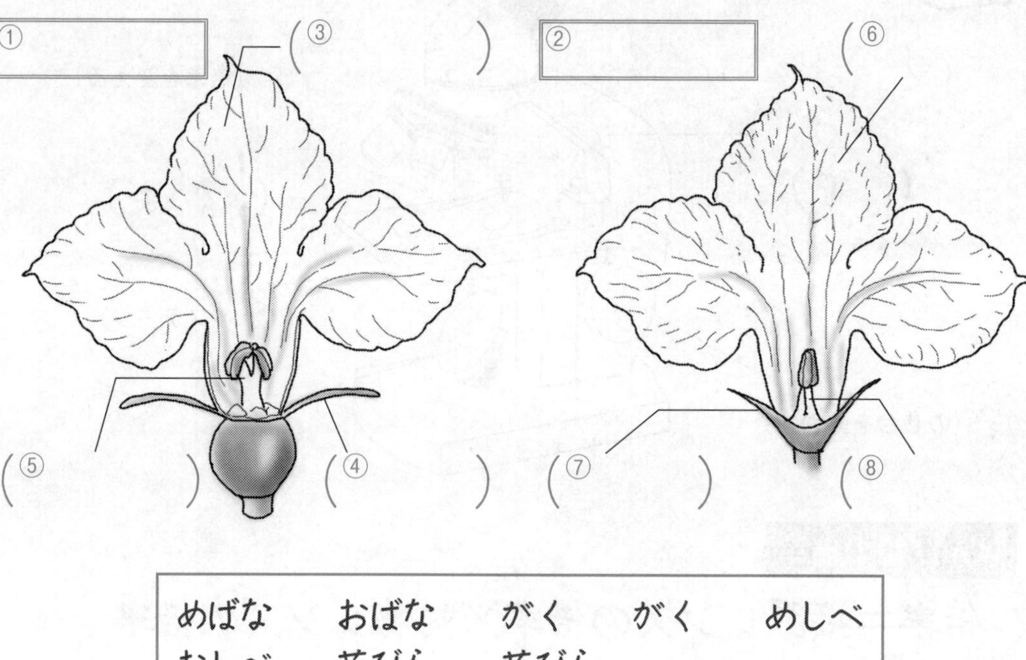

①□　②□　③(　　　)　④(　　　)　⑤(　　　)　⑥(　　　)　⑦(　　　)　⑧(　　　)

めばな　おばな　がく　がく　めしべ　おしべ　花びら　花びら

(2) 次の(　　)にあてはまる言葉を□から選んでかきましょう。

カボチャは、２種類の花がさきます。おばなにあるⒶを(①　　　)といいます。Ⓐの中には、(②　　　)があります。(②)がめしべの先につくことを(③　　　)といいます。

花粉　受粉　やく

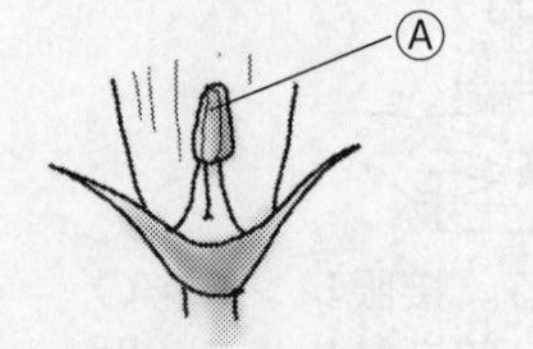

おばな

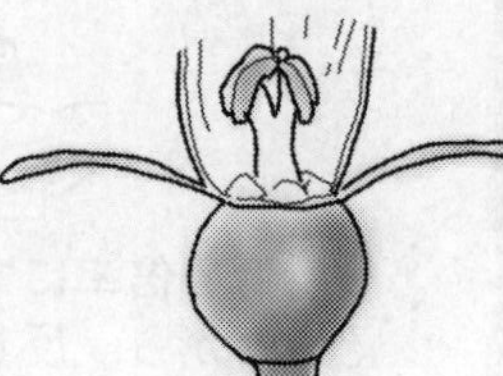
めばな

花から実へ ②

花のつくり

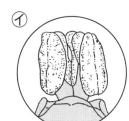

1 図はカボチャの花のおしべとめしべの先をスケッチしたものです。あとの問いに答えましょう。

㋐ 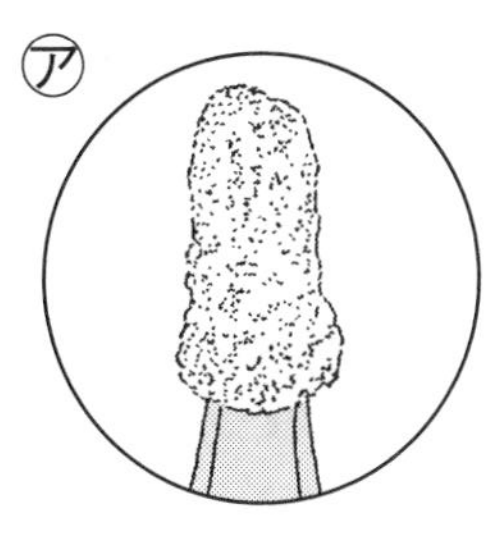

㋑

(1) おしべはどちらですか。記号で答えましょう。（　　　）

(2) めしべはどちらですか。記号で答えましょう。（　　　）

(3) おしべには粉がたくさんついていました。この粉は何ですか。

（　　　）

(4) 子ぼうとよばれるふくらみがあるのは、どちらですか。記号で答えましょう。（　　　）

2 右の図は、アブラナの花のつくりを表したものです。あとの問いに答えましょう。

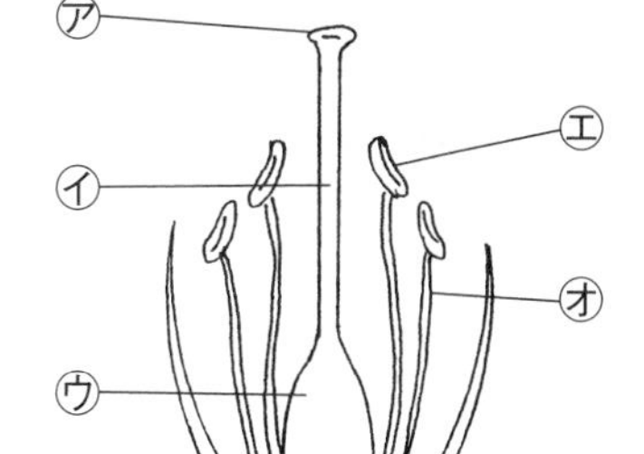
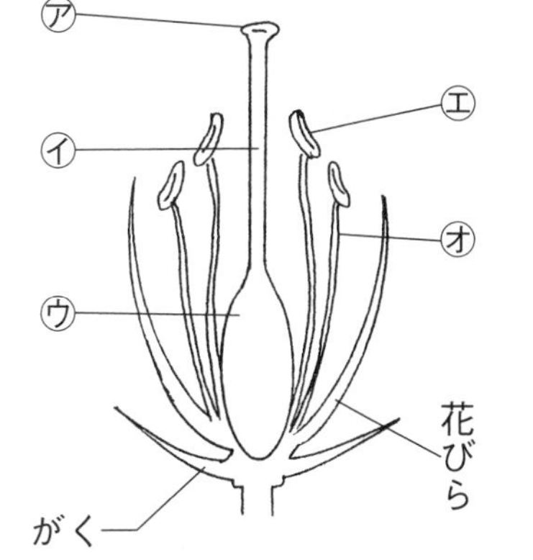

(1) 花粉がつくられるのは、㋐～㋔のどこですか。（　　　）

(2) 花がさいたあと実になるのは、㋐～㋔のどこですか。（　　　）

(3) おしべでつくられた花粉がつくのは、㋐～㋔のどこですか。

（　　　）

(4) 花びらのはたらきについて正しいもの２つに○をしましょう。

（　　）おしべやめしべを守る　　（　　）目立つ色で虫をよせる

（　　）虫が中に入らないように守る

月　　日 名前

ポイント　いろいろな花のつくりを学習します。

3 「Ⓐ １つの花にめしべとおしべがある花」と「Ⓑ めばなとおばなの区別がある花」について、次の花は、Ⓐ、Ⓑのどちらですか。（　　）に記号をかきましょう。

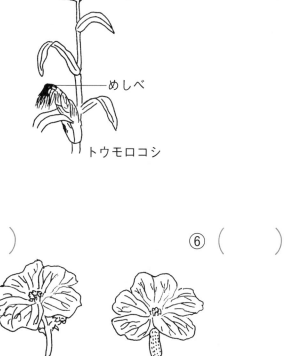

① （　　　）

アサガオ

② （　　　）

スイカ

③ （　　　）

おしべ
めしべ
トウモロコシ

④ （　　　）

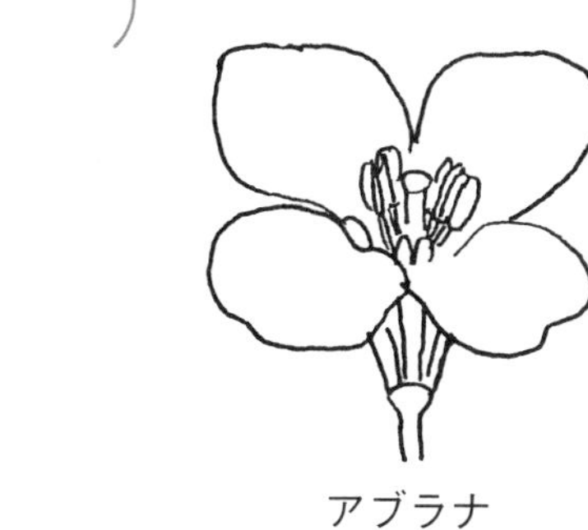

アブラナ

⑤ （　　　）

ヘチマ

⑥ （　　　）

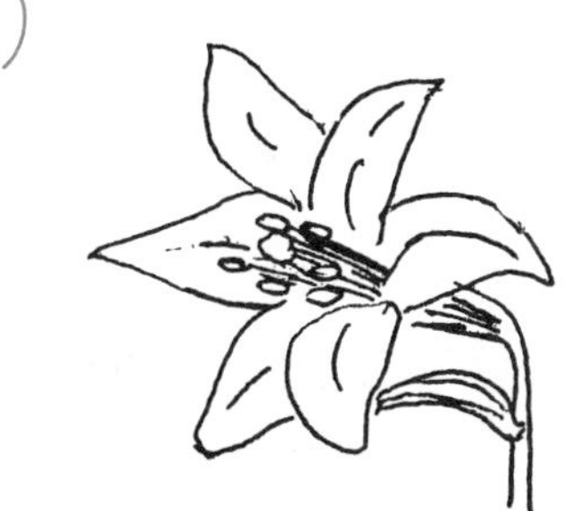

ユリ

花から実へ ③

受 粉

1 次の(　)にあてはまる言葉を□から選んでかきましょう。

(1) おしべの先についている粉のようなものを(①　　)といいます。

めしべの先をさわるとべとべとしていて、よく見るとその粉がついていました。

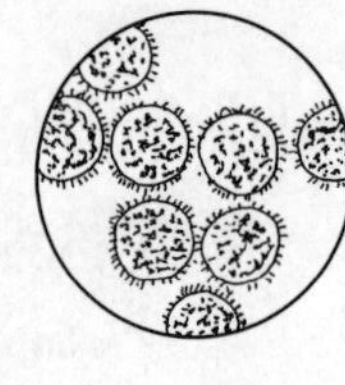

この粉は、ミツバチなど(②　　)の体にくっつきやすくなっていて、(③　　)から(④　　)へ運ばれます。

このようにおしべの(①)がめしべにつくことを(⑤　　)といいます。

花粉　めしべ　おしべ　こん虫　受粉

(2) 春に花がさくアサガオやカボチャの(①　　)は、こん虫の体にくっついて、運ばれます。そのため、表面に(②　　)や(③　　)があり、比かく的に(④　　)できています。

とっき　毛　大きく　花粉

(3) マツなどの花粉は、(①　　)によって運ばれます。そのためつぶが(②　　)て軽く、空気のふくろがついていたりします。

右の図のようにトウモロコシは、おばながめばなより(③　　)にあって、(④　　)が下に落ちてきて、めしべにつくようになっています。

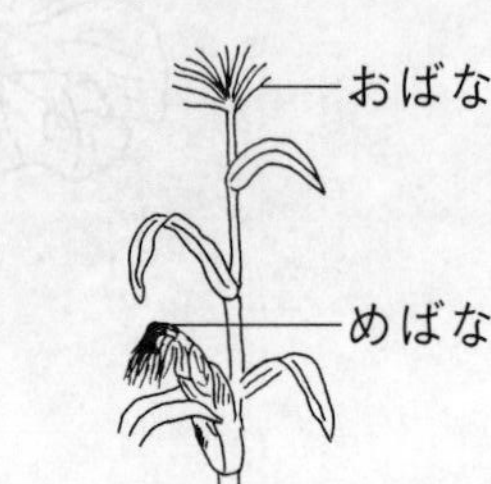

上　風　花粉　小さく

月　日　名前

ポイント　おしべの花粉がめしべにつく（受粉）ことをくわしく学習します。

2 アサガオの花を使って、花粉のはたらきを調べる実験をしました。

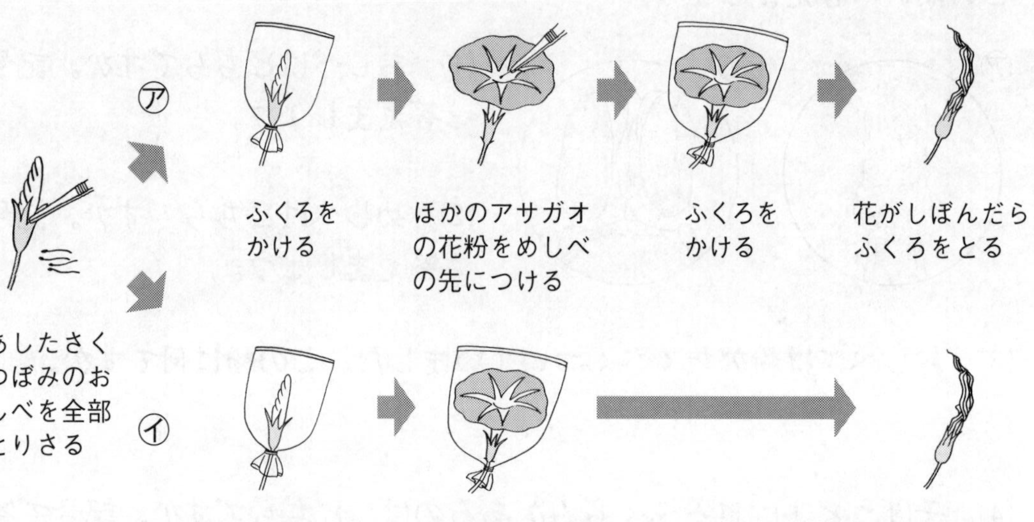

(1) 次の(　)にあてはまる言葉を□から選んでかきましょう。

つぼみのときに(①　　)を全部とりさるのは、めしべに(②　　)がつかないようにするためです。また、ふくろをかけるのは、自然に花粉が(③　　)ようにするためです。㋐と㋑のつぼみで条件を変えているのは(④　　)の先に花粉をつけるか、つけないかです。

めしべ　おしべ　花粉　つかない

(2) ㋐、㋑のうち実ができるのは、どちらですか。(　　)

(3) ㋐、㋑の2つの実験から、実ができるためには何が必要ですか。

(おしべの　　　がめしべにつくことが必要です)

花から実へ ④

けんび鏡の使い方

けんび鏡のしくみと使い方を学習します。

月　　日　名前

1 次のけんび鏡の各部分の名前を□から選んでかきましょう。

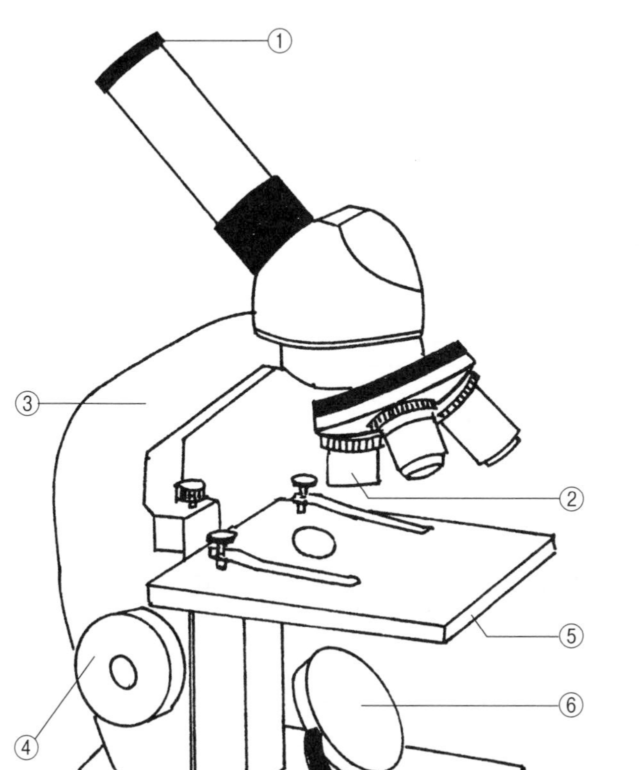

①（　　　　　）
②（　　　　　）
③（　　　　　）
④（　　　　　）
⑤（　　　　　）
⑥（　　　　　）

反しゃ鏡	のせ台
うで	対物レンズ
接眼（せつがん）レンズ	調節ねじ

2 次の文章において、（　）の中の正しいものに○をつけましょう。

(1) けんび鏡では、倍率（ばいりつ）を（高く・低く）すると、見えるはん囲（い）は（広く・せまく）なり、見たいものは大きく見えます。

(2) けんび鏡で見ると、上下左右は（同じ・逆（ぎゃく））に見えます。つまり、見るものを左上にしたいときは、プレパラートを（左上・右下）に動かします。

3 次の図は、けんび鏡の使い方を表したものです。（　）にあてはまる言葉を□から選んでかきましょう。

❶

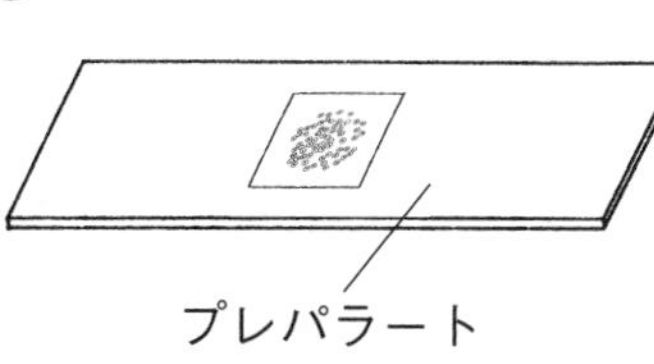

スライドガラスの上に観察するものをのせ、（①　　　　）をつくります。

けんび鏡は直接（ちょくせつ）日光の（②　　　　）平らなところに置きます。

❷ 一番（③　　　　）倍率にします。

（④　　　　）をのぞきながら、（⑤　　　　）の向きを変えて、明るく見えるようにします。

❸ プレパラートを（⑥　　　　）の上に置きます。

横から見ながら（⑦　　　　）を少しずつ回し、（⑧　　　　）とプレパラートの間を（⑨　　　　）します。

❹ （④）をのぞきながら（⑦）を回し、対物レンズとプレパラートの間を少しずつ（⑩　　　　）、ピントをあわせます。

❺

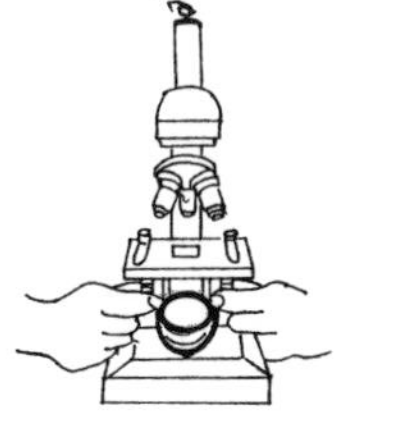

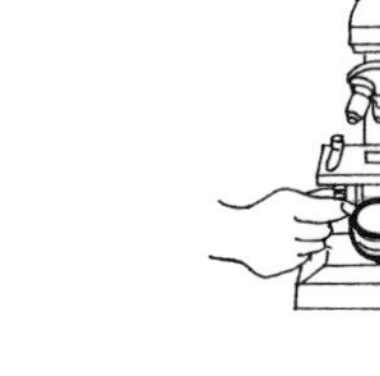

あたらない	調節ねじ	対物レンズ	
接眼レンズ	反しゃ鏡	のせ台	
プレパラート	広げ	低い	せまく

まとめテスト

花から実へ

月　日　名前　　／100点

1 次の図を見て、あとの問いに答えましょう。（1つ5点）

(1) ㋐～㋓の名前をかきましょう。

㋐（　　　）　㋑（　　　）
㋒（　　　）　㋓（　　　）

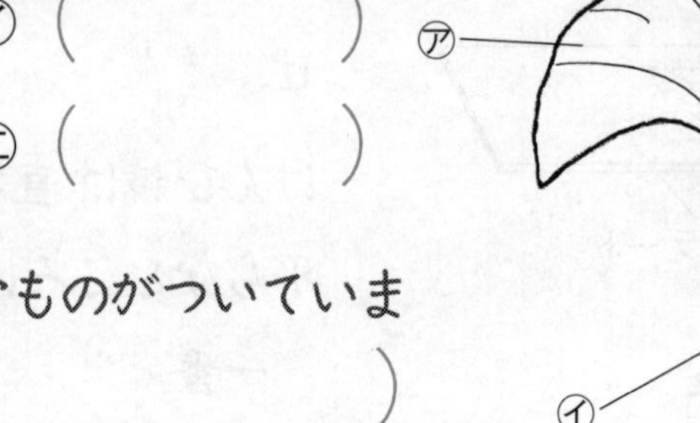

(2) ㋓の先には粉のようなものがついています。それは何ですか。（　　　）

(3) (2)の粉が、めしべの先につくことを何といいますか。（　　　）

2 右の図はカボチャの花のつくりを表したものです。（1つ7点）

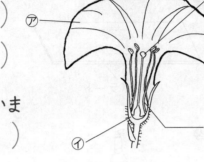

(1) Ⓐ、Ⓑの花は、それぞれ何とよばれますか。

Ⓐ（　　　）　Ⓑ（　　　）

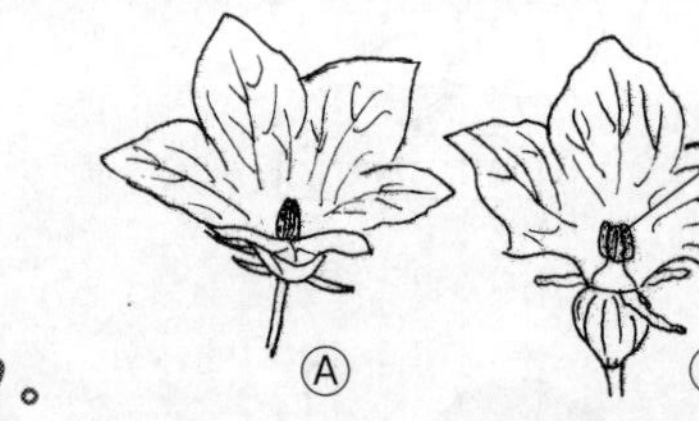

(2) 次の㋐～㋓のうちⒶについてかいたものを２つ選び、○をつけましょう。

㋐（　）この花にはめしべがあります。
㋑（　）この花はしぼんだあと、つけねから落ちてしまいます。
㋒（　）この花のつけねあたりに、実ができます。
㋓（　）この花のおしべで花粉がつくられます。

(3) Ⓒの部分をさわると、どのようになっていますか。正しい方に○をつけましょう。

（　）べとべとしている　（　）さらさらしている

3 次の実験は花粉のはたらきを調べるために、ヘチマを受粉させたり、受粉できないようにしたりしたものです。（1つ5点）

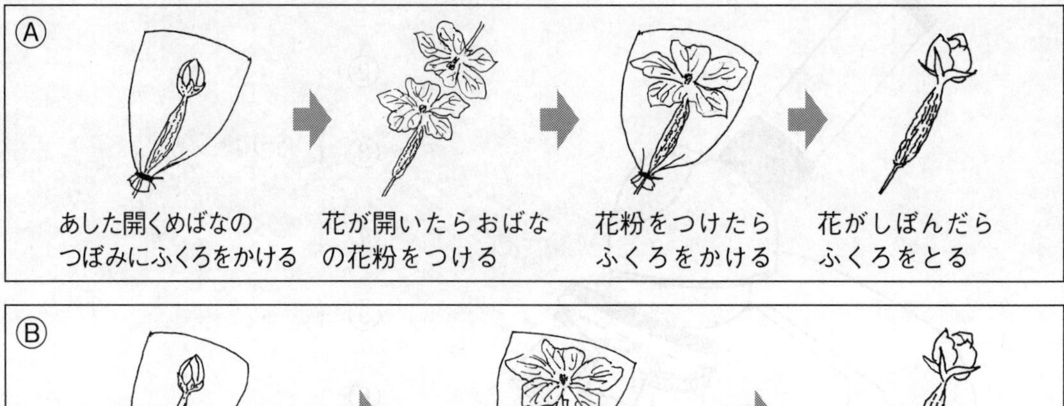

Ⓐ
あした開くめばなのつぼみにふくろをかける
花が開いたらおばなの花粉をつける
花粉をつけたらふくろをかける
花がしぼんだらふくろをとる
Ⓑ
あした開くめばなのつぼみにふくろをかける
花が開いても、ふくろをかけたままにしておく
花がしぼんだらふくろをとる

(1) Ⓐ、Ⓑは、受粉させたか、させないか、それぞれかきましょう。

Ⓐ（　　　）　Ⓑ（　　　）

(2) Ⓐ、Ⓑのうち、実ができるのはどちらですか。（　　　）

(3) 正しいものには○、まちがっているものには×をかきましょう。

①（　）つぼみのうちにふくろをかけるのは、花粉がたくさんできるようにするためです。
②（　）つぼみのうちにふくろをかけるのは、花が開いたときに花粉がついてしまうのを防ぐためです。
③（　）花粉をつけたあとまたふくろをかけるのは、花粉以外の条件を同じにするためです。
④（　）花粉をつけたあとまたふくろをかけるのは、花を守るためです。

まとめテスト

花から実へ

月　　日　名前

／100点

1 けんび鏡について、あとの問いに答えましょう。（1つ5点）

(1) 下の図のけんび鏡の各部分の名前をかきましょう。

のせ台を動かすけんび鏡　　つつを動かすけんび鏡

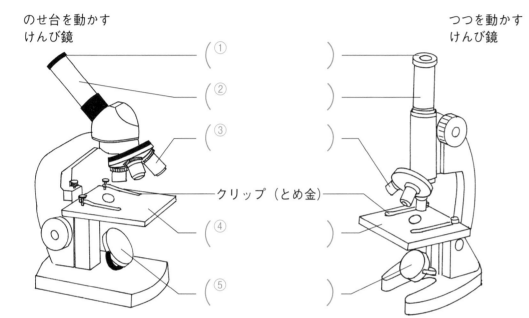

①（　　　）
②（　　　）
③（　　　）
クリップ（とめ金）
④（　　　）
⑤（　　　）

(2) 次の文章において、（　）の中の正しいものに○をつけましょう。

① けんび鏡は、日光が直接（ちょくせつ）（あたる・あたらない）明るい場所に置いて使います。

② けんび鏡では、倍率（ばいりつ）を上げるほど、見えるはん囲が（広く・せまく）なります。

③ けんび鏡をのぞいて中が暗いときには（調節ねじ・反しゃ鏡）を動かして、明るく見えるようにします。

④ 倍率は、対物レンズと接眼（せつがん）レンズの倍率の（たし算・かけ算）の式で表すことができます。

⑤ つつを動かすけんび鏡のピントをあわせるときには、はじめにつつを（上・下）までいっぱいに動かしておきます。

2 次の植物について、あとの問いに答えましょう。（各5点）

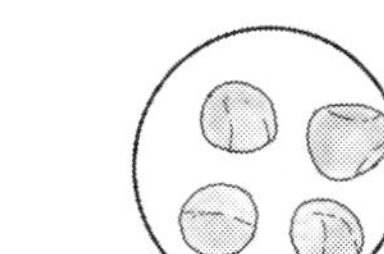

Ⓐ カボチャ　Ⓑ マツ　Ⓒ アブラナ　Ⓓ トウモロコシ

(1) めばなとおばながあるのはどれですか。3つ選んで、記号でかきましょう。（完答）（　　）（　　）（　　）

(2) 花粉がめしべの先につくことを何といいますか。（　　　）

(3) 花粉がこん虫によって運ばれるのはどれですか。2つ選んで、記号でかきましょう。（完答）（　　）（　　）

(4) こん虫のほかに花粉は何によって運ばれますか。（　　　）

(5) 上の方にさいたおしべの花粉が下のめしべに落ちてくるのはどれですか。記号でかきましょう。（　　）

3 次の文のうち、正しいものには○、まちがっているものには×をかきましょう。（各5点）

①（　）どの花にも、おしべとめしべがあります。

②（　）おしべの先には、花粉があります。

③（　）おばなには、めしべがあり、おしべはありません。

④（　）めばなには、めしべがあり、おしべはありません。

⑤（　）植物の種類によって、おしべしかない花や、めしべしかない花もあります。

まとめテスト

花から実へ

月　日　名前　　　／100点

1 図は、アサガオとカボチャの花のつくりをかいたものです。あとの問いに答えましょう。（1つ6点）

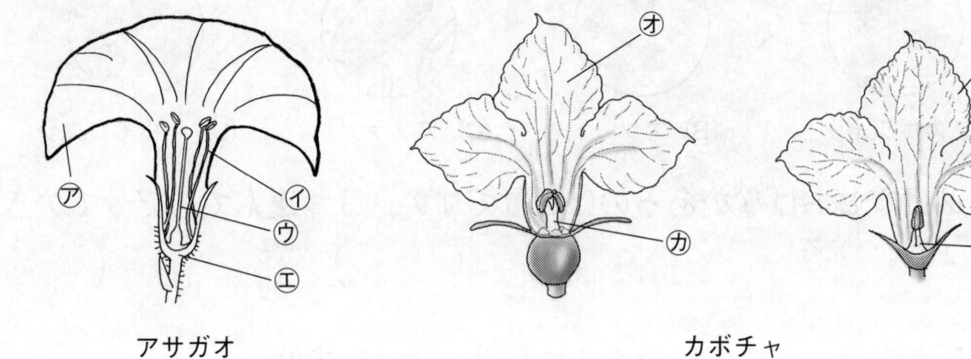

(1) もとの方がふくらんでいて、やがて実になるのはどこですか。記号でかきましょう。

アサガオ（　　）　カボチャ（　　）

(2) (1)の部分を何といいますか。（　　）

(3) (1)の部分の特ちょうとして、正しいものを次の①～③から選びましょう。（　　）

① 先にふくろがあり、粉のようなものが入っています。
② 先は、丸くべとべとしています。
③ おばなにあります。

(4) 先から花粉が出てくるのはどれですか。記号でかきましょう。

アサガオ（　　）　カボチャ（　　）

(5) (4)の部分を何といいますか。（　　）

2 図は、カボチャの花のつくりをかいたものです。あとの問いに答えましょう。

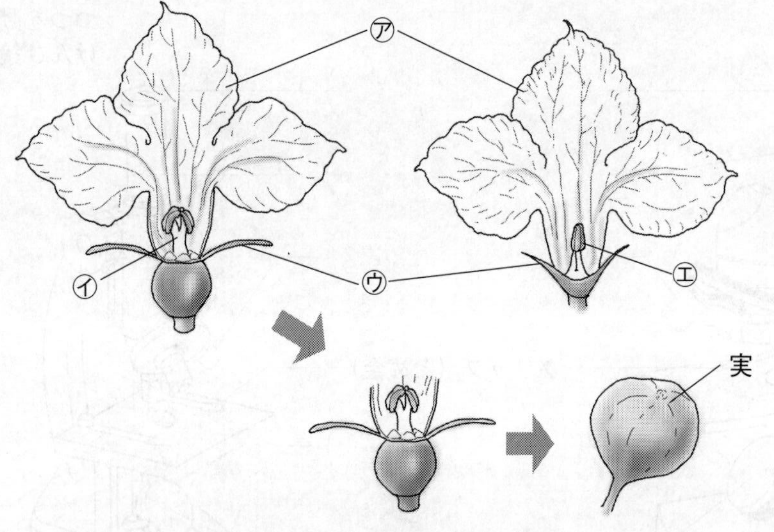

(1) ㋐～㋓の名前をかきましょう。（各7点）

㋐（　　）　㋑（　　）
㋒（　　）　㋓（　　）

(2) 次の文は、㋐～㋓のどのはたらきについてかいたものですか。記号でかきましょう。（各6点）

①（　）めしべやおしべを支える
②（　）虫をひきつけ、おしべやめしべを守る
③（　）受粉したあと、種や実を育てる
④（　）花粉の入ったふくろがある

(3) 実の中に何ができますか。（6点）（　　）

まとめテスト

花から実へ

月　　日　名前　　　／100点

1 図は、アブラナの花のつくりを表したものです。あとの問いに答えましょう。（1つ7点）

ア　イ　ウ　エ　オ　花びら　がく

(1) 花粉がつくられるのは、ア～オのどこですか。（　　）

(2) 花がさいたあと実になるのは、ア～オのどこですか。（　　）

(3) おしべでつくられた花粉がつくのは、ア～オのどこですか。（　　）

(4) 花びらはどんなはたらきをしますか。2つかきましょう。

（虫を　　　　　　）（おしべ・めしべを　　　　　　）

(5) がくは、どんなはたらきをしますか。

（花びらや中のおしべ・めしべを　　　　　　）

2 図は、けんび鏡で見た花粉です。（各6点）

(1) ①、②は、どの花の花粉ですか。□の中から選んでかきましょう。

①　②

①（　　　　）

②（　　　　）

マツ　カボチャ

(2) ①、②の花粉は何によって運ばれますか。（　）にかきましょう。

①（　　　　）　②（　　　　）

3 図は、花粉のはたらきを調べる実験です。（1つ6点）

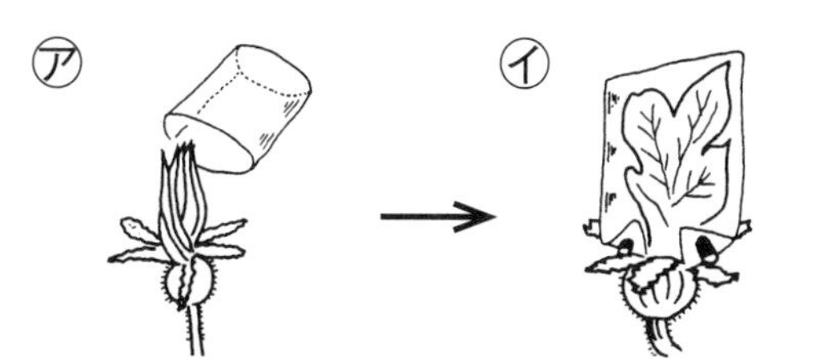

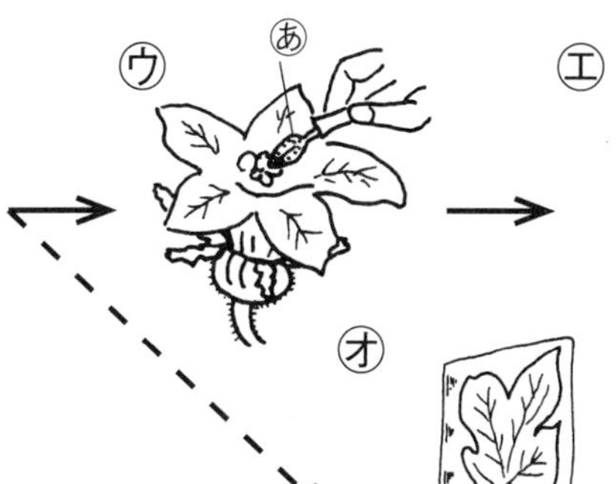

(1) どの花にふくろをかぶせますか。○をつけましょう。

① おばな（　）　② めばな（　）

(2) ふくろをかぶせるのはなぜですか。（　）にあてはまる言葉をかきましょう。

自然に（　　　　　）がつかないようにするため

(3) ウで、手に持っているあは何ですか。（　）にあてはまる言葉をかきましょう。

花粉がついた（　　　　　）

(4) 実ができるのは、エ・オのどちらですか。記号をかきましょう。

（　　）

4★ こん虫が花粉を運ぶ花は、色があざやかで、においがするものが多いです。そのわけをかきましょう。（10点）

［　　　　　　　　　　］

イメージマップ

流れる水のはたらき

月　日　名前

流れる水の３つのはたらき

しん食作用　周りの地面をけずる

運ぱん作用　土や石を運ぶ

たい積作用　運んだ土やすなを積もらせる

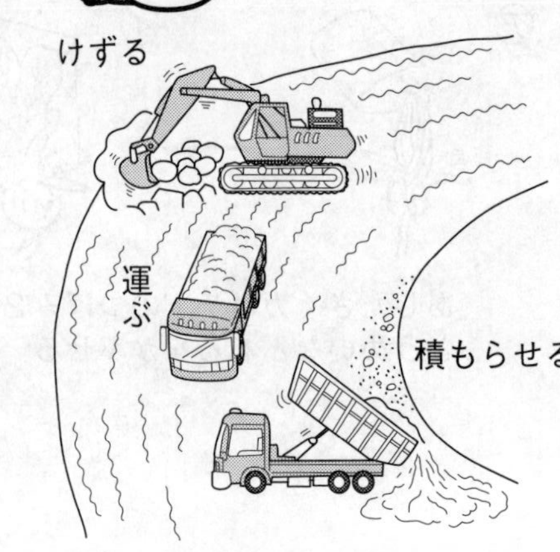

流れる水の速さとはたらき

流れが速い
しん食・運ぱん

流れが曲がっている
外側　流れが速く、しん食、運ぱん
内側　流れがおそく、たい積

流れがおそい
たい積

流れる水の量とはたらき

水量が多い　しん食　運ぱん
水量が少ない　たい積

川の水のはたらきと土地の変化

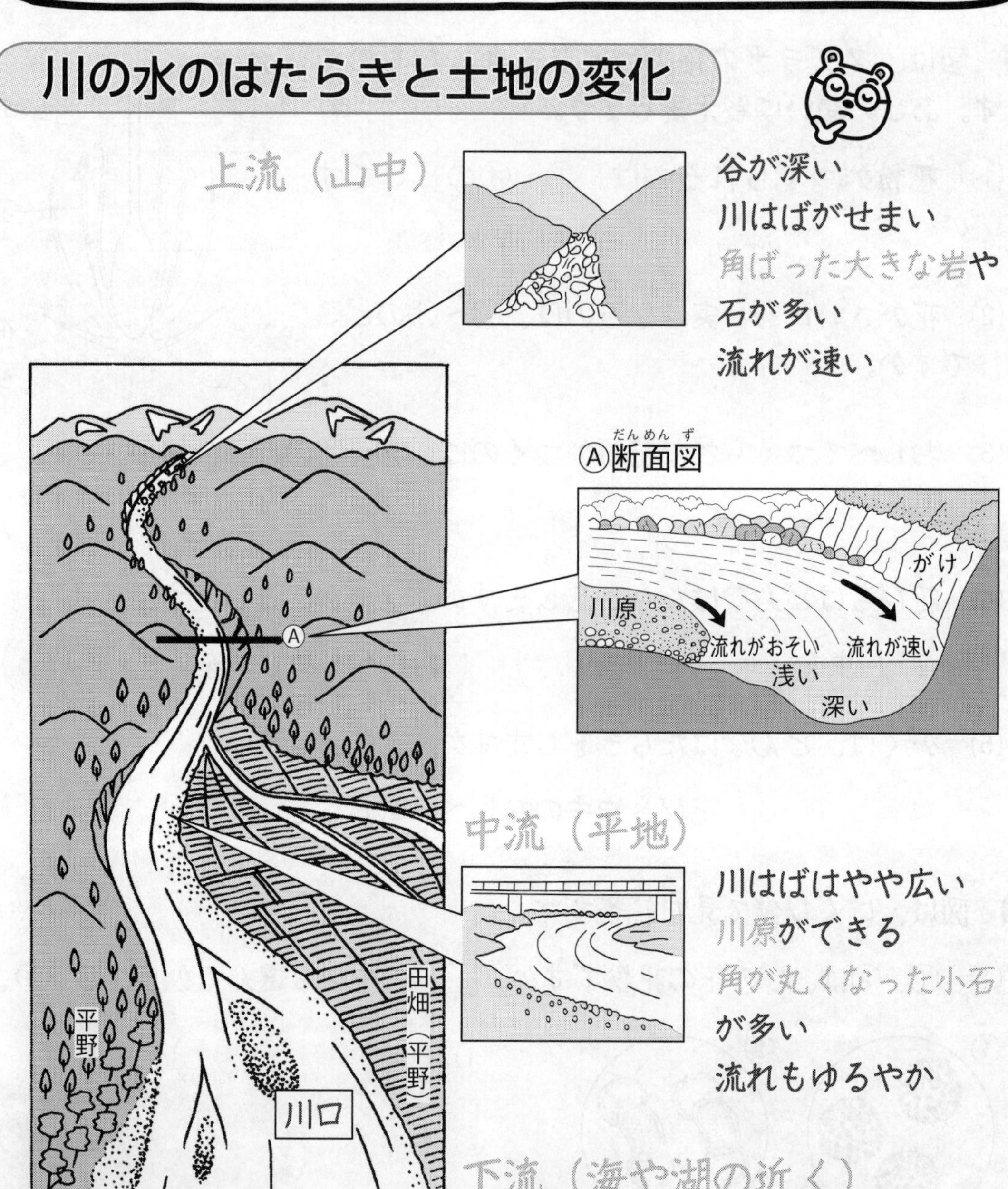

上流（山中）
谷が深い
川はばがせまい
角ばった大きな岩や石が多い
流れが速い

中流（平地）
川はばはやや広い
川原ができる
角が丸くなった小石が多い
流れもゆるやか

下流（海や湖の近く）
川はばは広い
流れはとてもゆるやか
広い川原にはすなが多く積もる（中州）

川口には、たくさんの土やすながたまる

流れる水のはたらき ①

けずる・運ぶ・積もらせる

1 図のような地面を流れる水のはたらきを調べる実験をしました。（　　）にあてはまる言葉を□から選んでかきましょう。

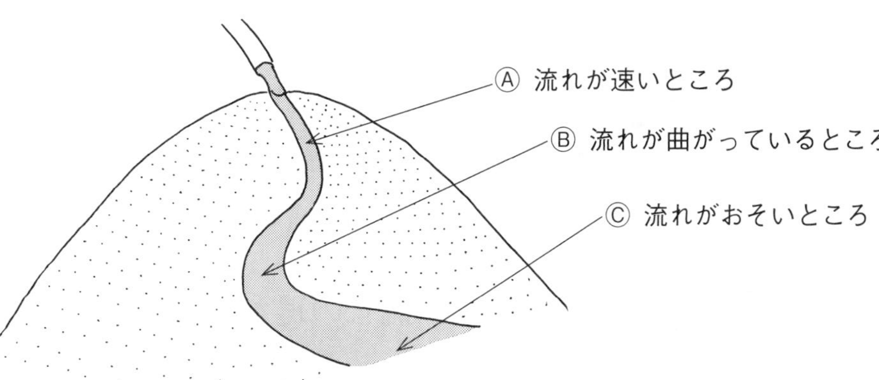

(1) 流れる水には、流れながら地面を（①　　　）はたらきがあります。Ⓐのように水の流れる速さが（②　　　）ところでは、はたらきも（③　　　）なります。また、Ⓒのように水の流れる速さが（④　　　）ところでは、（⑤　　　）を積もらせるはたらきが大きくなります。

速い　おそい　けずる　大きく　運んだ土

(2) Ⓑのように流れが曲がっているところでは、外側は流れる速さが（①　　　）、けずるはたらきと（②　　　）はたらきが大きくなります。また、内側では流れる速さが（③　　　）、（④　　　）はたらきが大きくなります。そのため、外側の方が川の深さが（⑤　　　）なります。

速く　おそく　積もらせる　深く　運ぶ

月　　日　名前

流れる水のはたらきは、土をけずる・運ぶ・積もらせるの3つがあります。

2 次の（　　）にあてはまる言葉を□から選んでかきましょう。

Ⓐ

Ⓑ

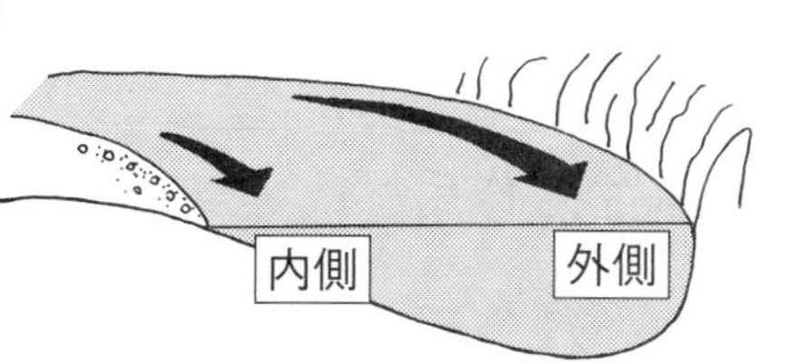

(1) Ⓐのように川の流れがまっすぐなところでは、川の水の流れは中央が（①　　　）、岸に近いほど（②　　　）なります。そのため川底の深さは（③　　　）が深くなっています。そして、両岸近くには、小石やすなが積もって、（④　　　）になっています。

川原　速く　おそく　中央

(2) Ⓑのように川の流れが曲がっているところでは、川の水の流れは外側が（①　　　）、内側が（②　　　）なります。そのため、外側の岸は（③　　　）になり、川底は深くなります。

がけ　速く　おそく

(3) 水の量が増えると流れは（①　　　）なり、（②　　　）はたらきと（③　　　）はたらきが大きくなります。

水の量が減ると流れが（④　　　）なり、運んだものを（⑤　　　）はたらきが大きくなります。

けずる　運ぶ　積もらせる　速く　おそく

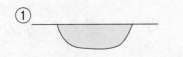

流れる水のはたらき ②

けずる・運ぶ・積もらせる

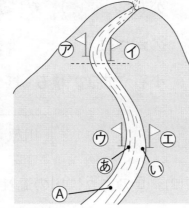

1 次の言葉とその説明を線で結びましょう。

① しん食作用 ・　　・ ㋐ 流れる水が土や石を運ぶはたらき

② 運ぱん作用 ・　　・ ㋑ 流れてきた土や石を積もらせるはたらき

③ たい積作用 ・　　・ ㋒ 流れる水が地面をけずるはたらき

2 図のような土の山にみぞをつくって水を流しました。

(1) 流れる水の速さは㋐と㋑ではどちらが速いですか。　（　　）

(2) しばらく水を流したとき、たおれる旗は㋐～㋓のどれですか。　（　　と　　）

(3) 旗がたおれるのは、流れる水のどのはたらきによりますか。□の中から1つ選んでかきましょう。　（　　）

しん食　　運ぱん　　たい積

(4) しばらく水を流したあと、図の……で切ったときのようすとして正しいものは①～③のどれですか。　（　　）

①　　②　　③

(5) Ⓐでの主なはたらきは、しん食・運ぱん・たい積のどれですか。　（　　）

月　日　名前

水の流れのようすと、そのはたらきを学習します。

3 図は、川の曲がっているところの断面図(だんめんず)です。（　）にあてはまる言葉を□から選んでかきましょう。

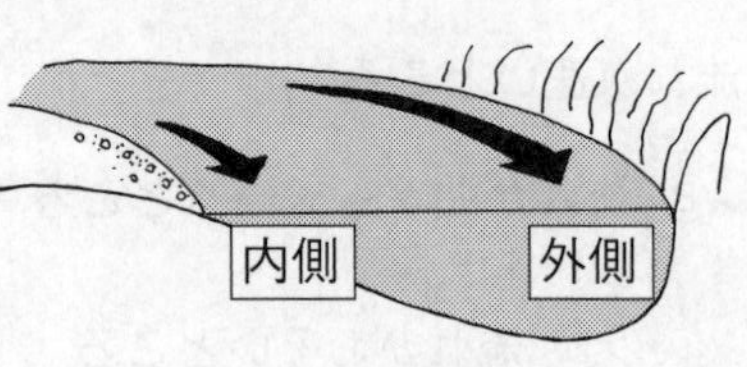

曲がっているところの内側は、流れの速さが（①　　）なります。そのため岸は（②　　）になっていることが多いです。

曲がっているところの外側は、流れの速さが（③　　）なります。そのため川底が（④　　）なっています。また岸は（⑤　　）になっていることが多いです。

川原　　がけ　　速く　　深く　　おそく

4 次の（　）にあてはまる言葉を□から選んでかきましょう。

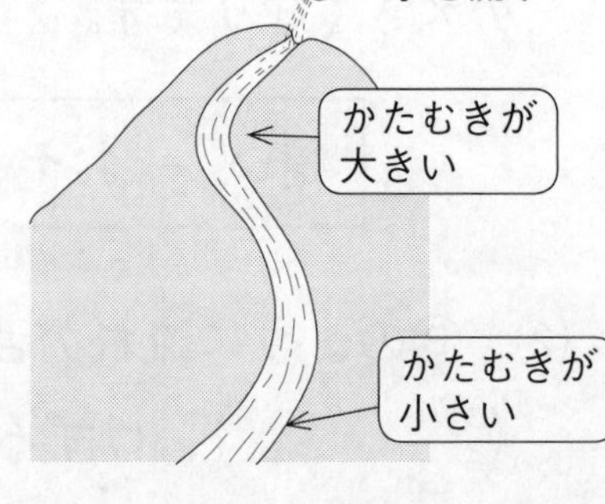

土地のかたむきが大きいところでは、（①　　）作用と（②　　）作用が大きくなります。かたむきが小さいところでは、（③　　）作用が大きくなります。

水の量が多いときには、流れが速くなるので、（④　　）作用と（⑤　　）作用が大きくなります。

水の量が少ないときには、流れがおそくなるので、（⑥　　）作用が大きくなります。

しん食　　たい積　　運ぱん　◉2回ずつ使います

流れる水のはたらき ③

土地の変化

月　　日　名前

ポイント　川の上流、中流、下流などの流れのようすや特色を学習します。

1 川の上流、中流、下流のようすをまとめました。あとの問いに答えましょう。

(1) 下の図は、上流、中流、下流のどれですか。(　　)にかきましょう。

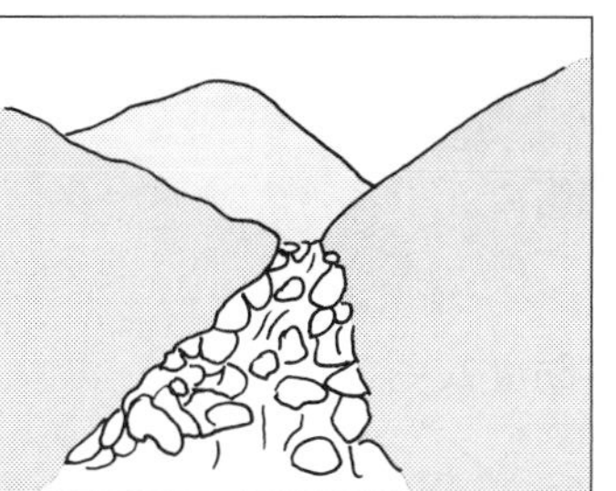

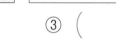

①(　　　　)

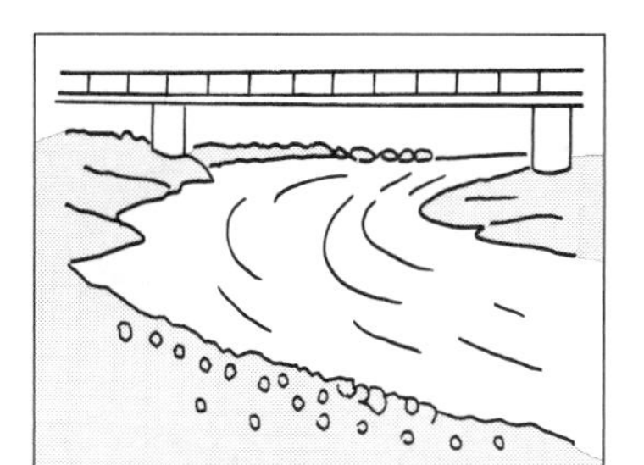

②(　　　　)

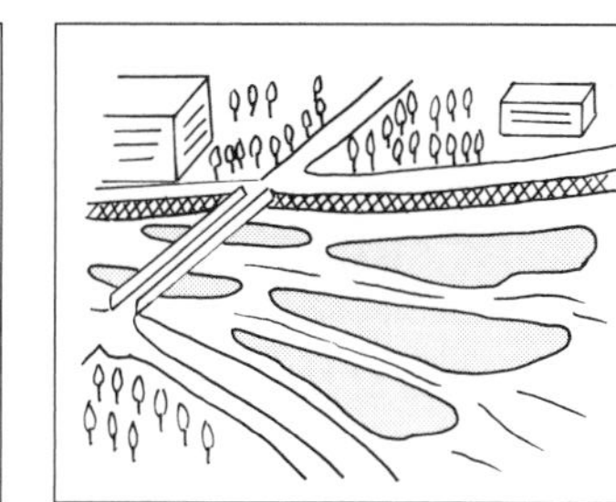

③(　　　　)

(2) 次の①～⑦にあてはまる言葉を□から選んでかきましょう。

	上流	中流	下流
水の速さ	流れが(①　　　)	流れがゆるやか	流れがさらに(②　　　)
川岸のようす	両岸が(③　　　)になっている	曲がっているところの内側は川原、外側はがけになっている	中流よりも(④　　　)が広がり(⑤　　　)もできている
石のようす	大きくて(⑥　　　)石がごろごろしている	(⑦　　　)小石が多くなる	細かい土やすながたくさん積もる

丸みのある　速い　ゆるやか　川原　中州（なかす）　がけ　角ばった

2 次の図を見て、あとの問いに答えましょう。

(1) (　　)にあてはまる言葉を□から選んでかきましょう。

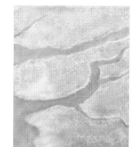

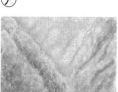

㋐

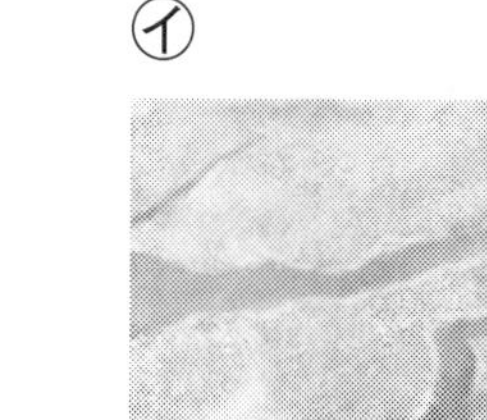

㋑

㋒

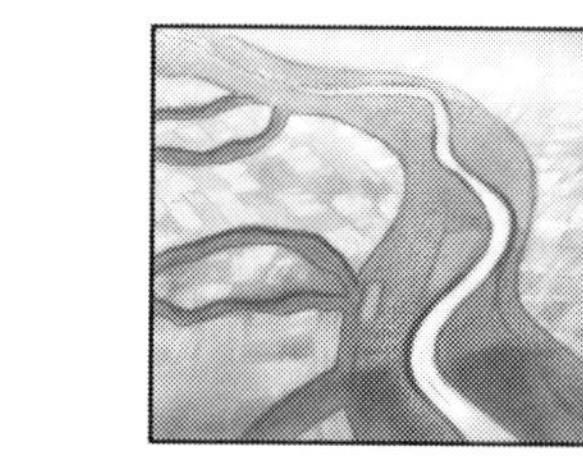

㋐は川の(①　　　)のようすです。両岸が切り立った(②　　　)でV字型（がた）になっているので(③　　　)といいます。

㋑は川の(④　　　)のようすです。川がいくつもに分かれ、(⑤　　　)もできています。

㋒は(⑥　　　)といって、川の道すじが変わったために、とり残された川の一部です。

がけ　中州　三日月湖　V字谷　上流　下流

(2) 流れる水の速さが最も速いのは、㋐～㋒のどれですか。(　　)

(3) 川原の石の大きさが最も大きいのは、㋐～㋒のどれですか。(　　)

流れる水のはたらき ④
土地の変化

1 ある川のⒶ～Ⓒの地点で、川のようすを観察しました。あとの問いに答えましょう。

(1) ⒶとⒸの地点の川のようすとして正しいものを㋐～㋒から選んでかきましょう。

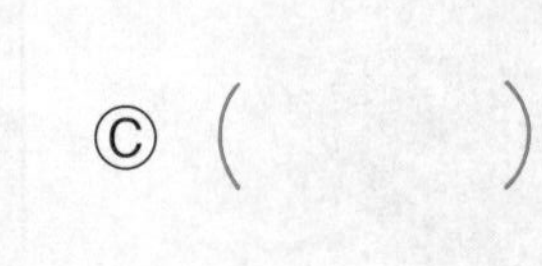

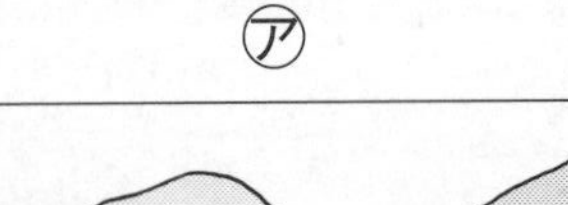

Ⓐ(　　　) Ⓒ(　　　)

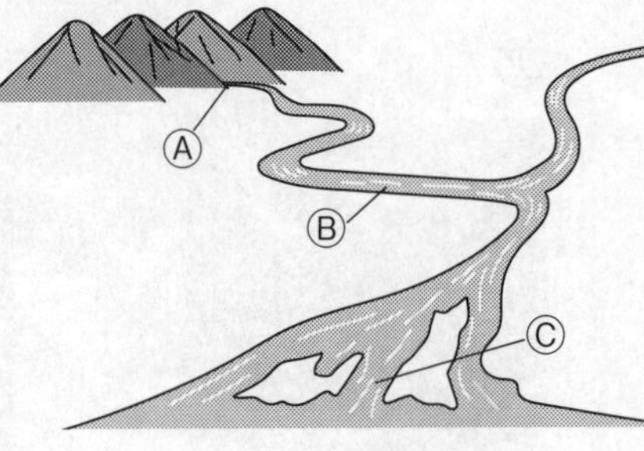

㋐

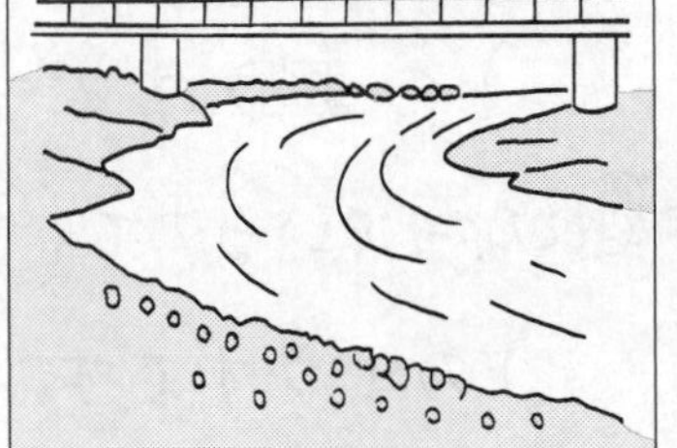

㋑

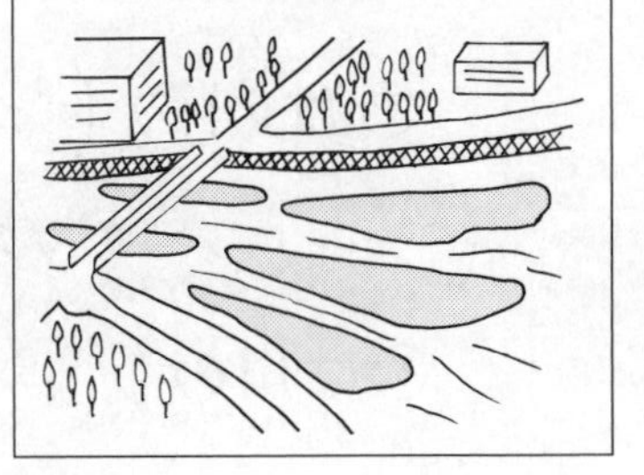

㋒

(2) ⒶとⒸでは、主に流れる水のどんなはたらきが大きいですか。

Ⓐ(　　　　　　) Ⓒ(　　　　　　)

(3) 次の①～③の図は、川の上流・中流・下流のどれですか。

①

(　　　)

②

(　　　)

③

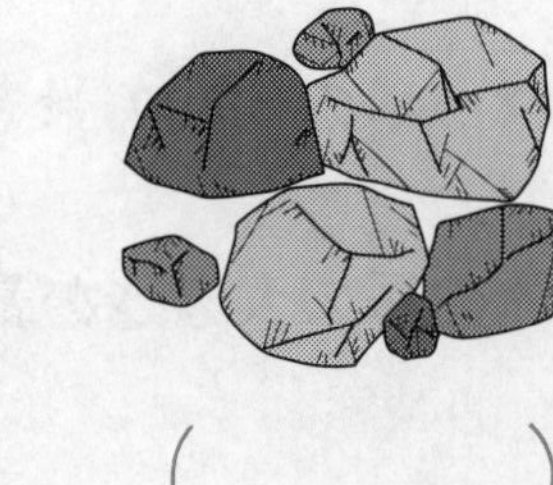

(　　　)

(4) Ⓐ～Ⓒの地点で、川のはばが最も広いのはどれですか。記号でかきましょう。(　　)

月　　日 名前

流れる水のはたらきによる土地の変化を学習します。

2 図を見て、あとの問いに答えましょう。

Ⓐ

コンクリートのてい防

Ⓑ

さ防ダム

(1) Ⓐ、Ⓑは、何のためにつくられましたか。㋐～㋒から選んでかきましょう。

Ⓐ(　　　) Ⓑ(　　　)

㋐ 川岸がけずられるのを防ぐため
㋑ 川の水があふれるのを防ぐため
㋒ 土やすなが流れるのを防ぐため

(2) 次の(　)にあてはまる言葉を[　　]から選んでかきましょう。

川の水の量が(①　　　)と、流れる水のはたらきが(②　　　)なります。ふだんおだやかな川でも、(③　　　)やとつぜんの(④　　　)のときには、川の水が増えます。場合によっては、(⑤　　　)が起こることもあります。

大雨	台風	災害	大きく	増える

(3) Ⓑは、次のうちどちらにつくるとよいですか。(　)に○をつけましょう。

(　) 急なしゃ面がある上流　　(　) 中州がある下流

まとめテスト

流れる水のはたらき

月　　日　名前

／100点

1 図のようにして流れる水のはたらきを調べました。正しい方に○をつけましょう。（1つ5点）

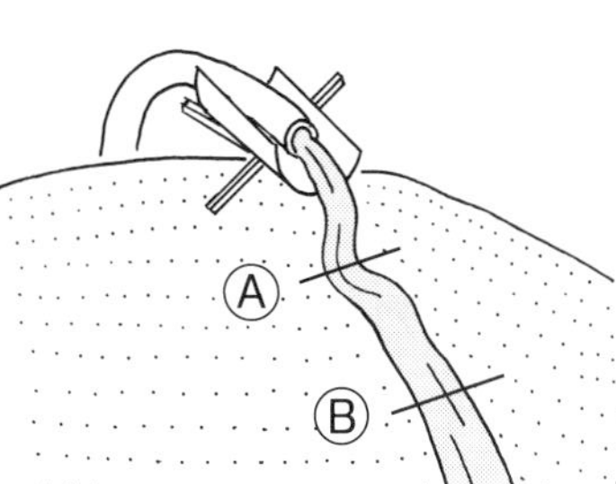

(1) 流す水の量を多くすると、流れる水の速さは（速く・おそく）なります。

流す水の量を多くすると、流れる水が周りの土やすなをけずるはたらきは、（大きく・小さく）なります。

流す水の量を多くすると、流れる水がけずった土を運ぶはたらきは（大きく・小さく）なります。

流す水の量を多くすると、流れる水が運んだ土を積もらせるはたらきは（大きく・小さく）なります。

(2) 次の文章の説明にあう言葉を（　）にかきましょう。

（　　　　）作用 … 流れる水が土や石を運ぶはたらき

（　　　　）作用 … 流れる水が地面をけずるはたらき

（　　　　）作用 … 流れてきた土や石を積もらせるはたらき

(3) 下の図は、川の断面（だんめん）を表したものです。Ⓐ・Ⓑどちらの断面ですか。

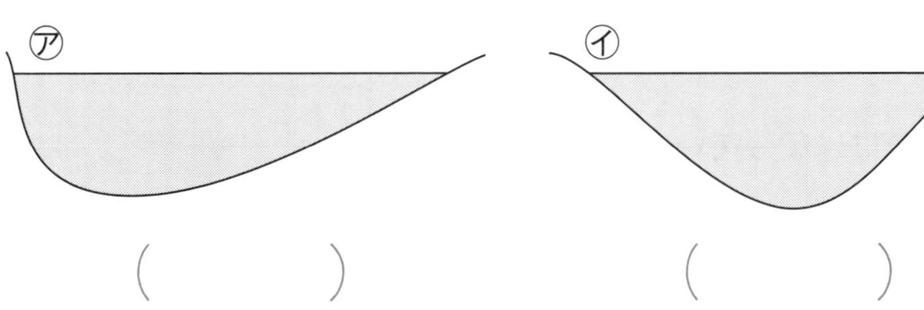

㋐（　　　　）　㋑（　　　　）

2 上流、中流、下流の川のようすについて、（　）にあてはまる言葉を□から選んでかきましょう。（1つ5点）

㋐は、両岸が切り立った、V字型（がた）の谷で（①　　　）といいます。流れは（②　　　）で、（③　　　）岩が多く石の形は（④　　　）しています。

㋑は、山のふもとを流れていて、流れは少し（⑤　　　）で、川原には（⑥　　　）をおびた大きな石が多くあります。

㋒は、川はばがさらに広がり、流れはゆるやかになります。川原にはすなや、（⑦　　　）石が多くなります。

㋓は、川は広い（⑧　　　）をゆったりと流れ、川の深さは（⑨　　　）、川原はすなや（⑩　　　）が多くなります。図のⒶのような（⑪　　　）ができたりします。

中州（なかす）	V字谷	平野	急	ゆるやか	大きな	小さな
ごつごつ	丸み	浅く	ねん土			

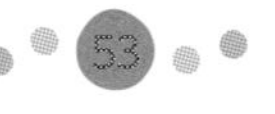

まとめテスト

流れる水のはたらき

月　　日　名前　　　／100点

1 図のようにして流れる水のはたらきを調べました。あとの問いに答えましょう。

(1) 流れる水が地面をけずるはたらきを何といいますか。（4点）

（　　　　）作用

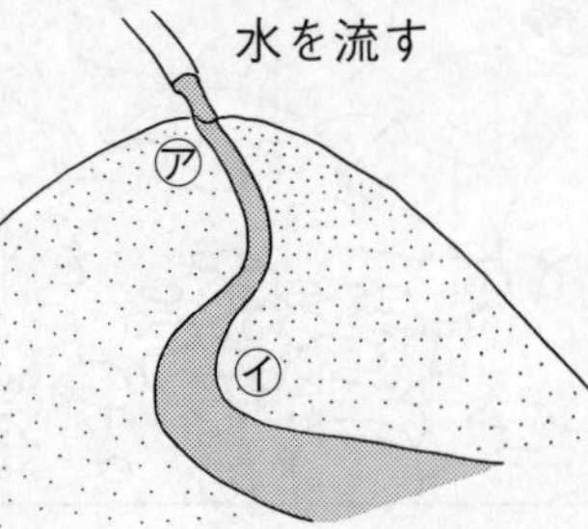

(2) 図のア、イのようすとして、正しいものには○、まちがっているものには×をつけましょう。（各3点）

①（　）アは、たい積作用が大きくはたらいています。

②（　）アの水の流れは、イに比べると速いです。

③（　）イは、たい積作用が大きくはたらいています。

④（　）イは、内側に土やすながたまりやすいです。

(3) 流す水の量を増やすと、流れる水の速さや地面をけずるはたらきは、それぞれどうなりますか。（各3点）

① 水の速さ（　　　　）

② けずるはたらき（　　　　）

(4) 次の（　）にあてはまる数や言葉をかきましょう。（各3点）

流れる水のはたらきは、（①　　）つあります。そのうち、石やすなを運ぶはたらきを（②　　）作用といいます。水の流れが（③　　）ところや水の量が（④　　）と、このはたらきは大きくなります。

2 次の（　）にあてはまる言葉を□から選んでかきましょう。（各4点）

川の曲がり角の（①　　）にがけができるのは、流れてきた（②　　）が川岸にぶつかり、長い間に川岸の土や岩を（③　　）、おし流したからです。

川の曲がり角の（④　　）が川原になるのは、流れが（⑤　　）ために、上流から運ばれてきた（⑥　　）、（⑦　　）や（⑧　　）がしずんで（⑨　　）からです。

すな	水	おそい	外側	ねん土	小石
内側	けずり	積もる			

3 次の文は、上流、中流、下流のうちどこのようすを表したものですか。（　）にかきましょう。（各5点）

① 川はばはせまく、水の流れが速いです。（　　）

② 丸みをおびた小石が川原にたくさん積もっています。（　　）

③ 角ばった大きな岩があります。（　　）

④ 水の流れがとてもゆるやかで、すなのたまった中州ができていたりします。（　　）

⑤ 両岸ががけになっています。（　　）

⑥ V字型の深い谷になっています。（　　）

まとめテスト 

流れる水のはたらき

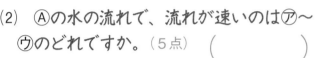

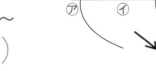

月　　日　名前　　　　/100点

1 図のように水を流しました。あとの問いに答えましょう。

(1) 水を流し終えたあとのようすとして正しいものはどれですか。（5点）
（　　　）

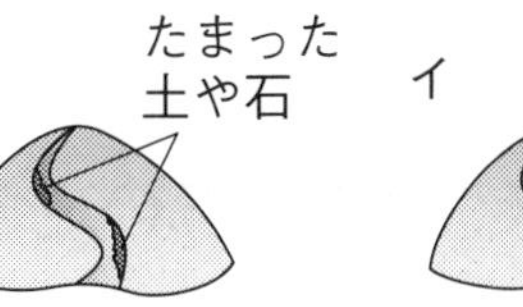

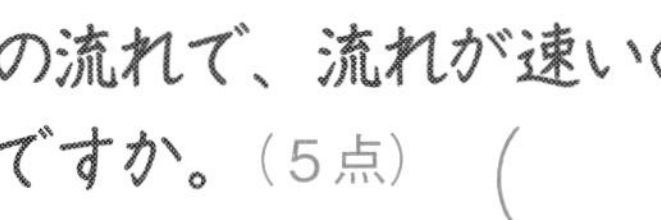
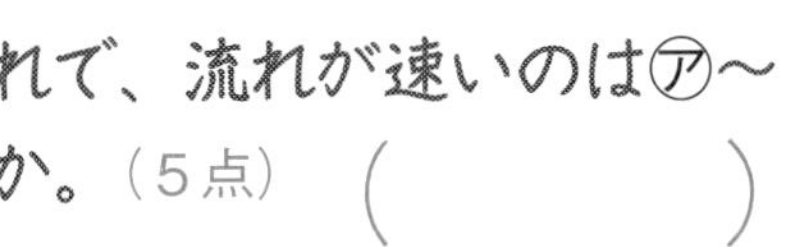
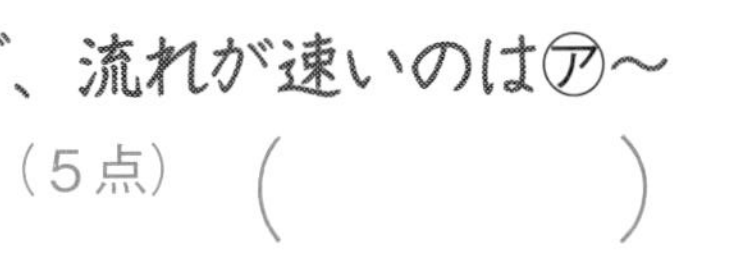

(2) Ⓐの水の流れで、流れが速いのは㋐～㋒のどれですか。（5点）（　　　）

(3) 水を流し終えたあとのⒶの川の断面をかきましょう。（6点）

㋐ ――――――――― ㋒ 水面

(4) 次の（　　）にあてはまる言葉を□から選んでかきましょう。（各6点）

川の水の量が（①　　　）と、流れる水のはたらきが、（②　　　）なります。そのため、大雨がふったときには、がけくずれやてい防の決かいなどの（③　　　）が起こることがあります。そこで、ダムをつくって、川底のすなが（④　　　）のを防いだり、コンクリートのブロックやてい防をつくり、川岸の土が（⑤　　　）たり、流されたりするのを防ぐようにしています。

災害　けずられ　流される　大きく　増える

2 次の文で正しいものには○、まちがっているものには×をかきましょう。（各6点）

①（　　）川の水は、雨や雪として地面にふった水が流れこんでできたものです。

②（　　）雪どけの春になると川の水量が増えます。

③（　　）雨のふらない日には、川の水はなくなります。

④（　　）川の水は、量が少ないときでも、すなや土など軽いものを運んでいます。

⑤（　　）梅雨のころには、川の水量は増えます。

⑥（　　）川原にころがっている小石は、角ばっているものが多いです。

3 次の問いに答えましょう。（各6点）

(1) 多くの川原の石が丸みをおびているのはなぜですか。次の①、②から選びましょう。

① 川の中でころがっているうちに丸くなるから。

② もともと石は丸くなる性質があるから。（　　　）

(2) 次の①、②のどちらの方の川原の石が大きいですか。

① 山の中を流れる川　② 平地を流れる川（　　　）

(3) 川原の石が次に流されて運ばれるのは、どんなときですか。次の①、②から選びましょう。

① 大雪がふり、気温が下がったとき。

② 大雨がふり、水の量が増えたとき。（　　　）

まとめテスト

流れる水のはたらき

月　　日　名前

/100点

1 図は、川の断面(だんめん)を表したものです。あとの問いに答えましょう。（各７点）

㋐　㋑

Ⓐ　Ⓑ

(1) 川の曲がっているところの断面を表しているのはⒶ、Ⓑのどちらですか。（　　）

(2) 川の断面がⒶのようになるのは、なぜですか。次の①～③から選びましょう。（　　）

① 川のまっすぐなところでは、岸近くと中央部分で、流れの速さがちがうから。

② 川の曲がっているところでは、外側と内側で流れる水の速さがちがうから。

③ 流れる水のはたらきは、川のどの部分も同じだから。

(3) Ⓐの図で、川岸が次のような地形になっているのは、㋐、㋑のどちらですか。

がけになっている（　　）　川原になっている（　　）

(4) 次の文で、正しいものに○をつけましょう。

川原ができるのは、流れる水が運んだ土を積もらせるはたらきがもう一方の川岸より（ 大きい ・ 小さい ）からです。

Ⓑのように川の中央が深くなるのは、中央付近がはしに比(くら)べて、流れが（ 速い ・ おそい ）からです。

2 流れる水のはたらきによって、土がけずられたり、運ばれたりすることについて、あとの問いに答えましょう。（１つ７点）

(1) 大雨のあとのように川の水の量が多くなるとき、川の流れが土をけずるはたらきは、大きくなりますか。小さくなりますか。（　　）

(2) 川がせまいところは、川が広いところと比べて、川の流れの速さは、速いですか。おそいですか。（　　）

(3) (2)のような場所では、どのような川のはたらきが大きくなりますか。２つ答えましょう。

（　　作用）（　　作用）

★(4) 大雨のあとに川の水が茶色くにごっています。これは、なぜですか。

水中に（　　）

★(5) 川原に丸い小石が多くあります。どのようにして石が丸くなったのですか。

川底をころがっていく間に（　　）

★**3** 図のような形の川で、てい防(ぼう)をつくります。どの場所につくるとよいですか。記号をかきましょう。また、理由もかきましょう。（場所６点、理由10点）

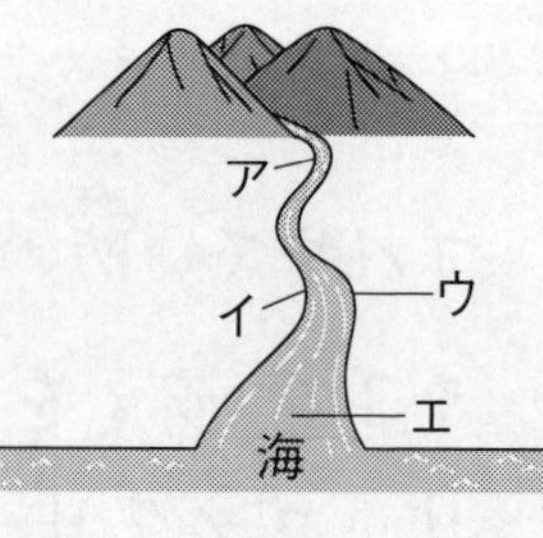

つくる場所（　　）　理由［　　］

もののとけ方

月　　日　名前

水よう液（えき）

ものが水にとけた液

「水にとける」

① つぶが見えない
② すきとおっている
③ 全体が同じこさ

①〜③がすべてあてはまる

水にとけるもの・とけないもの

とける……食塩・さとう・ミョウバン・ホウ酸（さん）

とけない…石けん・小麦粉・牛にゅう

（水よう液の重さ）＝（水の重さ）＋（とけたものの重さ）

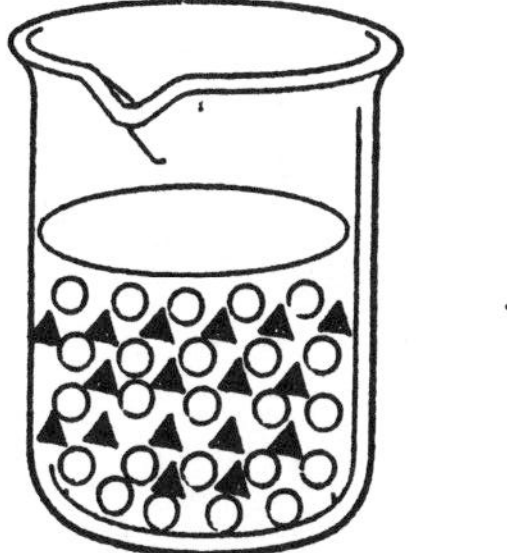

水の量とものののとけ方

（水温は同じ）

水の量 ＜ 多　い ⟶ とける量も多い
水の量 ＜ 少ない ⟶ とける量も少ない

　とけたもの▲は、水のつぶ○のすき間にかくれていると考えると、▲は見えなくても重さがあることがわかります。

　水の量が増（ふ）えると、○のすき間が多くなるので、▲がたくさんとけます。

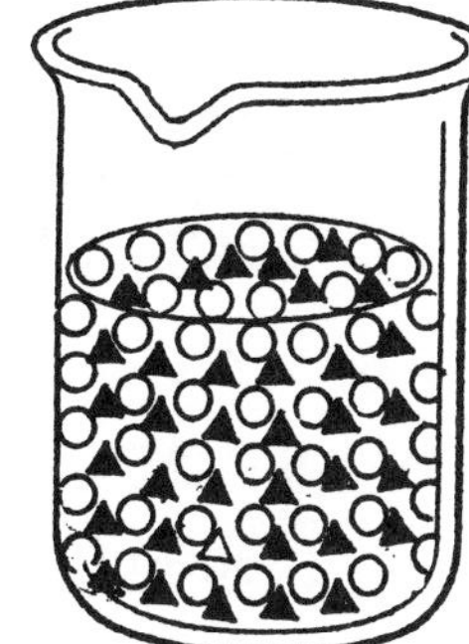

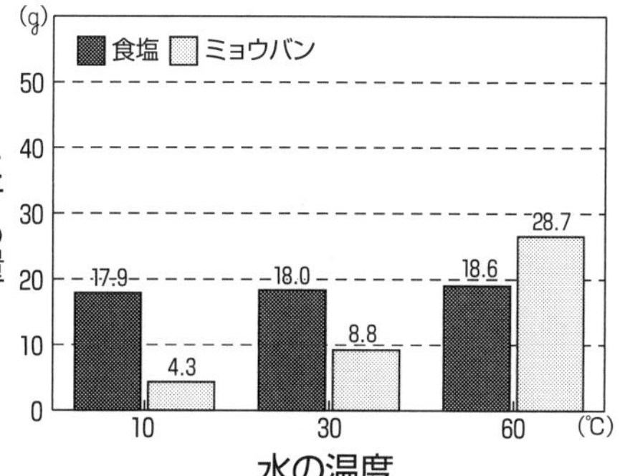

ミョウバンは、水の温度を上げるととける量が増えます。

食塩は、水の温度を上げても、とける量はあまり変わりません。

　あたためると、○と○のすき間が広くなります。▲がたくさんかくれるので、▲はたくさんとけます。

※ただし、とけやすさはものによってちがいます。

もののとけ方

月　　日　名前

メスシリンダーの使い方

(50mLの水をはかるとき)

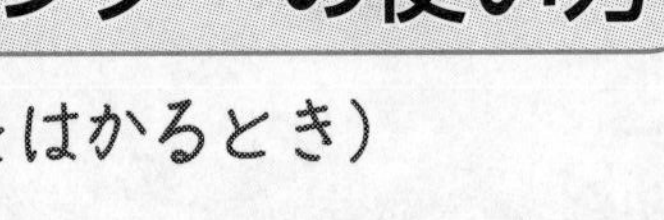

① はじめ、50の目もりより少し下のところまで水を入れる。

② 次に、スポイトで水を入れて、50の目もりに水面をあわせる。

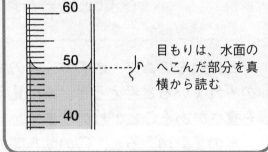

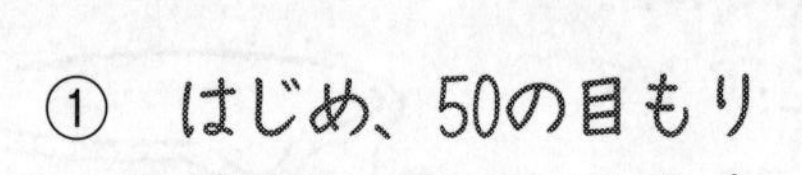

とけているものをとり出す方法

① じょう発させる

② 水よう液を冷やす

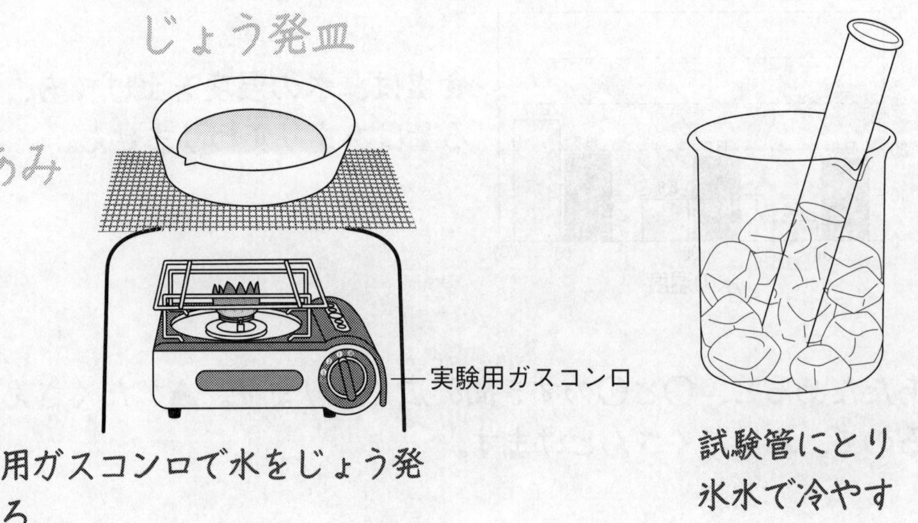

実験用ガスコンロで水をじょう発させる

＊焼けた熱いものがピチピチと飛ぶので注意

試験管にとり氷水で冷やす

ろ過の仕方

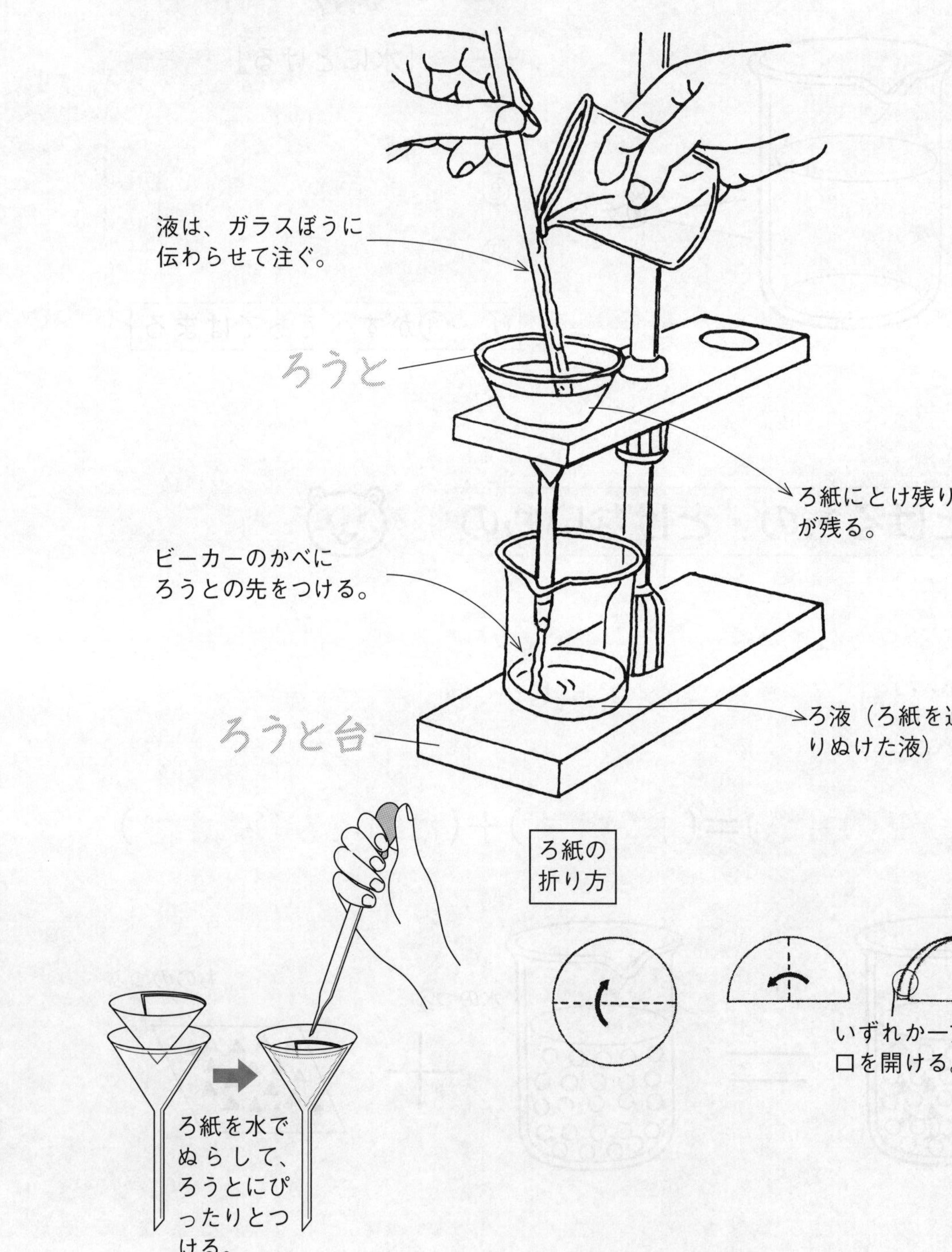

ものの とけ方 ①

器具の使い方

月　　日　名前

ポイント　メスシリンダー・アルコールランプなどの器具の使い方や、ろ過の仕方も学習します。

1 次の(　　)にあてはまる言葉を□から選んでかきましょう。

水よう液(えき)の体積をはかる図のような器具を(①　　　　　)といいます。

50mLをはかるときに50の目もりより少し(②　　　)のところまで水を入れ、残りは(③　　　　)で少しずつ入れて目もりをあわせます。

目もりを読むときは、(④　　　)から見て、水面の(⑤　　　　)ところを読みます。

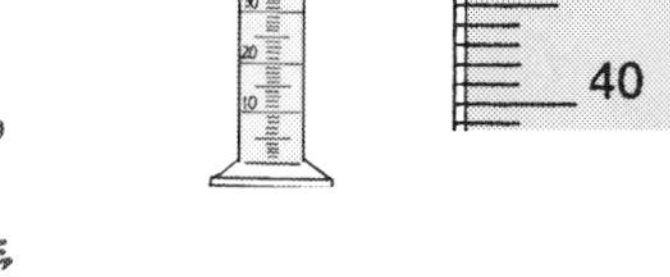

メスシリンダー　スポイト　下　真横　へこんだ

2 次の文章において、正しい方に○をつけましょう。

アルコールランプのアルコールは、全体の(半分・8分目)くらいまで入れておきます。

アルコールランプの燃える部分のしんは、(3mm・5mm)くらい出します。

実験用ガスコンロのガスボンベが正しくとりつけられているかを(実験前・実験後)にたしかめます。

加熱器具は、(片手・両手)で持ち運ぶようにします。

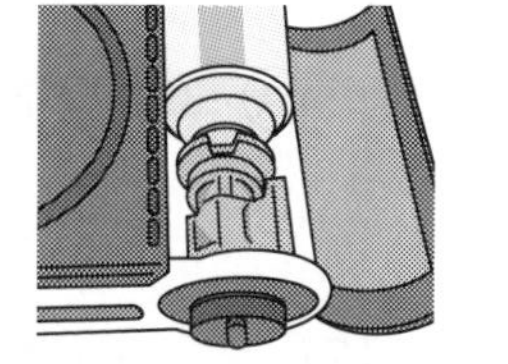

3 次の(　　)にあてはまる言葉を□から選んでかきましょう。

(1) ろ紙の折り方

ろ紙は、右の図のように(①　　　)に折ります。折った紙の1か所を広げて(②　　　)の形にします。

スポイトでろ紙をぬらして(③　　　)にぴったりつけます。

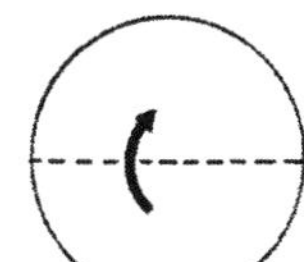

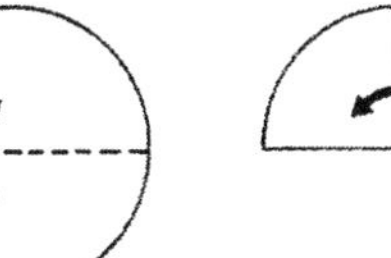

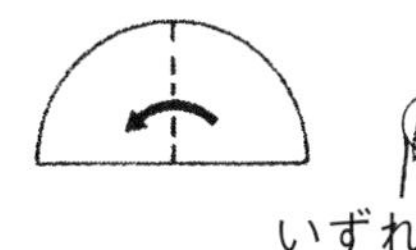

円すい　ろうと　4つ

(2) ろ過(か)の仕方

ろ紙をつけたろうとは、管の先を(①　　　　)のかべにつけます。

水よう液をろうとに注ぐときは、液を(②　　　)のぼうに伝わらせて(③　　　　)注ぎます。

ろうとにたまる水よう液の高さが、(④　　　)の高さをこえないようにします。

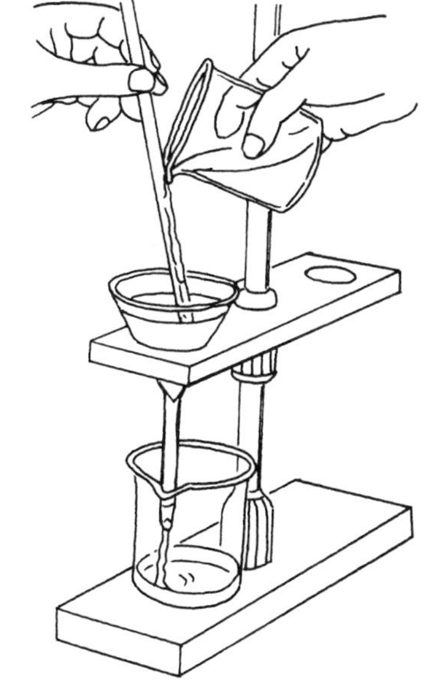

ビーカー　ろ紙　ガラス　少しずつ

ものの とけ方 ②

水よう液

■1 次の(　)にあてはまる言葉を□から選んでかきましょう。

コーヒーシュガーを水に入れると、つぶはとけて(①　　)なくなり、茶色の部分が水全体に(②　　)いきます。液がとうめいになることを、ものが水に(③　　)といいます。水にとけたものは少しぐらい時間がたっても水と分かれて(④　　)はありません。ものが水にとけた液のことを(⑤　　)といいます。

コーヒーシュガーなどを水に入れて、ぼうでかきまぜると、かきまぜないときよりも(⑥　　)とけます。

とけた　広がって　見え　速く　水よう液　出てくること

■2 次の(　)にあてはまる言葉を□から選んでかきましょう。

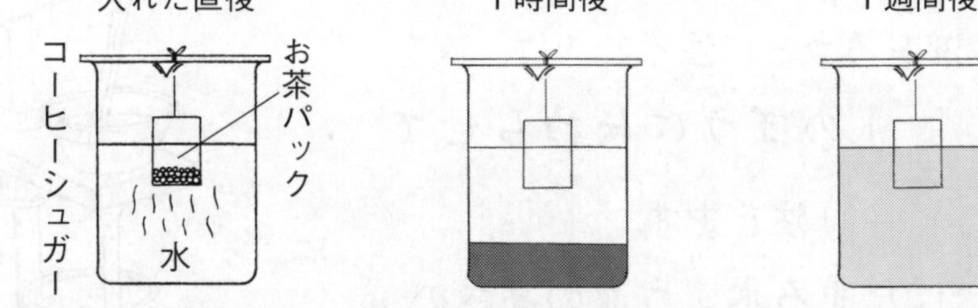

コーヒーシュガーをお茶パックに入れて、ビーカーの水の中に入れました。入れた直後、お茶パックの下から、うすい(①　　)のもやもやしたものが見られます。

コーヒーシュガーの(②　　)が見えなくなり、底の方が、(①)くなっています。1週間後ビーカー(③　　)に、茶色の部分が広がっています。

茶色　つぶ　全体

ものが水にとけた液を水よう液といいます。

■3 次の文は、水よう液についてかいています。正しいものには○、まちがっているものには×をかきましょう。

① (　) 水よう液は、無色とうめいなものもあります。

② (　) 石けん水のようにうすくなれば、とうめいになるものは水よう液です。

③ (　) ものが水にとけて見えなくなるのは、とけたものがなくなっているからです。

④ (　) 水よう液には、味やにおいがあるものもあります。

⑤ (　) ものが水にとけても、その重さはなくなりません。

■4 次の実験の結果から、あとの問いに答えましょう。

	水でとかしたもの	すきとおっているか	色
㋒(　)	み　そ	㋐(　)	うす茶
㋓(　)	粉石けん	こくすれば牛にゅうのように不とうめいである。	白っぽい
㋔(　)	ミョウバン	すきとおっている。	無色
㋕(　)	コーヒーシュガー	㋑(　)	うす茶色

(1) ㋐、㋑にあうものを表の(　)に記号でかきましょう。

Ⓐ すきとおっている。

Ⓑ すきとおっているが、かすがしずんでいる。

(2) ㋒～㋕で水よう液といえるのはどれですか。いえるものには○、そうでないものには×をかきましょう。

ものの とけ方 ③

水よう液

■1 次の(　　)にあてはまる言葉を□から選んでかきましょう。

㋐ 水 25mL　食塩 2g　ふたつきの容器（ようき）　薬包紙

㋑ 食塩を入れる　ふたをしてよくふる　→　42g

(1) ものが水にとけたとき、とけたものの重さはどうなるか、食塩を水にとかす実験をしました。はじめに、㋐の(①　　)を入れた容器と(②　　)にのせた食塩をはかりにのせて、全体の(③　　)をはかります。

次に㋑のように(④　　)を容器に入れてよくとかし、容器と薬包紙をのせ、全体の（③）をはかります。

㋐の重さをはかると42gでした。㋑で食塩をとかして重さをはかると、(⑤　　)gになりました。

水　薬包紙　重さ　42　食塩

(2) ㋐では、容器と(①　　)と(②　　)と薬包紙の重さは42g、㋑では、容器と食塩の(③　　)と薬包紙の重さは42gでした。

容器、薬包紙の重さは同じですから、水と食塩の重さも同じです。この実験から

(④　　)の重さ＋(⑤　　)の重さ＝食塩の(⑥　　)の重さとなります。

水　食塩　水よう液　◉2回ずつ使います

月　日　名前

ポイント ものをとかした水よう液の重さは、とかしたものの重さと水の重さをあわせたものになります。

■2 いろいろなものを図のようにすべて水にとかしました。あとの問いに答えましょう。

㋐ 食塩 10g　水50g

㋑ さとう 15g

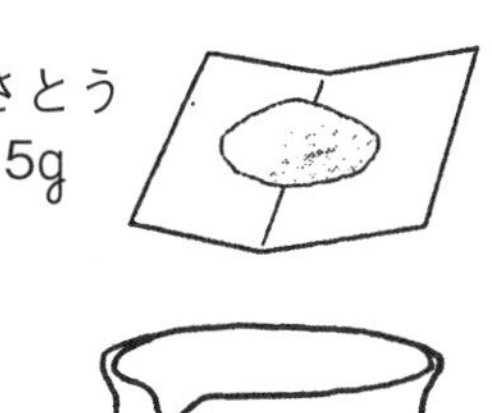

水50g

㋒ ホウ酸（さん） 3g

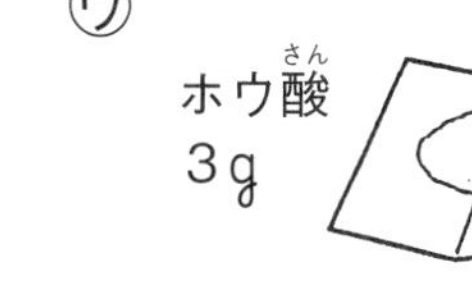

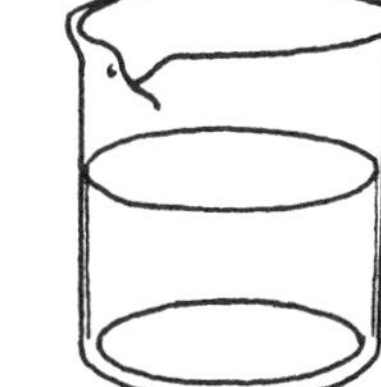

水80g

(1) ㋐～㋒をとかしてできた水よう液の重さは何gですか。

食塩の水よう液 (　　g)　さとうの水よう液 (　　g)　ホウ酸の水よう液 (　　g)

(2) ㋐～㋒の水よう液で、つぶは見えますか。見えるものに○を、見えないものには×を(　　)にかきましょう。

㋐ (　　)　㋑ (　　)　㋒ (　　)

(3) 次の(　　)にあてはまる言葉を□から選んでかきましょう。

水に(①　　)ものは、目には(②　　)水よう液の中にあります。

とけた　見えなくても

ものの とけ方 ④

もののとける量

月　　日　名前

ポイント　水の量と食塩、ミョウバン、ホウ酸などのとける量について学びます。

1 グラフは、50mLの水にとける食塩とミョウバンの量と温度の関係を比べたものです。次の（　　）にあてはまる数字や言葉を□から選んでかきましょう。

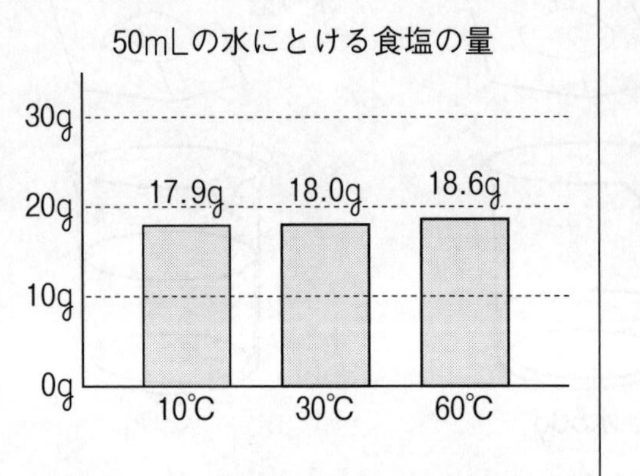

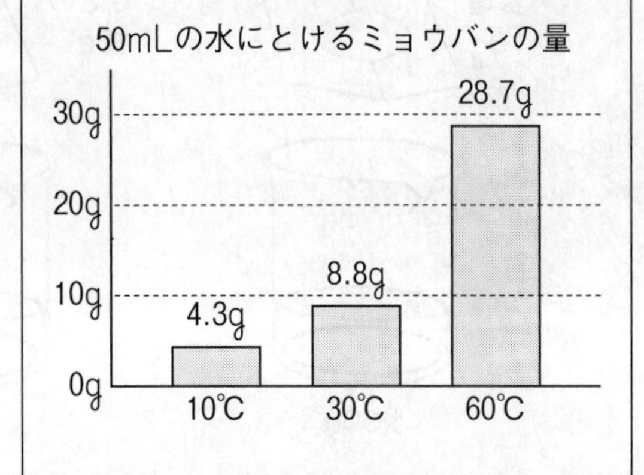

(1) 50mLの水にとける食塩の量は、10℃の水では（①　　）gで、30℃の水では（②　　）gで、60℃の水では（③　　）gです。

また、50mLの水にとけるミョウバンの量は、10℃の水では（④　　）gで、30℃の水では（⑤　　）gで、60℃の水では（⑥　　）gです。

4.3	8.8	17.9	18.0	18.6	28.7

(2) この2つのもののとけ方でわかることは、（①　　）が高ければ、とける量も（②　　）なります。

また、ものによって、とける量が（③　　）ということです。

ちがう	温度	多く

2 グラフは、50mLの水にとける食塩とホウ酸の量と水の温度の関係を比べたものです。次の文章において、正しい方に○をつけましょう。

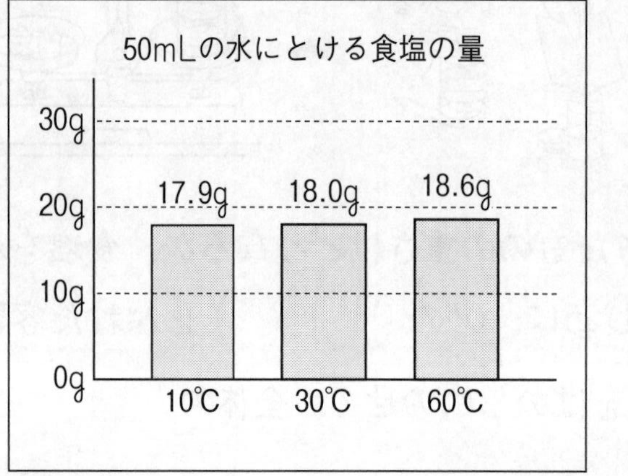

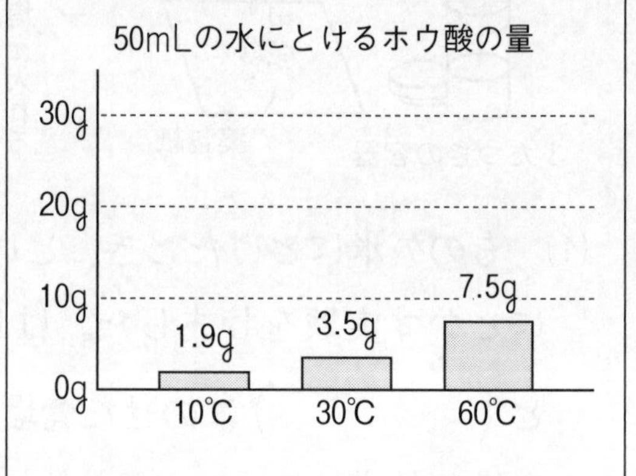

(1) 水の温度が10℃のとき、食塩がとける量は（17.9・1.9）gでホウ酸がとける量は（17.9・1.9）gです。

(2) 水の温度を10℃から30℃にしたとき、とける量があまり変わらないのは（食塩・ホウ酸）です。

(3) 50mLの水に6gのホウ酸をすべてとかすためには、水の温度を（30・60）℃にすればよいです。

(4) 温度が60℃で、50mLの水に20gの食塩を入れてよくかきまぜると、（全部とけます・とけ残ります）。

(5) 温度が60℃で、50mLの水にとけるだけホウ酸をとかしました。この水よう液を冷やしました。すると、5.6gのホウ酸が出てきました。水の温度を（10・30）℃まで下げたことがわかります。

ものの とけ方 ⑤

もののとける量

1 グラフを見て、あとの問いに答えましょう。

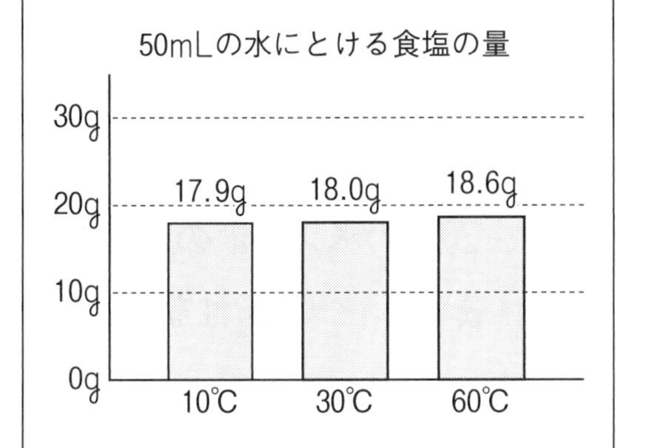

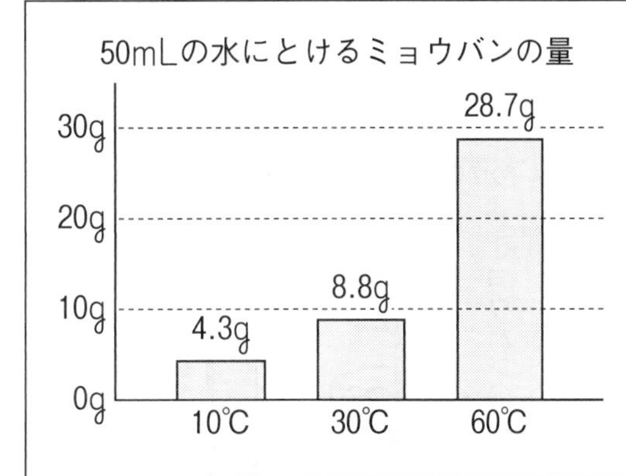

(1) 10℃の水50mLにとかすことのできる量が多いのは、食塩とミョウバンのどちらですか。 (　　　　)

(2) 30℃の水50mLに、食塩20gを入れてよくかきまぜましたが、とけ残りがありました。すべてとかすにはどうすればいいですか。次の㋐～㋒から選びましょう。 (　　)

㋐ 水を50mL加える。
㋑ 水の温度を60℃まで上げる。
㋒ もっとよくかきまぜる。

(3) 30℃の水50mLに、ミョウバン20gを入れてよくかきまぜましたが、とけ残りがありました。すべてをとかすにはどうすればいいですか。(2)の㋐～㋒から選びましょう。 (　　)

(4) 60℃の水50mLにとけるだけのミョウバンをとかしました。この水よう液(えき)が、30℃に温度が下がったとき、ミョウバンのとけ残りは何gになりますか。 (　　　　)

(5) 水の温度が30℃で、100mLの水にミョウバンをとかします。最大何gまでとけますか。 (　　　　)

月　　日　名前

ポイント 水にとけるものには、とける量に限りがあることを学習します。

2 3つのビーカーに、それぞれ10℃、30℃、50℃の水が同じ量ずつ入っています。これらに同じ量のミョウバンを入れ、かきまぜると、2つのビーカーでとけ残りが出ました。

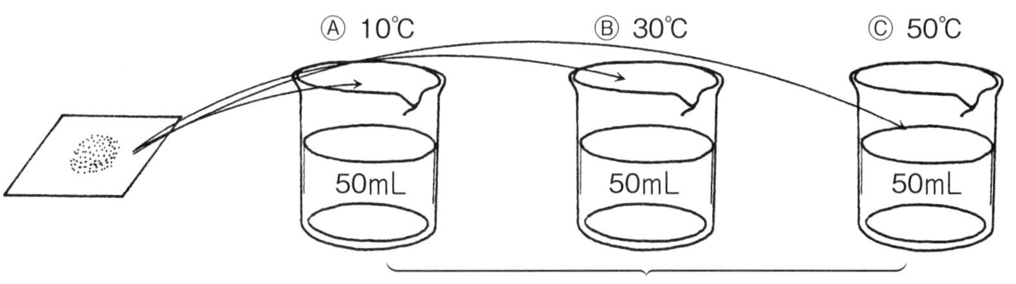

(1) 全部がとけてしまったのは、Ⓐ～Ⓒのどれですか。 (　　)

(2) とけ残りが一番多かったのは、Ⓐ～Ⓒのどれですか。 (　　)

3 同じ温度の水を50mL入れた3つのビーカーに4g、6g、8gのミョウバンを入れてよくかきまぜました。□の中はその結果です。

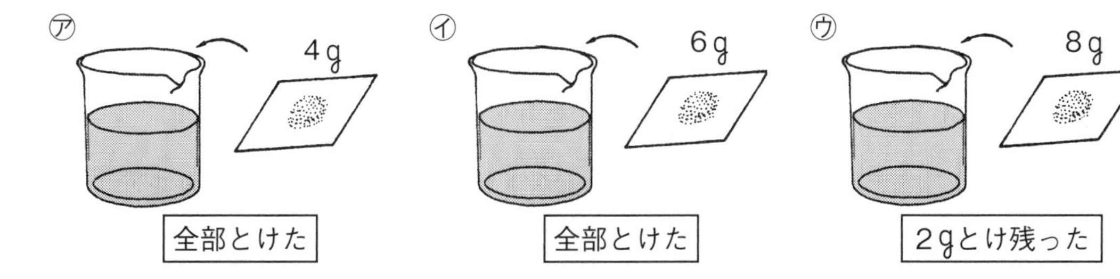

(1) ㋐と㋑の水よう液では、どちらがこいですか。 (　　)

(2) ㋒で水にとけたミョウバンの重さは何gですか。 (　　)

(3) (2)から考えて、㋐の水よう液には、あと何gのミョウバンをとかすことができますか。 (　　)

(4) ㋐のミョウバンの水よう液の重さは、何gですか。 (　　)

ものの とけ方 ⑥
とけたものを取り出す

1 図のようにして、ろ紙をつけたろうとに液(えき)を注ぎました。あとの問いに答えましょう。

(1) 図のようにして液にまじっているものをこしとることを、何といいますか。

（　　　　）

(2) ろ紙の上に残るものはどんなものですか。次の㋐、㋑から選びましょう。（　　）

㋐ 水にとけていたもの　　㋑ 水にとけていなかったもの

(3) ろ紙を通りぬけた液を何といいますか。（　　　　）

(4) 食塩水を図のように、ろ紙に注ぎました。ろ紙を通りぬけた液には食塩はとけていますか、とけていませんか。

（　　　　）

2 次の(　　)にあてはまる言葉を□から選んでかきましょう。

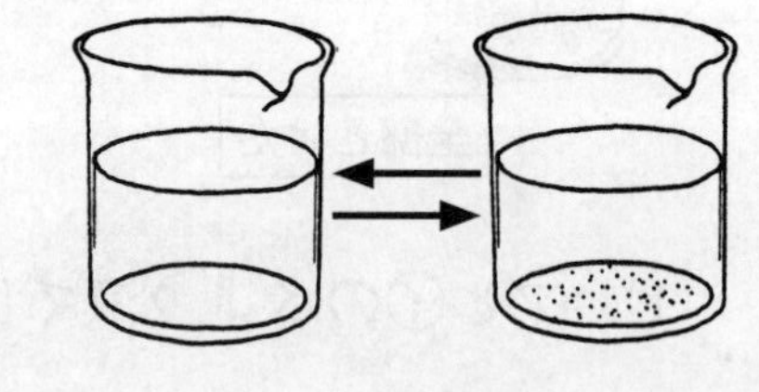

60℃の水にミョウバンをとかしました。この水よう液を(①　　　)と白いつぶが出てきました。この白いつぶは(②　　　)で(③　　　)といいます。白いつぶが出てきた水よう液を再(ふたた)び(④　　　)と白いつぶは見れなくなりました。

あたためる	冷やす	ミョウバン	結しょう

月　　日　名前

ポイント 水よう液から、ろ過や温度を下げる・じょう発させるなどの方法でとけているものを取り出します。

3 次の(　　)にあてはまる言葉を□から選んでかきましょう。

20℃になると、ミョウバンの水よう液にとけ残りが出ました。このとけ残りのミョウバンを(①　　　)してとり出しました。とけ残りがなくなった水よう液から、さらに、ミョウバンをとり出します。

㋐

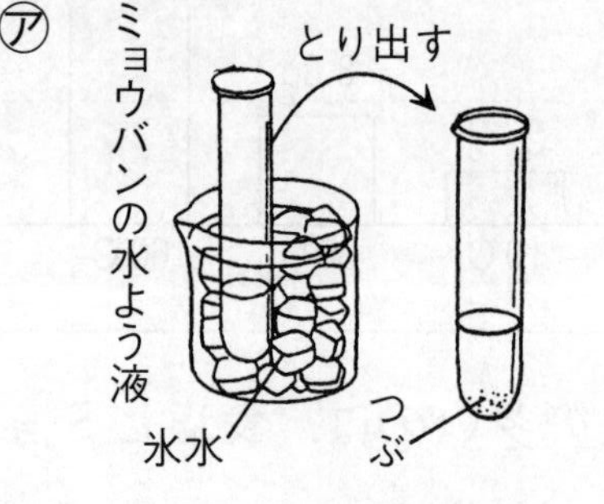

㋐の方法は、20℃の水よう液の温度をさらに(②　　　)ます。とけきれなくなった(③　　　)が出てきます。

㋑ ミョウバンの水よう液

㋑の方法は、20℃の水よう液を皿にとり、水よう液の温度をさらに(④　　　)ます。水を(⑤　　　)させて、ミョウバンだけが残るようにしています。

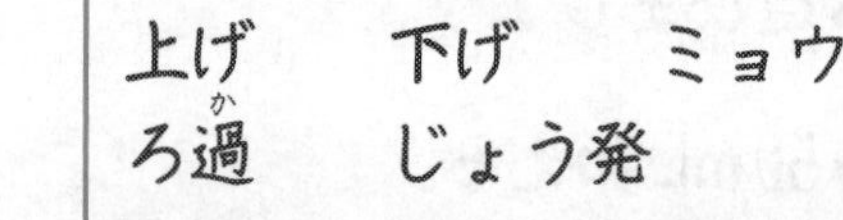

上げ	下げ	ミョウバン
ろ過(か)	じょう発	

4 60℃で50mLの水に18.6gの食塩をとかした水よう液から食塩をできるだけたくさんとり出したいと思います。どうすればよいか、次の㋐～㋒の中から正しいものを選びましょう。（　　）

㋐ ろ過を何回もくり返します。

㋑ 氷水につけて温度を下げます。

㋒ じょう発皿に入れて水をじょう発させます。

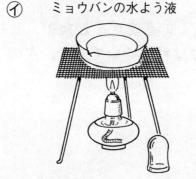

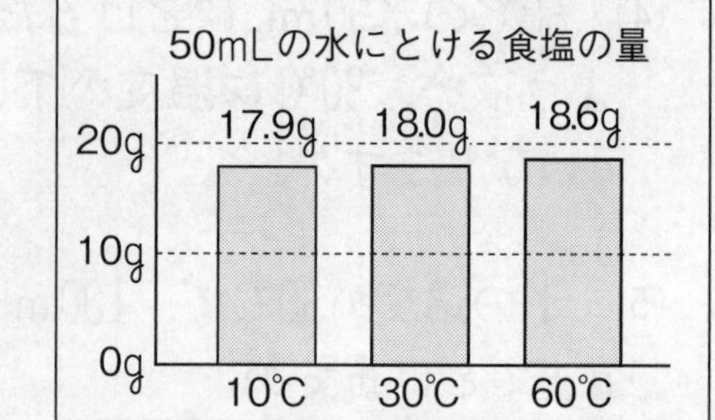

まとめテスト

もののとけ方

月　　日　名前

1 お茶を入れる紙ぶくろに、コーヒーシュガーをつめて、水の中に入れました。次の文で正しいものには○、まちがっているものには×をかきましょう。（各6点）

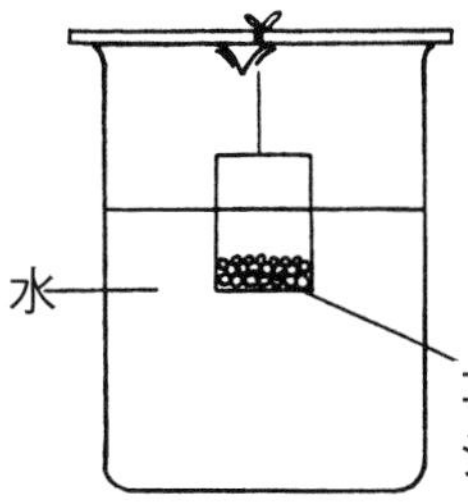

①（　　）ふくろの下の方から、もやもやしたものが下へ流れます。

②（　　）コーヒーシュガーのつぶの大きさは、変わりません。

③（　　）10日間ほどおいておくと、下の方だけ、色がこくなっています。

④（　　）10日間ほどおいておくと、水全体が同じ色になっています。

⑤（　　）とけたあと、色がついていると水よう液（えき）といいません。

2 水・とけたもの・水よう液の重さについて、あとの問いに答えましょう。（各7点）

(1) 50gの水を容器（ようき）に入れ、7gの食塩を入れてよくかきまぜたら、全部とけました。できた食塩の水よう液の重さは何gですか。（　　　　）

(2) 重さ50gのコップに60gの水を入れ、さとうを入れてよくかきまぜたら、全部とけました。全体の重さをはかったら128gでした。とかしたさとうは何gですか。（　　　　）

(3) 重さのわからない水に食塩をとかしたら、18gとけました。できた水よう液の重さを調べたら、78gでした。何gの水にとかしましたか。（　　　　）

3 グラフを見て、あとの問いに答えましょう。（1つ7点）

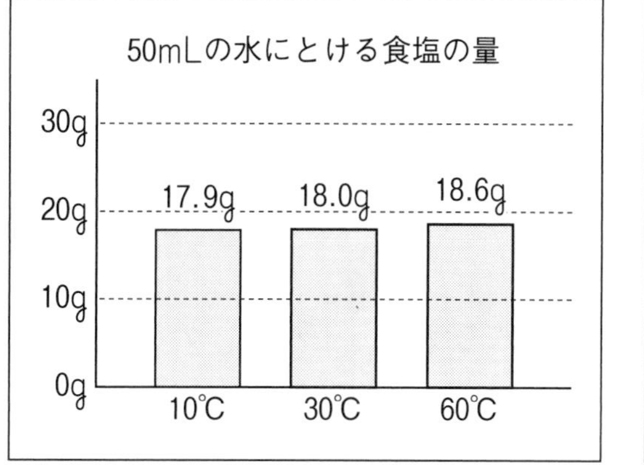

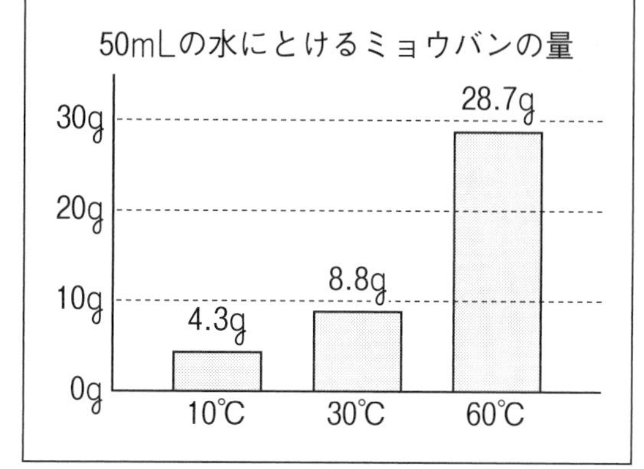

(1) 10℃の水50mLにとかすことのできる量が多いのは、食塩とミョウバンのどちらですか。（　　　　）

(2) 30℃の水50mLに食塩20gを入れてよくかきまぜましたが、とけ残りがありました。すべてとかすにはどうすればいいですか。次の㋐～㋒から選びましょう。（　　）

㋐ 水を50mL加える。　㋑ 水の温度を60℃まで上げる。

㋒ もっとよくかきまぜる。

(3) 60℃の水50mLにミョウバンをとけるだけとかしました。この水よう液を30℃、10℃に冷やしました。それぞれ何gの結しょうが出てきますか。

30℃（　　　　）　10℃（　　　　）

(4) 次の（　）にあてはまる言葉をかきましょう。

この実験から（①　　　）によってとける量が（②　　　）ことがわかります。また、同じ温度でもとかすものによって、とける量が（③　　　）。

まとめテスト

もののとけ方

月　　日　名前

1 水よう液(えき)について、正しいものには○、まちがっているものには×をかきましょう。（各5点）

①（　　）色のついているものは水よう液ではありません。

②（　　）水よう液は、すべてとうめいです。

③（　　）ものが水にとけて見えなくなっても、とけたものはなくなっていません。

④（　　）水にものがとけてとうめいになれば、そのものの重さはなくなっています。

⑤（　　）石けん水は、水よう液です。

⑥（　　）一度水にとけたものは、とり出すことはできません。

2 右の器具を使って、水を50mLはかりとります。今、目もりまで水が入りました。（各5点）

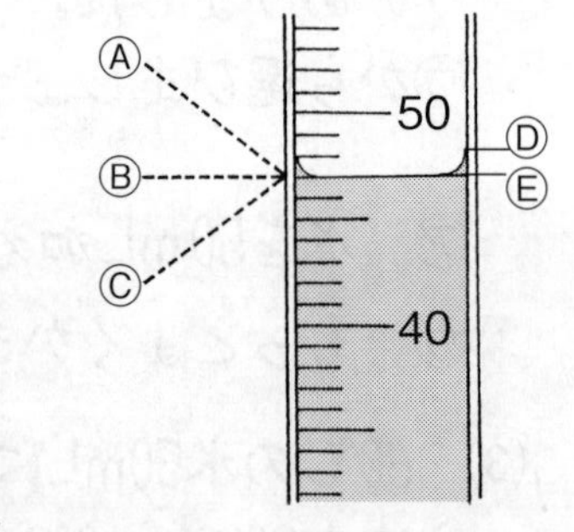

(1) この器具の名前をかきましょう。（　　　　）

(2) この器具は、どんな場所に置きますか。（　　　　）

(3) 目の位置はⒶ～Ⓒのうちどれが正しいですか。（　　　　）

(4) 目もりは、Ⓓ、Ⓔどちらで読めばよいですか。（　　　　）

また、今は、何mL入っていますか。（　　　　）

(5) ちょうど50mLにするためにどんな器具を使って水をつぎたせばよいですか。（　　　　）

3 グラフを見て、次の（　）にあてはまる数字や言葉をかきましょう。（各5点）

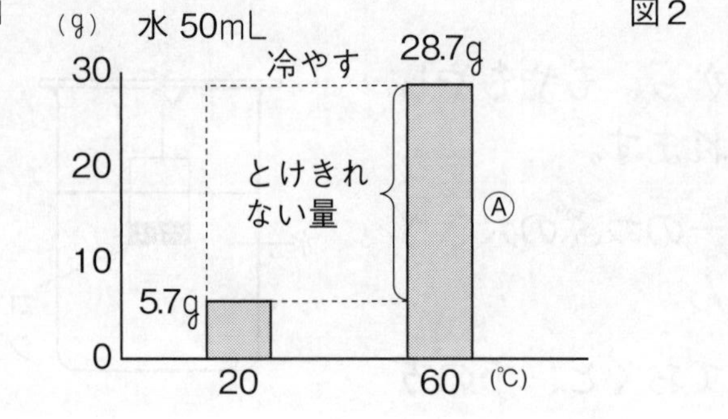

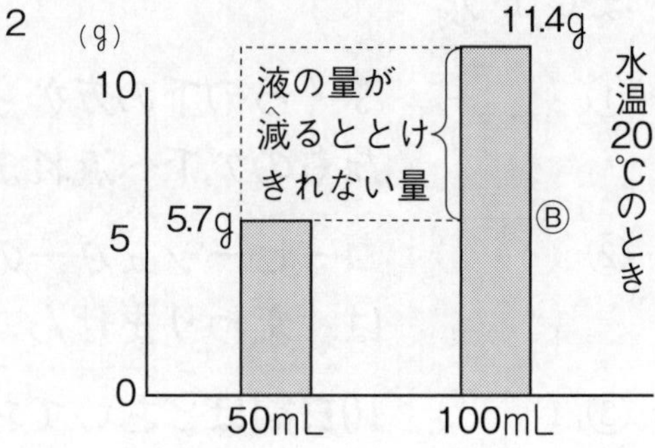

図1Ⓐミョウバンの水よう液を20℃まで冷やしました。すると（①　　　）gのミョウバンがとけきれずに出てきました。

図2Ⓑミョウバンの水よう液を熱して、50mLまで液の量を少なくすると、（②　　　）だけがじょう発します。この水よう液の温度が20℃のとき、（③　　　）gの（④　　　）が出てきます。

水にとけていたものが、とけきれずに、同じような形のつぶとなって出てきます。これを（⑤　　　）といいます。

4 液の中に出てきたミョウバンだけを図のようにしてとり出しました。（1つ4点）

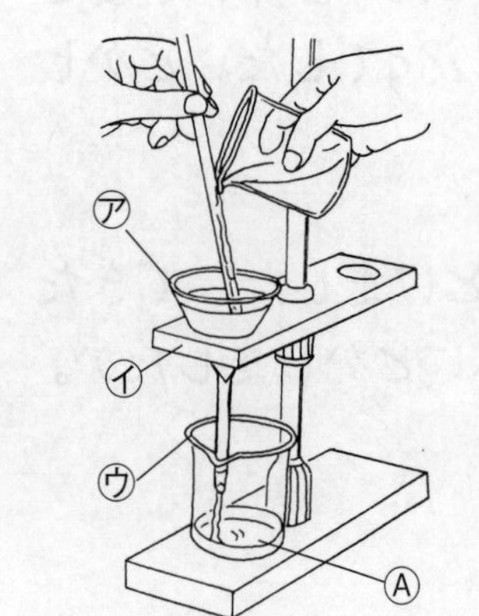

① ㋐、㋑、㋒の器具の名前をかきましょう。

㋐（　　　　）　㋑（　　　　）

㋒（　　　　）

② この方法を何といいますか。（　　　　）

③ 下にたまった液Ⓐはとうめいですが、ミョウバンはとけていますか。（　　　　）

まとめテスト

もののとけ方

月　日　名前　

/100点

1 グラフを見て、あとの問いに答えましょう。

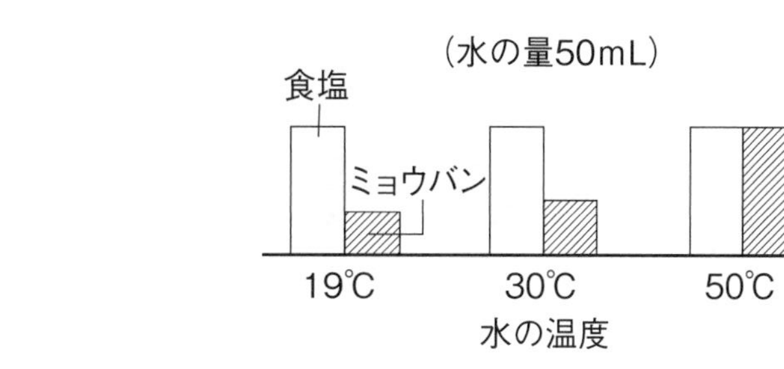

(1) ミョウバンは、水の量が増(ふ)えるととける量はどうなりますか。次の㋐～㋒から選びましょう。（8点）

㋐ 増える　㋑ 減る　㋒ 変わらない　（　　）

(2) 食塩は、水の量が増えるととける量はどうなりますか。次の㋐～㋒から選びましょう。（8点）

㋐ 増える　㋑ 減る　㋒ 変わらない　（　　）

(3) 水の温度によって、とける量が大きく増えるのは、食塩・ミョウバンのどちらですか。（8点）

（　　　　）

(4) グラフからわかることとして、正しいものには○、まちがっているものには×をかきましょう。（1つ9点）

① （　） 水の量が増えるととける量は増えます。

② （　） 食塩は、温度が高いほど、とける量が増えます。

③ （　） 食塩は、どんな条件(じょうけん)であっても、限(かぎ)りなくとけます。

④ （　） 50℃から19℃まで温度を下げると食塩よりミョウバンの方がつぶが多く出ます。

2 ふたつきの容器(ようき)に入れた水に、食塩をとかして液(えき)の重さを調べました。あとの問いに答えましょう。（1つ8点）

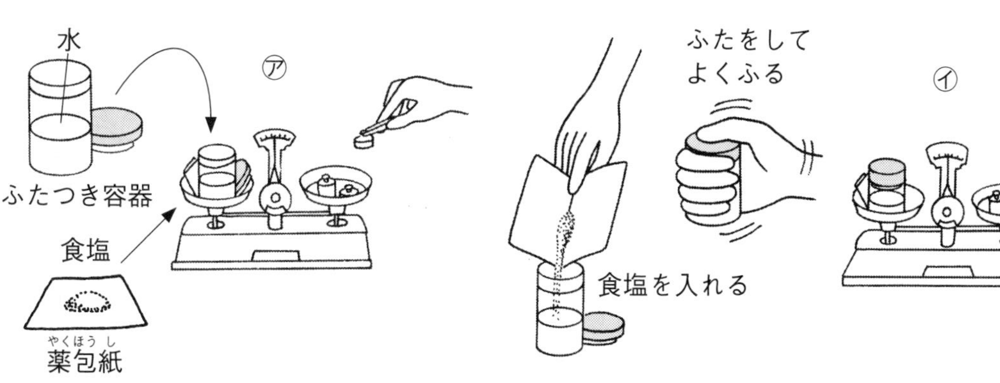

(1) ㋐は130gでした。㋑の重さは次のうちどれですか。正しいものに○をつけましょう。

① （　） 130gより軽い　② （　） 130gより重い

③ （　） 130gと同じ

(2) (1)になる理由で正しいものを1つ選びましょう。（　　）

① 食塩は水をすいこむので、全体の重さは重くなります。

② 食塩は水にとけてなくなったから、全体の重さは軽くなります。

③ 食塩は水にとけましたが、食塩がなくなったわけではないので、全体の重さは変わりません。

(3) 次の（　）にあてはまる言葉をかきましょう。

食塩水の重さ＝（　　　）の重さ＋（　　　）の重さ

(4) 食塩をたくさんとかす方法としてふさわしい方に○をつけましょう。

① （　） 水の量を増やす　② （　） 水の温度を上げる

まとめテスト

もののとけ方

月　　日　名前　　　　／100点

1 図は、ミョウバンの水よう液にとけ残りができたときのとり出し方を表したものです。あとの問いに答えましょう。（1つ5点）

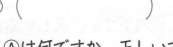

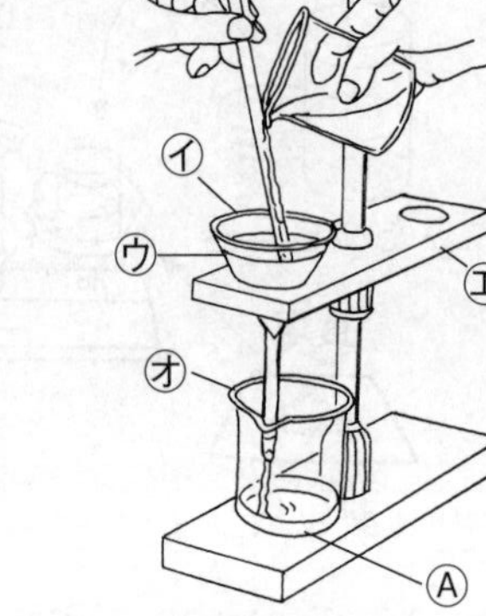

(1) 図のようにしてとり出す方法を何といいますか。（　　　　）

(2) ㋐～㋔の名前をかきましょう。

㋐（　　　　）　㋑（　　　　）

㋒（　　　　）　㋓（　　　　）

㋔（　　　　）

(3) Ⓐは何ですか。正しい方に○をつけましょう。

①（　）水　②（　）ミョウバンの水よう液

2 図のように、食塩をとかしました。あとの問いに答えましょう。（1つ6点）

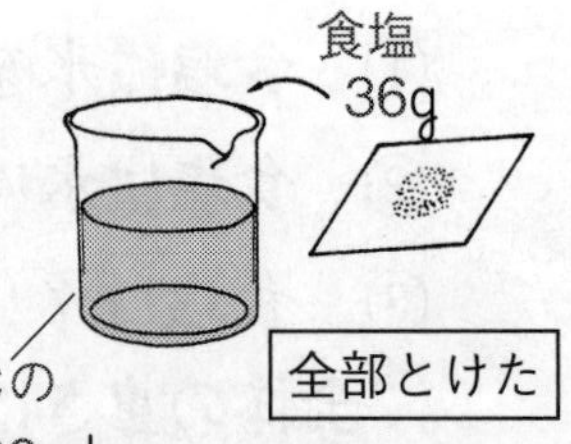

食塩 36g

20℃の水100mL

全部とけた

(1) 次の中で、全部とけるものには○、とけ残りが出るものには×をかきましょう。

①（　）20℃の水10mLで食塩5g

②（　）20℃の水20mLで食塩7g

③（　）20℃の水50mLで食塩19g

(2) 図の食塩水のこさを調べました。正しいものに○をつけましょう。

①（　）上の方がこい

②（　）下の方がこい

③（　）こさはどこも同じ

(3) 図の食塩水の重さは、何gですか。（　　　　g）

3 グラフを見て、あとの問いに答えましょう。（1つ5点）

㋐ 10℃の水の量ととける量との関係

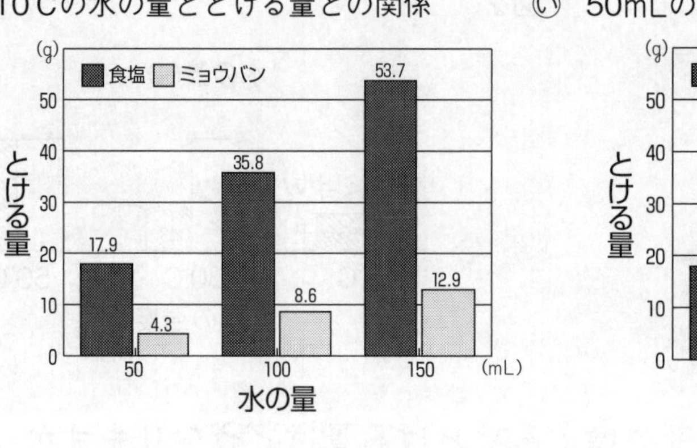

㋑ 50mLの水の温度ととける量との関係

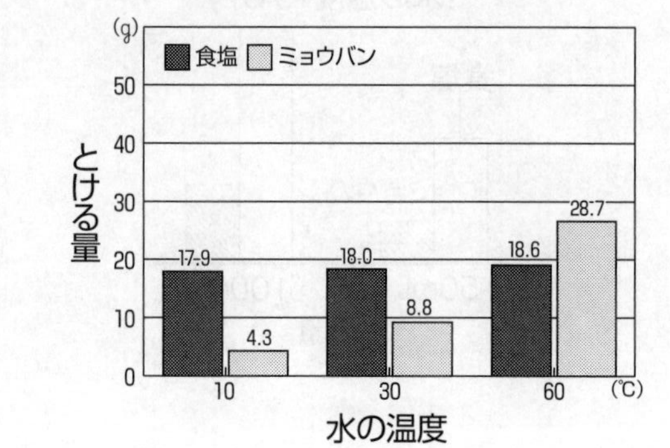

(1) 水の温度が10℃のとき、50mLの水にとける食塩とミョウバンの量は、それぞれ何gですか。

食塩（　　　　）　ミョウバン（　　　　）

(2) 水の温度を10℃から30℃にしたとき、水にとける量があまり変わらないのは、食塩とミョウバンのどちらですか。（　　　　）

(3) 50mLの水に9gのミョウバンを全部とかすためには、水の温度を何℃にすればよいですか。次の㋐～㋒から選びましょう。（　　）

㋐ 10℃　㋑ 30℃　㋒ 60℃

(4) 温度が60℃で50mLの水に20gの食塩を入れてよくかきまぜました。食塩は全部とけますか、とけ残りますか。（　　　　）

(5) 温度が60℃で50mLの水に10gのミョウバンをとかしました。その水よう液を氷水につけ、温度を30℃に下げました。出てきたミョウバンのつぶは何gになりますか。（　　　　）

(6) 温度が30℃で100mLの水に食塩をとかしていきました。最大何gまでとけますか。（　　　　）

ふりこの運動

ふりこ

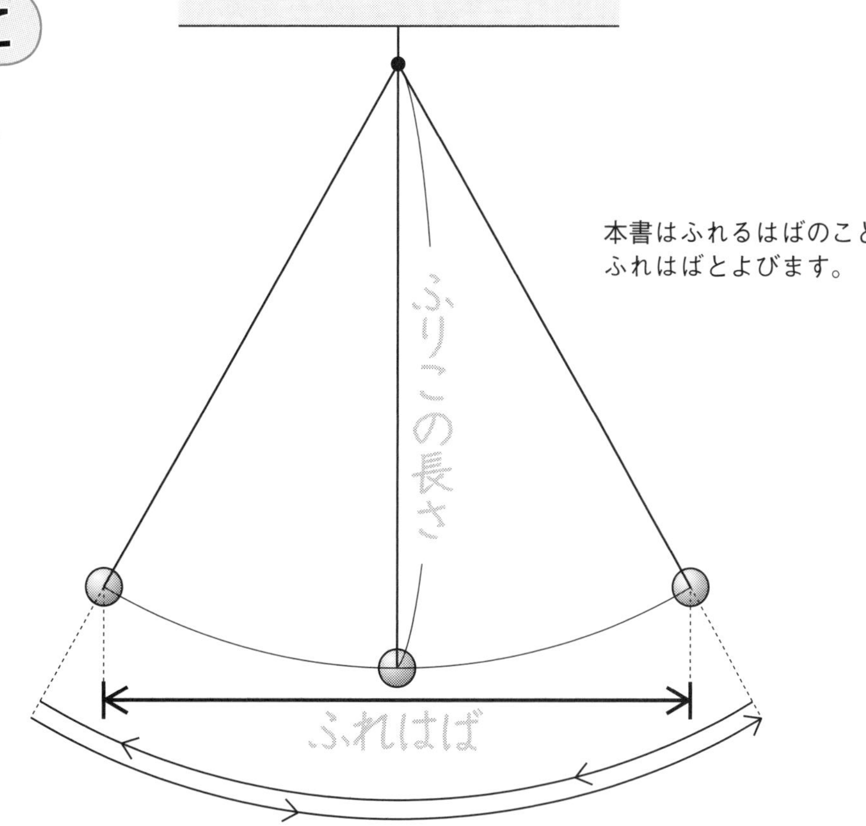

本書はふれるはばのことをふれはばとよびます。

ふりこが1往復（おうふく）する時間のはかり方

① 10往復する時間を3回はかる
② 3回の平均（へいきん）を出す（10往復する時間）
③ 1往復する時間を出す

ふりこの利用

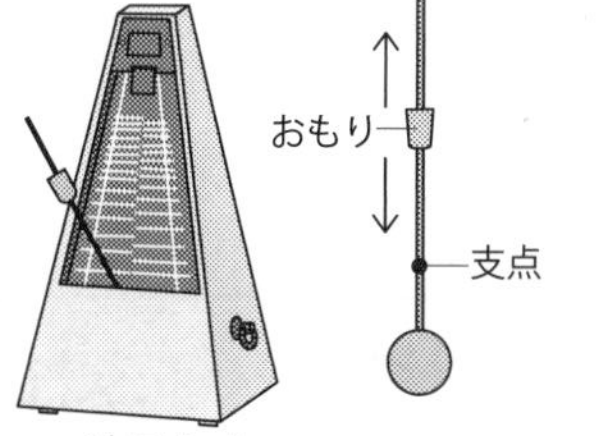
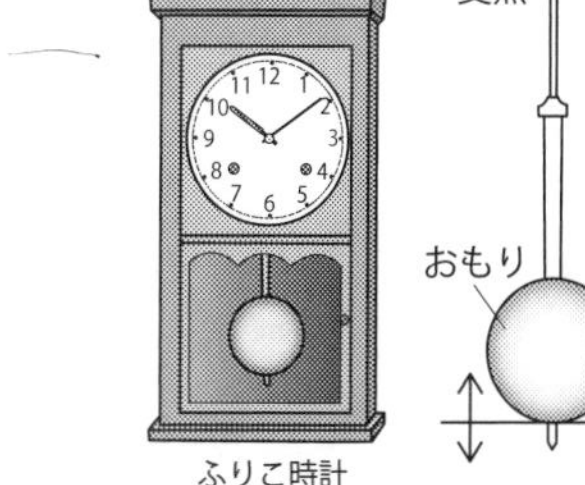
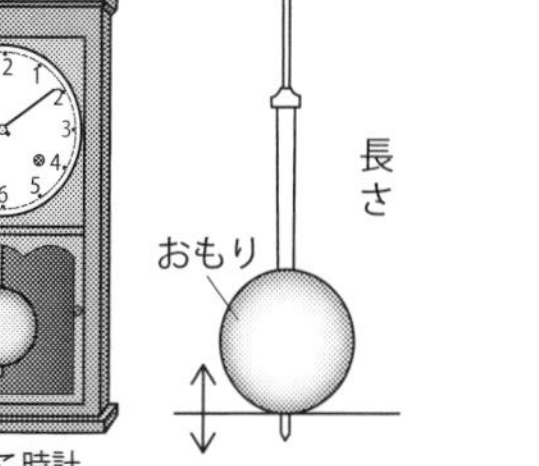

月　　日  名前

ふりこが1往復する時間

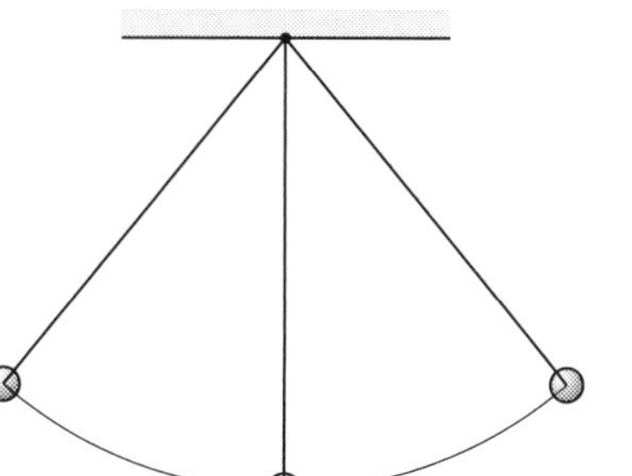

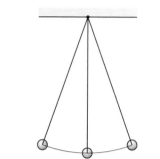

ふれはばを変える
⇓
1往復する時間は
変わらない

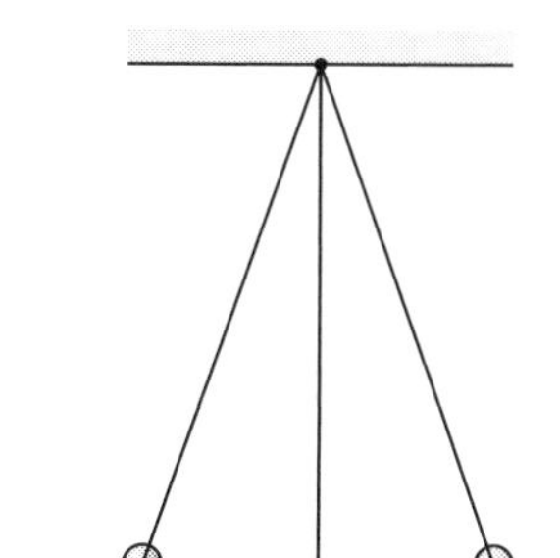

おもりの重さを変える
⇓
1往復する時間は
変わらない

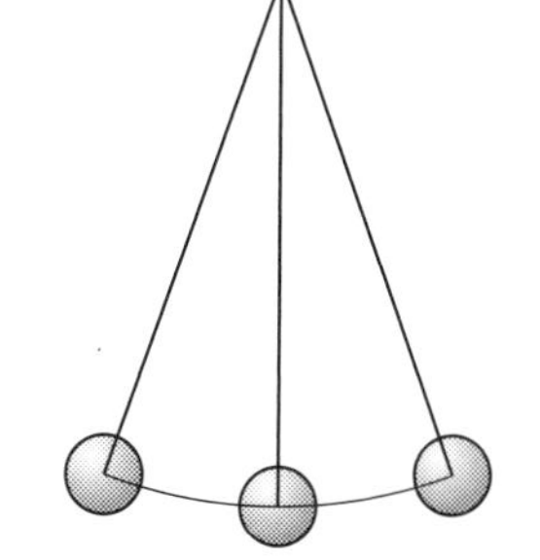

ふりこの長さを変える
⇓
1往復する時間は
変わる

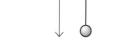

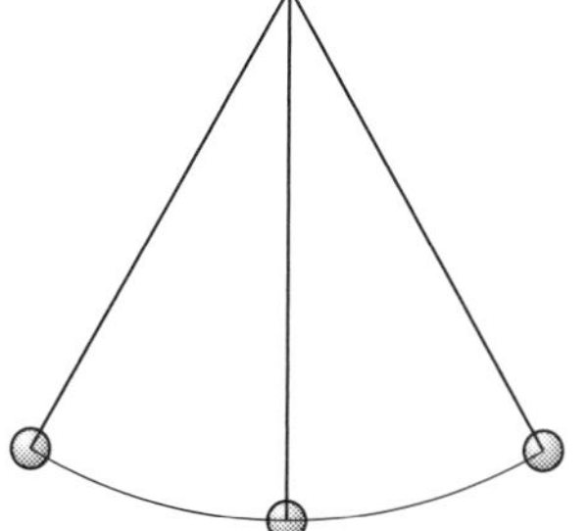

1往復する時間は
ふりこの長さで変わる！

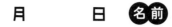

ふりこの運動 ①
ふりこ

ポイント　ふりこが１往復する時間を調べます。

月　　日　名前

1 次の(　　)にあてはまる言葉を□から選んでかきましょう。

(1) おもりを糸などにつるしてふれるようにしたものを(①　　　　)といいます。

つるしたおもりが静止している位置から、ふれの一番はしまでの水平の長さをふりこの(②　　　　)といいます。ふりこの長さとは、糸をつるした点からおもりの(③　　　　)までの長さをいいます。

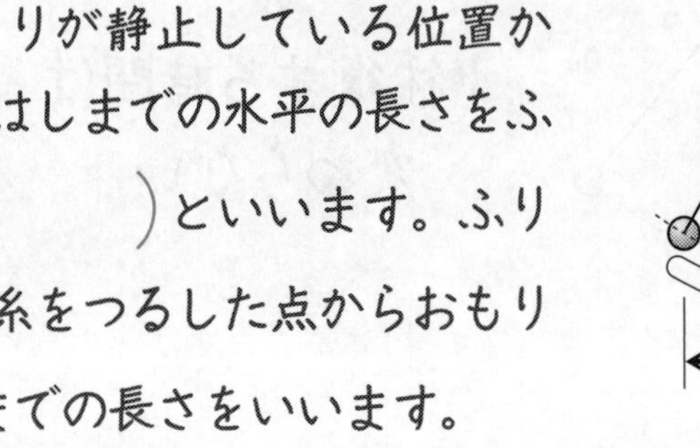

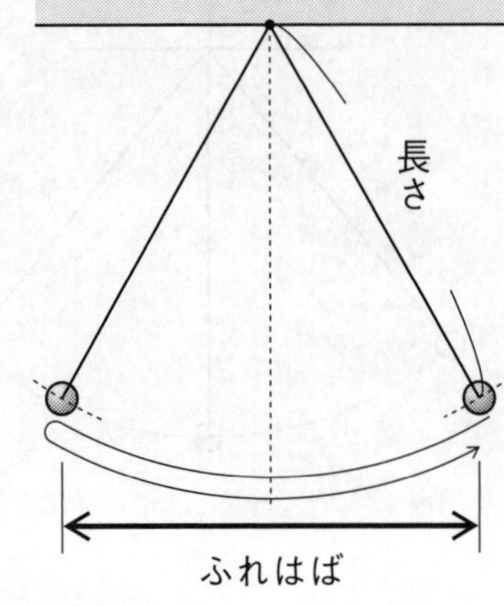

ふりこ　　ふれはば　　中心

(2) １往復(おうふく)とは、ふらせはじめた(①　　　)にもどるまでをいいます。

ふりこの１往復する時間の求め方は、１往復の時間が、短いので(②　　　)往復の時間を(③　　　)回はかって、その(④　　　)を求めます。すると次のようになりました。

10往復する時間（秒）

１回目	２回目	３回目	３回の合計
12.3	13.1	12.8	38.2

３回の平均(へいきん)は、38.2÷３＝12.73…

小数第２位を四捨五入(ししゃごにゅう)して(⑤　　　　)秒です。10往復で12.7秒

だから１往復は、12.7÷10＝1.27 →約(⑥　　　　)秒となります。

平均　　10　　３　　位置　　12.7　　1.3

2 次の(　　)にあてはまる言葉を□から選んでかきましょう。

(1) 図１では、おもりの(①　　　)を変えて、ふりこが(②　　　)する時間を調べます。そのとき、同じにするのはふりこの(③　　　)とふれはばです。

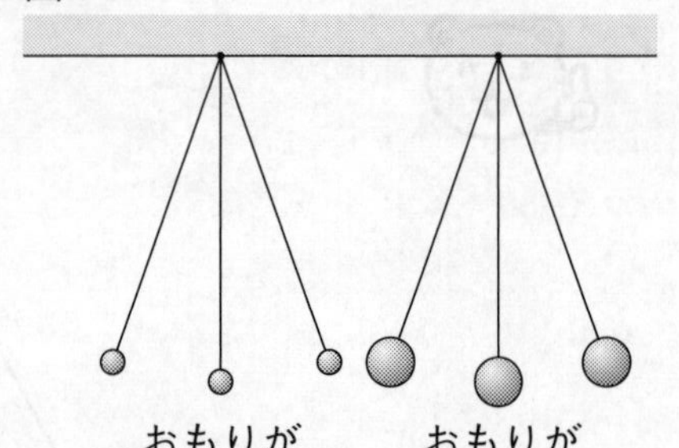

長さ　　重さ　　１往復

(2) 図２では、ふりこの(①　　　)を変えて、ふりこが(②　　　)する時間を調べます。そのとき、同じにするのはふりこの(③　　　)とふれはばです。

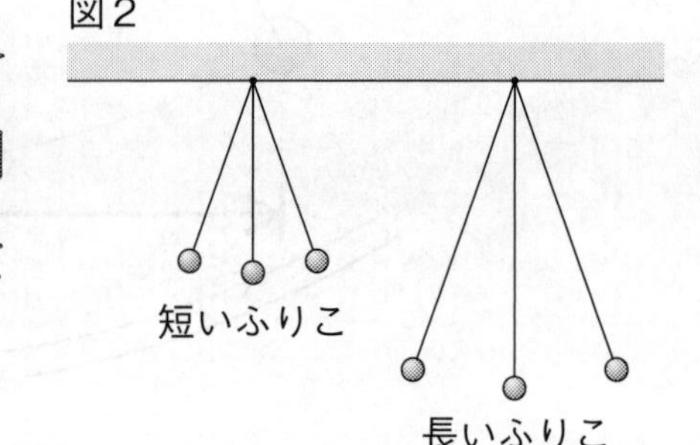

長さ　　重さ　　１往復

(3) 図３では、(①　　　)を変えてふりこが１往復する時間を調べます。そのとき、同じにするのは、ふりこの(②　　　)と(③　　　)です。

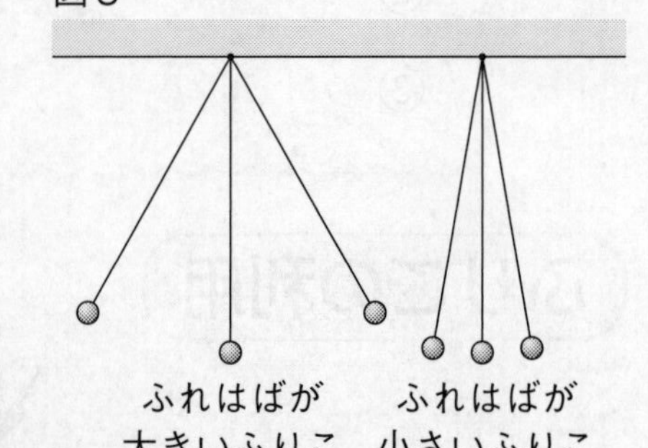

長さ　　重さ　　ふれはば

ふりこの運動 ②

ふりこ

1 次の(　　)にあてはまる言葉を□から選んでかきましょう。

(1) 図１はふりこの(①　　　)のちがいを比べたものです。１往復する時間が長いのは(②　　　)です。

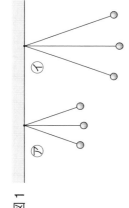

図１

図２は、ふりこの(③　　　)のちがいを比べたものです。１往復する時間は(④　　　)です。

図２

図３はふりこの(⑤　　　)のちがいを比べたものです。１往復する時間は、(④)です。

図３

ふれはば	重さ	長さ	㋑	同じ

(2) (1)の結果から、ふりこが１往復する時間は、(①　　　　　)で変わることがわかります。ふりこの(②　　　)や(③　　　　)を変えても、時間は変わりません。１往復する時間は、ふりこを長くすると、１往復する時間は(④　　　)なり、ふりこを短くすると、(⑤　　　)なります。

ふれはば	長く	短く	重さ	ふりこの長さ

月　　日　名前

ポイント ふりこのふれはば、おもりの重さ、ふりこの長さを比べ１往復する時間を調べます。

2 図のように、㋐～㋔のふりこがあります。あとの問いに答えましょう。

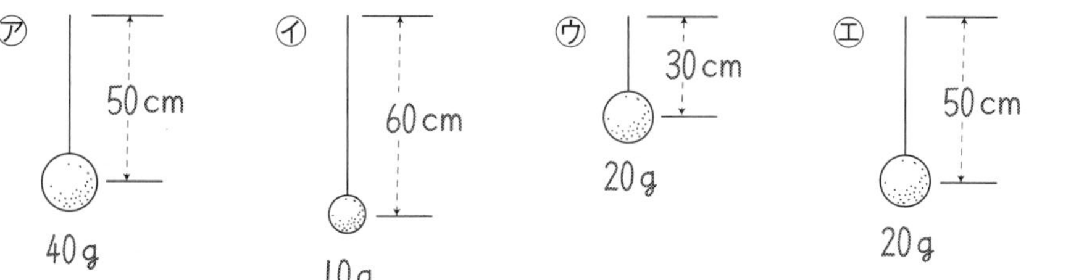

(1) ふりこが１往復する時間が、一番短いのはどれですか。(　　　)

(2) ふりこが１往復する時間が、一番長いのはどれですか。(　　　)

(3) ふりこの１往復する時間が、同じになるのは、どれとどれですか。

(　　　)と(　　　)

(4) ㋐と㋔のふりこが１往復する時間を同じにするためには㋔のふりこをどのように変えればよいですか。(　　)にあてはまる言葉をかきましょう。

㋔のふりこの(　　　　)を(　　　　)にする。

3 次の中からふりこの性質を利用しているものを３つ選んで記号でかきましょう。(　　　，　　　，　　　)

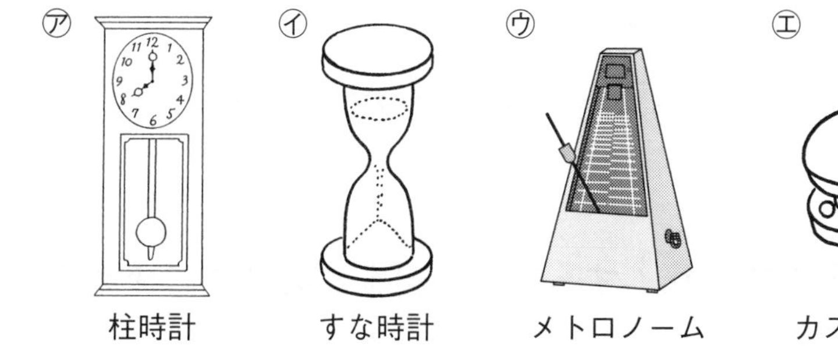

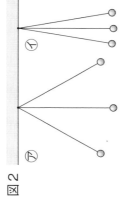

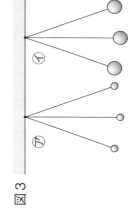

まとめテスト

ふりこの運動

月　　日  名前

／100点

1 ふりこの１往復(おうふく)する時間が、ふれはば、おもりの重さ、ふりこの長さのどれに関係するかを調べました。（(1)〜(4)各５点）

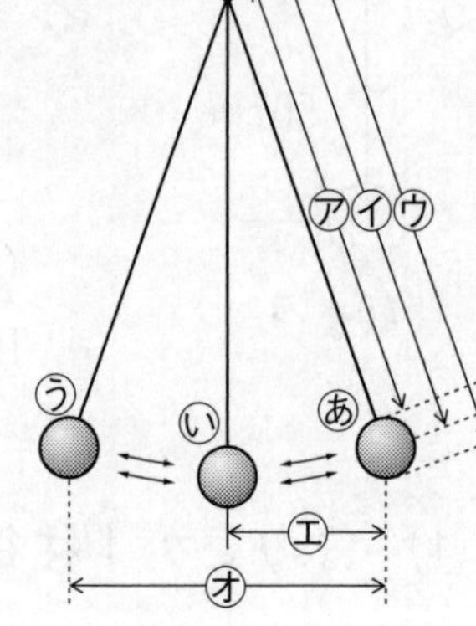

(1) ふれはばは、㋐〜㋔のどれですか。
（　　　）

(2) ふりこの長さは、㋐〜㋔のどれですか。
（　　　）

(3) ふりこの１往復は、次のどれになりますか。正しいものに○をつけましょう。

①（　）あ→い→あ　　②（　）あ→い→う→い

③（　）あ→い→う　　④（　）あ→い→う→い→あ

(4) ふりこの１往復する時間の求め方は、次のどれがよいですか。最もよいもの１つに○をつけましょう。

①（　）ストップウォッチで１往復する時間をはかります。

②（　）10往復する時間をはかり、それを10でわって求めます。

③（　）10往復する時間を３回はかり、その合計を３でわって、１回あたりを求め、それを10でわって求めます。

(5) ふりこの長さを変えて実験するとき、同じにしておくこと２つは何ですか。（１つ10点）

ふりこの（　　　　）。ふりこの（　　　　）。

(6) ふりこが１往復する時間が変わるのは、何を変えたときですか。（10点）
（　　　　）

(7) ふりこが１往復する時間を長くするには、何をどのように変えるとよいですか。（10点）
（　　　　を　　　　する）

2 次の３つのふりこのうち、１往復する時間が他の２つよりも短いものを、それぞれ選びましょう。（各10点）

(1)（　　　）

(2)（　　　）

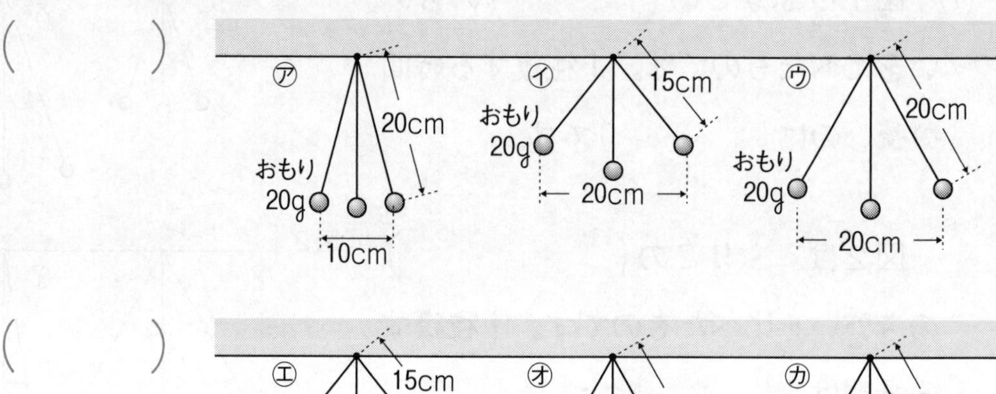

3 次の（　）にあてはまる言葉を□から選んでかきましょう。（各５点）

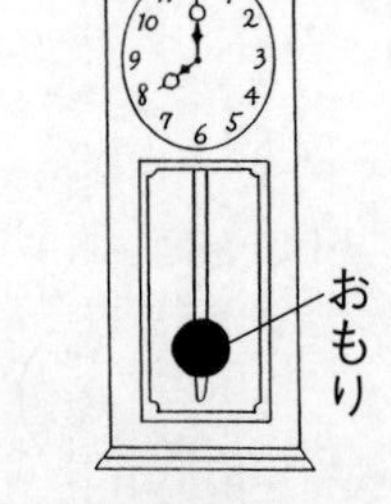

柱時計

柱時計は（①　　　）の長さが同じとき、ふりこの１往復する時間が（②　　　）ことを利用しています。

おもりの位置を上にあげ、ふりこを（③　　　）すると、ふれる時間も速くなり、時計が速く進みます。

また、おもりの位置を下にさげると、時計が進むのは（④　　　）なります。

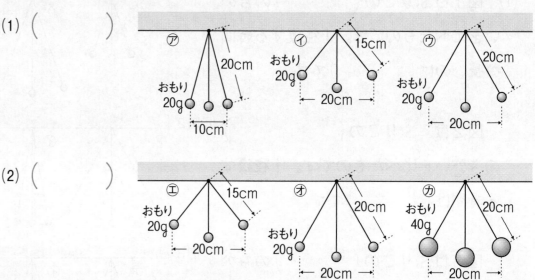

短く　　ふりこ　　おそく　　同じ

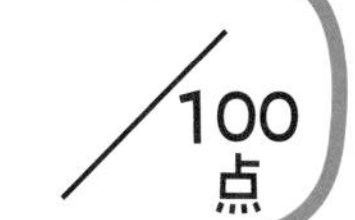

まとめテスト

ふりこの運動

月　　日　名前　　　　/100点

1 ふりこについて、あとの問いに答えましょう。（1つ7点）

(1) 次の(　)にあてはまる言葉を□から選んでかきましょう。

おもりを糸などにつるしてふれるようにしたものを(①　　)といいます。

つるしたおもりが静止している位置から、ふれの一番はしまでの水平の長さをふりこの(②　　)といいます。ふりこの長さは糸をつるした点からおもりの(③　　)までの長さをいいます。

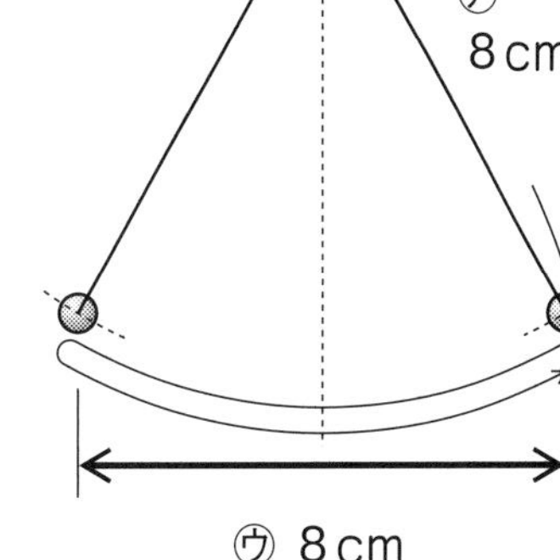

ふりこ　中心　ふれはば

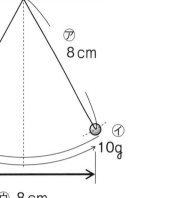

(2) 図の㋐〜㋒の条件(じょうけん)を変えました。次のうち、ふりこの1往復(おうふく)する時間が長くなるものに○をつけましょう。

①(　)㋐を10cmにする。　②(　)㋑を15gにする。

③(　)㋒を12cmにする。

(3) ふりこが1往復する時間は、何で変わりますか。

(　　　　)

★2 ふりこを使ったおもちゃをつくりました。うさぎを速く動かすには、どのようにすればいいですか。説明しましょう。（9点）

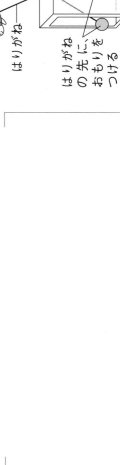

3 おもりの重さを変えて、ふりこが10往復する時間を調べました。表は、その結果です。あとの問いに答えましょう。（1つ7点）

	1回目	2回目	3回目
10g	16.5(秒)	15.8(秒)	15.4(秒)
20g	16.3(秒)	15.8(秒)	15.3(秒)

(1) この実験で、同じにする条件は、ふれはばともう1つは何ですか。

(　　　　)

(2) それぞれの重さの3回の合計時間を求めましょう。

(10g) 式＿＿＿＿＿＿(秒)

(20g) 式＿＿＿＿＿＿(秒)

(3) (2)をもとに、1回（10往復）あたりの時間を求めましょう。

(10g) 式＿＿＿＿＿＿(秒)

(20g) 式＿＿＿＿＿＿(秒)

(4) (3)をもとに、ふりこが1往復する時間を求めましょう。

(10g) 式＿＿＿＿＿＿(秒)

(20g) 式＿＿＿＿＿＿(秒)

(5) 実験の結果からわかることとして、正しいものに○をつけましょう。

①(　) おもりの重さが重いほど、ふりこが1往復する時間は長くなります。

②(　) おもりの重さが重いほど、ふりこが1往復する時間は短くなります。

③(　) おもりの重さを変えても、ふりこが1往復する時間は変わりません。

電流のはたらき

月　日　名前

電磁石

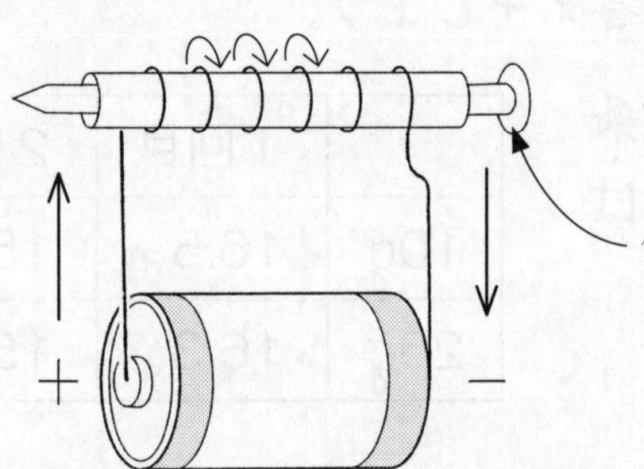

コイルに鉄しんを入れ、電流を流すと磁石になる。これを 電磁石 という。

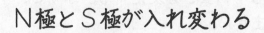

電流の向きを変える

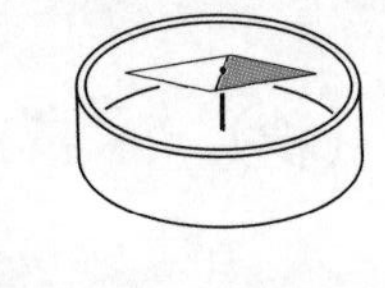

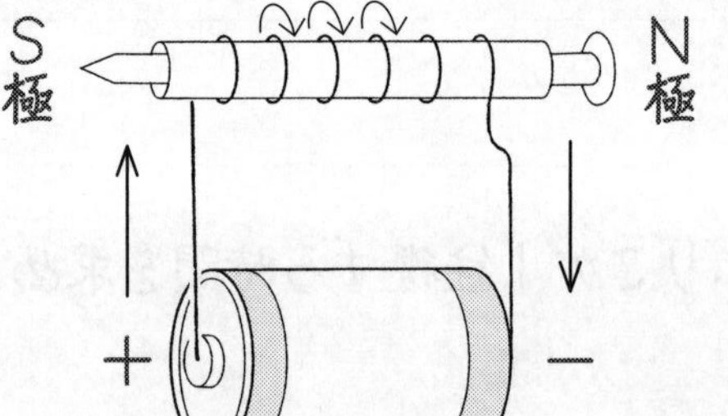

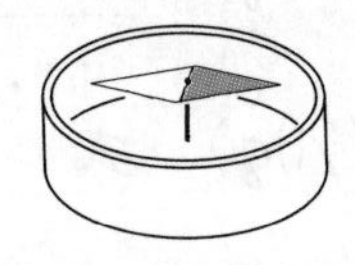

電流の向きを変える

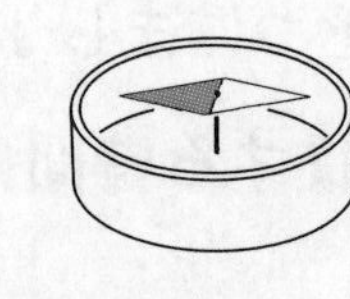

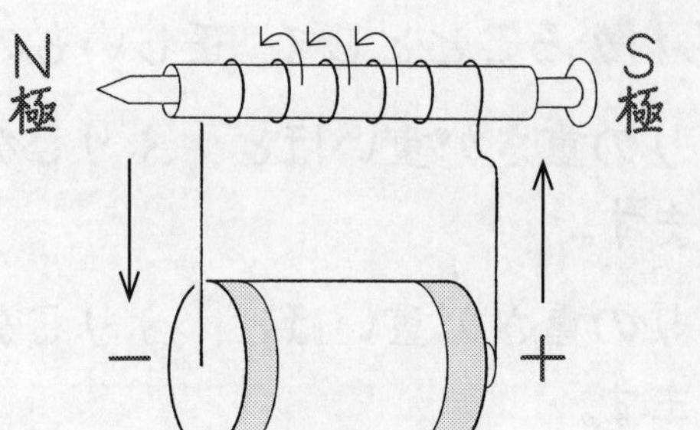

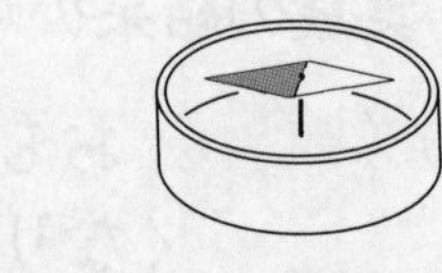

N極とS極が入れ変わる

電磁石の強さ

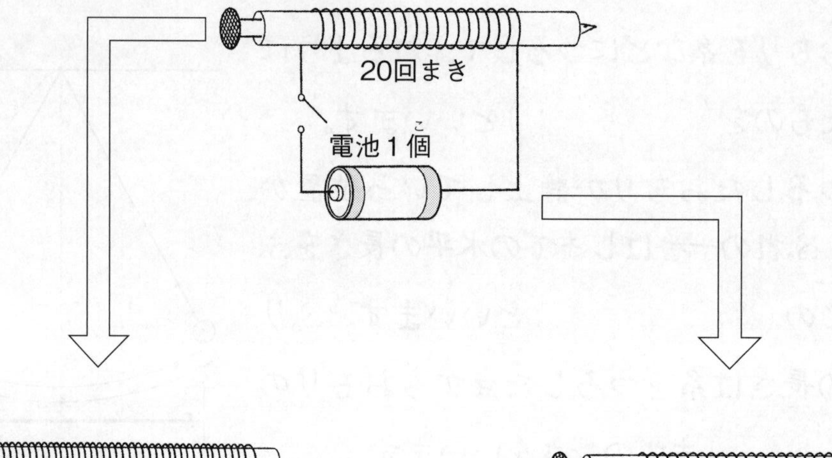

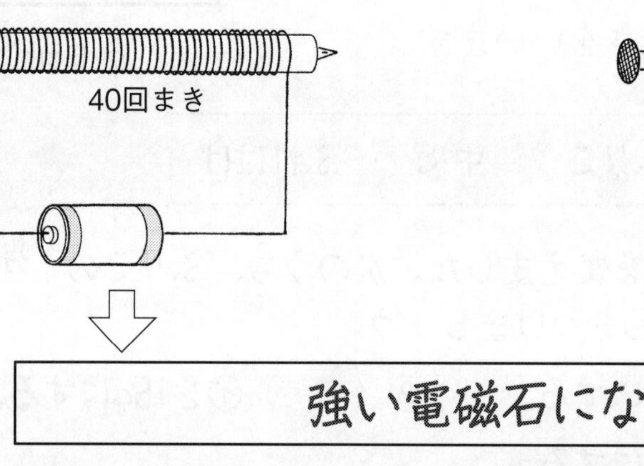

強い電磁石になる

電流計

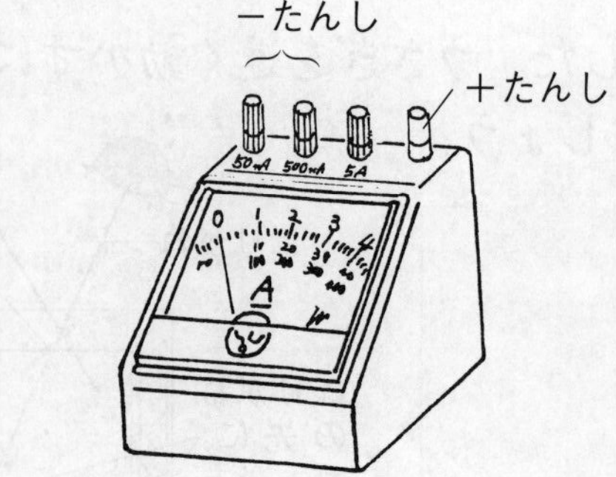

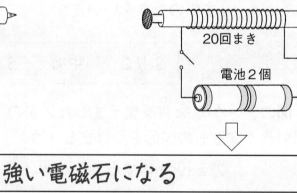

電流計を使うと、回路を流れる電流の強さを調べることができる

電流のはたらき

月　日　名前

電流計の使い方

① 電流計の＋たんしと、かん電池の＋からの導線をつなぐ。
② 電磁石をつないだ導線を、電流計の5Aのたんしにつなぐ。
③ スイッチを入れて、はりを見る。ふれ方が0.5Aより小さかったら、500mAにつなぐ（500mAでも小さいときは50mAへ）。

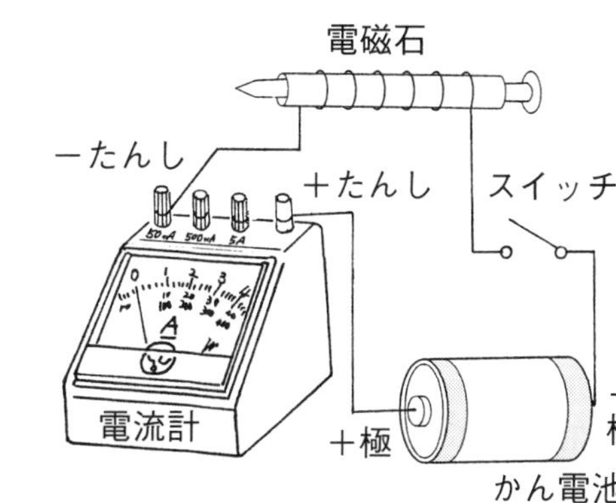

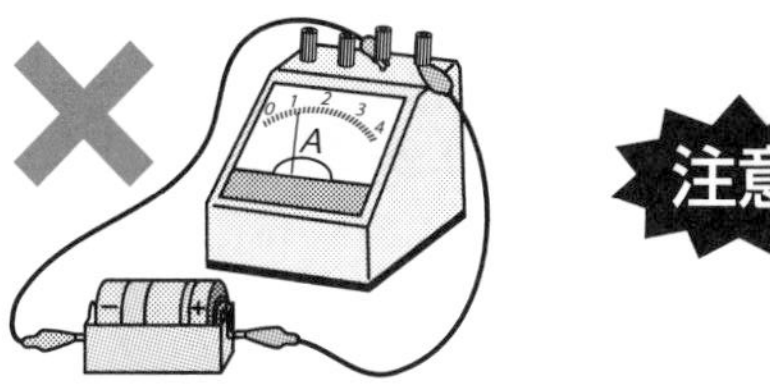

電流計に、かん電池だけをつなぐとこわれるので、つながない！

電げんそう置の使い方

① ＋たんしと－たんしにそれぞれ回路からの導線をつなぐ。
② 回路に電流を流す。

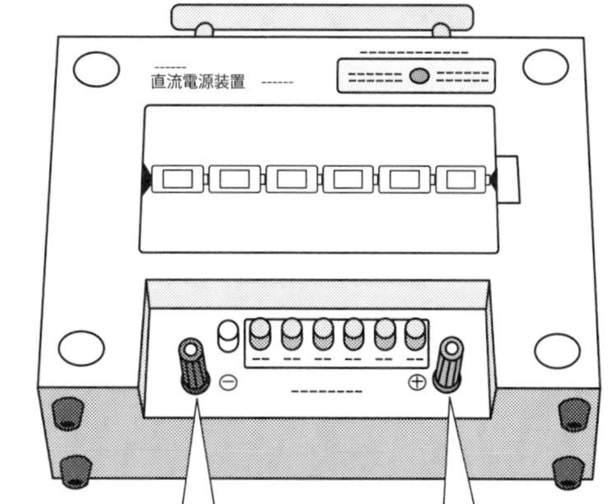

例：「2個」のスイッチをおすと、かん電池2個を直列つなぎにしたときの電流が流れる

電磁石の利用

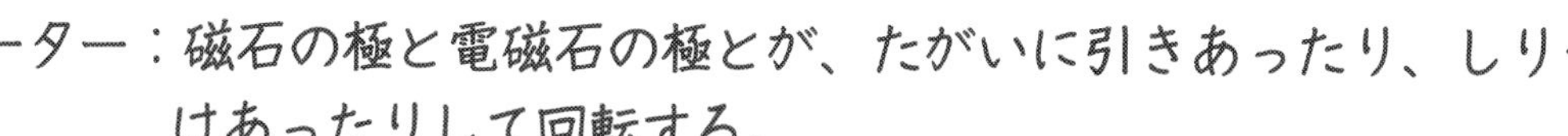

モーター：磁石の極と電磁石の極とが、たがいに引きあったり、しりぞけあったりして回転する。

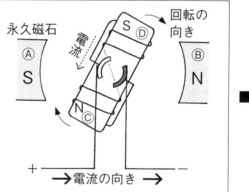

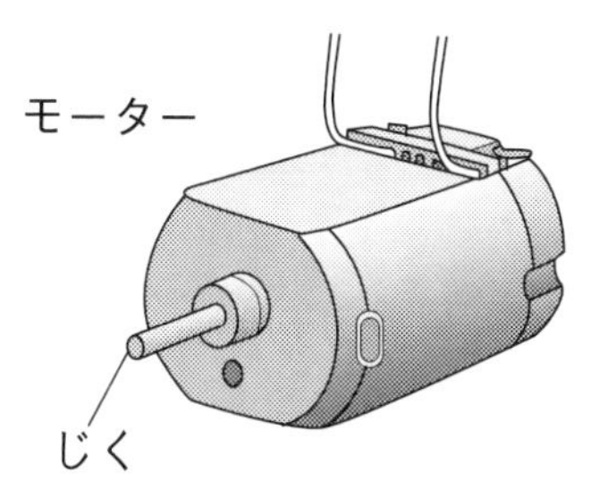

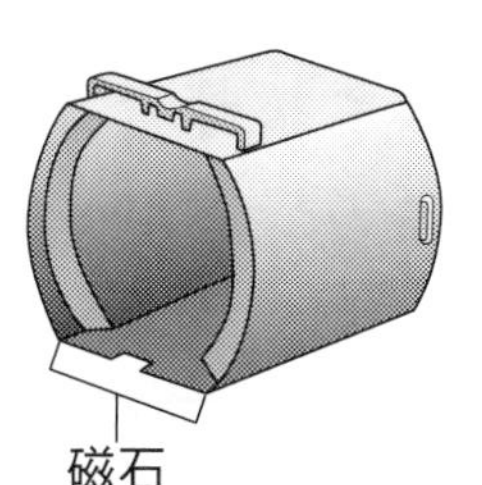
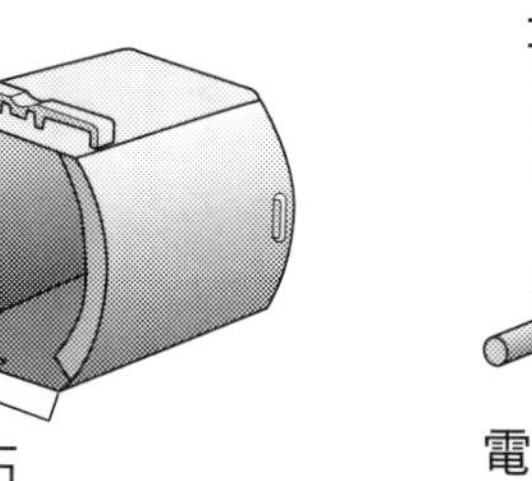

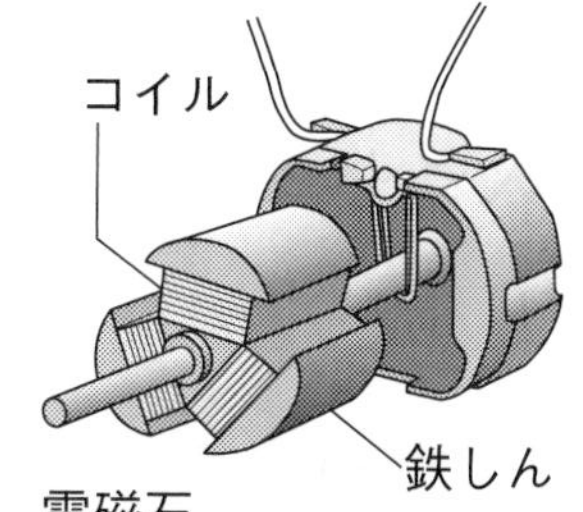

図のⒶ、Ⓑは永久磁石

永久磁石
Ⓐ S
Ⓑ N
S Ⓓ
N Ⓒ
電流
回転の向き
＋ →電流の向き → －

ⒸはN極になる
ⒶとⒸは引きつける

電流の向きが変わると

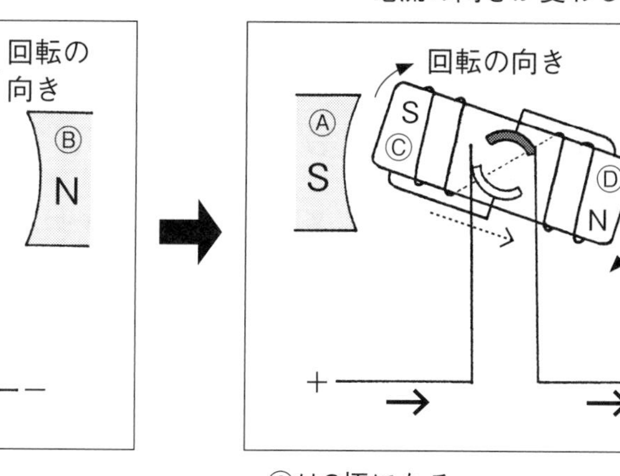

ⒸはS極になる
ⒶとⒸは反発する

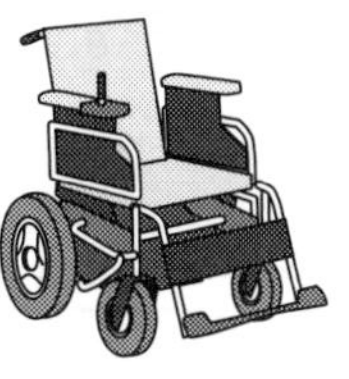
電動車いす

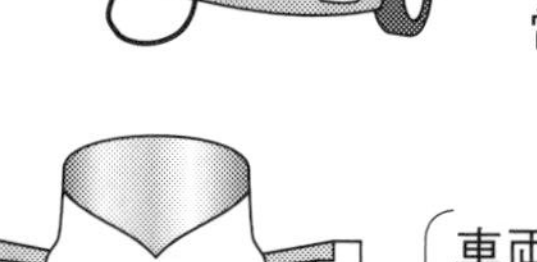

電気自動車

リニアモーターカー

車両と線路の両方に組み込まれた電磁石の間に力がはたらいて車両がうく

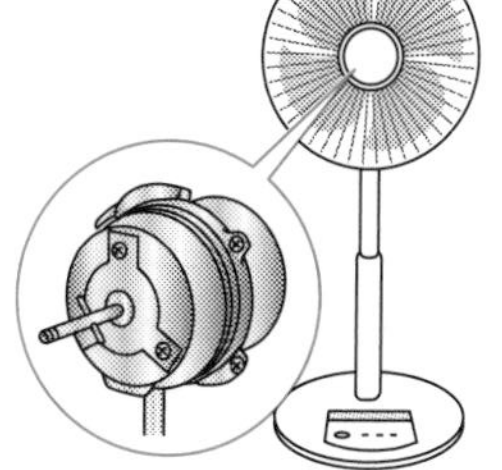
せん風機

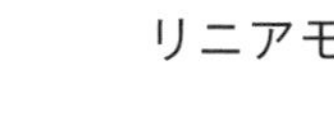

電流のはたらき ①
電磁石

1 次の(　　)にあてはまる言葉を□から選んでかきましょう。

(1) エナメル線をまいて(①　　　　)をつくりました。これに電流を流すと(②　　　　)が発生しました。(①)に鉄のくぎなどの(③　　　　)を入れました。これに電流を流すと(②)が発生し、その力は、前よりも(④　　　　)なりました。これを(⑤　　　　)といいます。

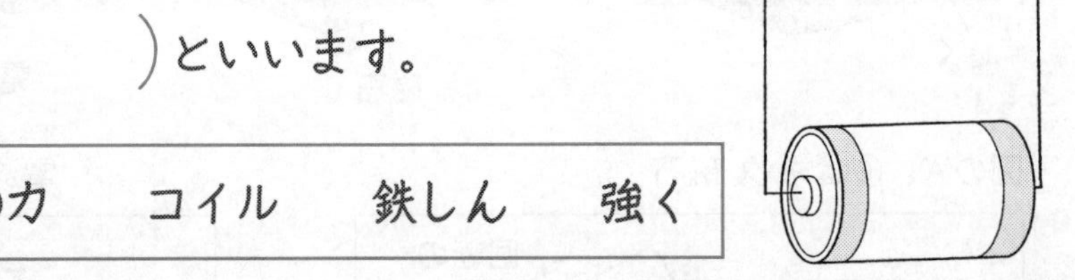

電磁石(でんじしゃく)	磁石の力	コイル	鉄しん	強く

(2) 電磁石はふつうの磁石と同じように、(①　　　　　　)の2つの極があります。(②　　　　)の流れる向きを変えると、N極は(③　　　　)に、S極は(④　　　　)に変わります。

また、(②)を止めると、電磁石のはたらきは(⑤　　　　)ます。

S極	N極	N極とS極	止まり	電流

2 コイルの中に、いろいろなものを入れて電磁石の強さを調べます。磁石の力が強くなるものに○をつけましょう。

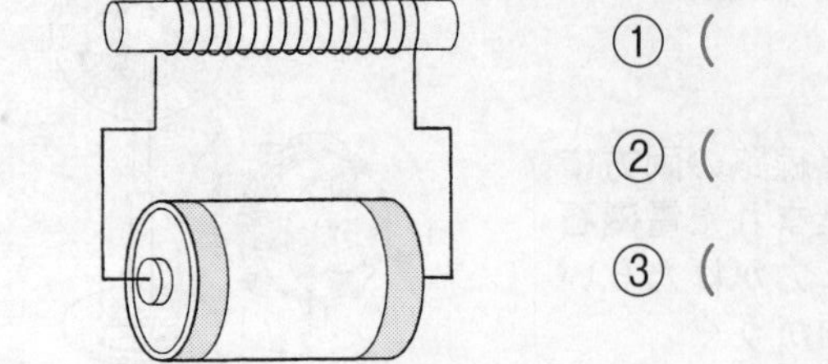

①(　　)鉄
②(　　)アルミニウム
③(　　)ガラス

月　　日　名前

ポイント コイルに電流を流すと磁石の力が発生する電磁石のはたらきを学習します。

3 図を見て、あとの問いに答えましょう。

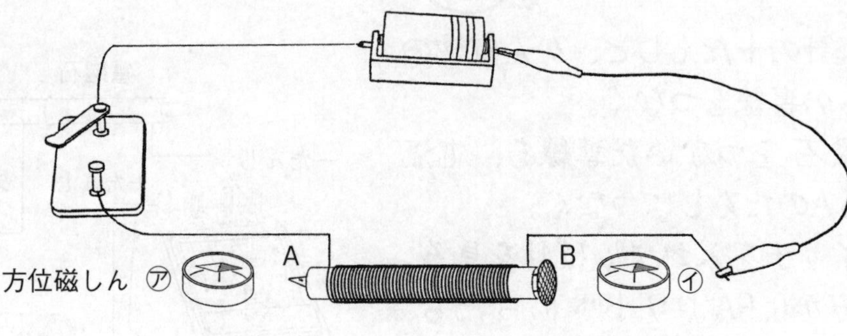

(1) 次の(　　)にあてはまる言葉を□から選んでかきましょう。

スイッチを入れると方位磁しん㋐、㋑が図の向きで止まりました。このことから、Aが(①　　　)極、Bが(②　　　)極になっていることがわかります。次に、かん電池の(③　　　)を変え、電流の向きを(④　　　)にすると、Aが(⑤　　　)極、Bが(⑥　　　)極になりました。これより、電流の向きが(⑦　　　)になると、電磁石の極も(⑧　　　)になることがわかります。

N	N	S	S	向き	逆(ぎゃく)	逆	逆

(2) 図のかん電池の向きを変えたとき、㋐、㋑の方位磁しんはどうなっていますか。正しいものに○をつけましょう。

① ㋐ 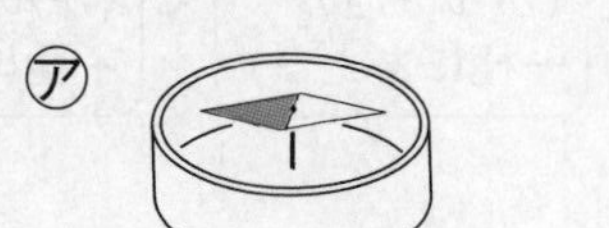 ㋑ 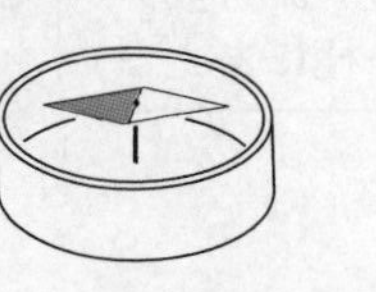 (　　)

② ㋐  ㋑ 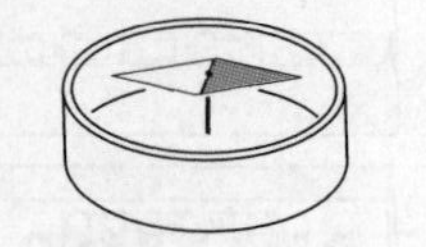 (　　)

電流のはたらき ②

電磁石

月　　日　名前

ポイント　電池の数やコイルのまき数を変えて、磁力のちがいを学習します。

1 電磁石の強さを調べるために図のような実験をしました。次の(　　)にあてはまる言葉を□から選んでかきましょう。

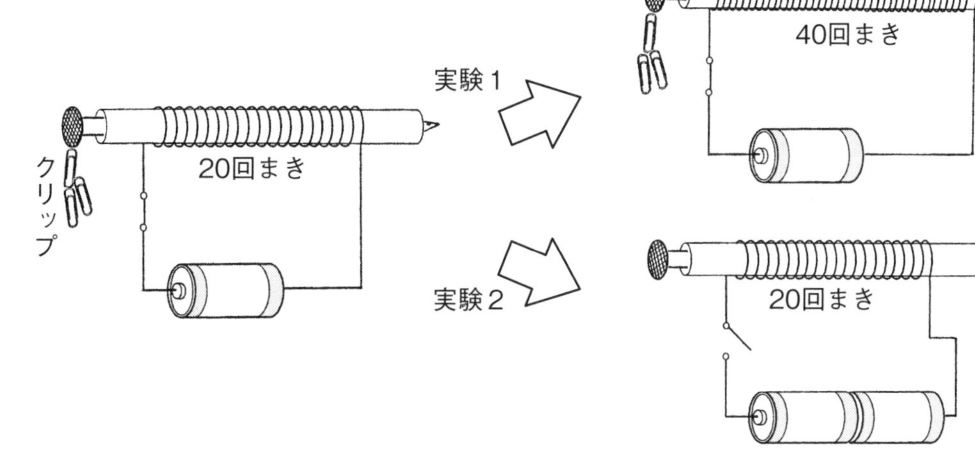

(1) 実験1は(①　　　　)を増やしました。すると電磁石につくクリップの数は(②　　　　)。実験2は(③　　　　)を増やしました。つまり、コイルに流れる電流を(④　　　　)しました。すると、電磁石につくクリップの数は増えました。

強く	増えました	電池の数	コイルのまき数

(2) 実験の結果から、電流の強さが同じとき、コイルの(①　　　　)を多くすると、電磁石の引きつける力は(②　　　　)なります。コイルのまき数が同じとき、コイルに流れる(③　　　　)を強くすると、電磁石の引きつける力は(④　　　　)なります。

強く	強く	電流	まき数

2 図を見て、あとの問いに答えましょう。

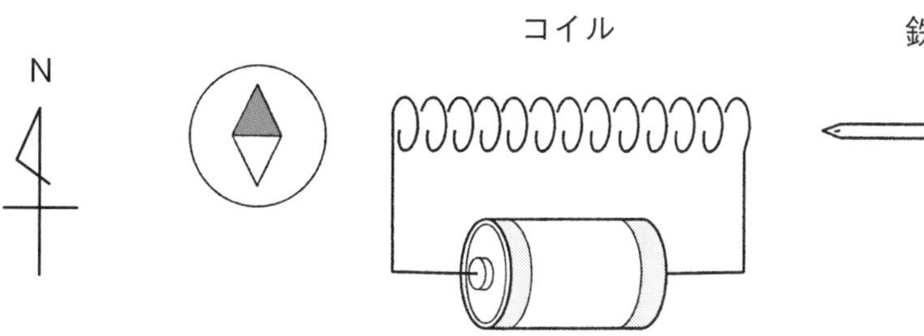

(1) 次の文で正しいものには○、まちがっているものには×をかきましょう。

① (　　) 方位磁しんをコイルに近づけても、はりの向きは変わりません。

② (　　) 方位磁しんをコイルに近づけると、はりの向きは変わります。

③ (　　) コイルには、鉄しんを入れていないので、磁石の力はありません。

④ (　　) コイルに鉄しんを入れると、磁石の力は強くなります。

⑤ (　　) コイルに入れていた鉄しんをぬくと、磁石ではなくなります。

(2) 強い電磁石をつくるための方法として正しいものには○、まちがっているものには×をかきましょう。

① (　　) 電池の向きを逆にします。

② (　　) 電池を2個にし、へい列つなぎの回路にします。

③ (　　) 電池を2個にし、直列つなぎの回路にします。

④ (　　) コイルのまき数を増やします。

電流のはたらき ③
電磁石

電磁石の極は電流の流れ方によって変わります。

月　　日　名前

1 同じ長さのエナメル線とくぎを使って、電磁石（でんじしゃく）をつくりました。

㋐ 100回まき

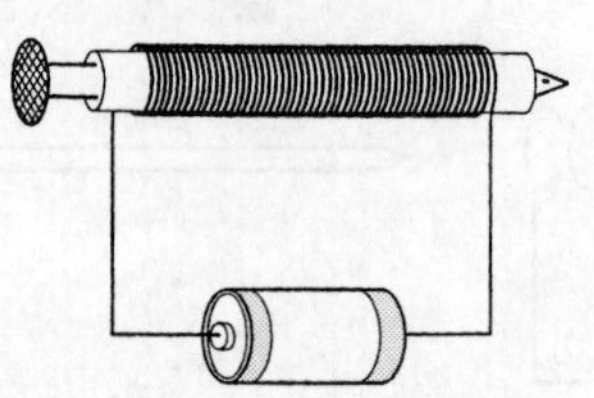
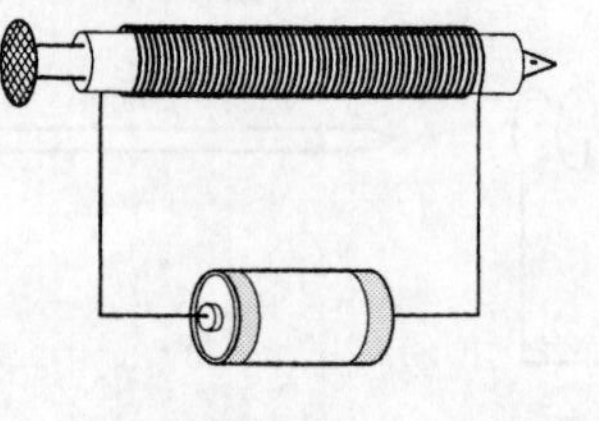

㋑ 200回まき

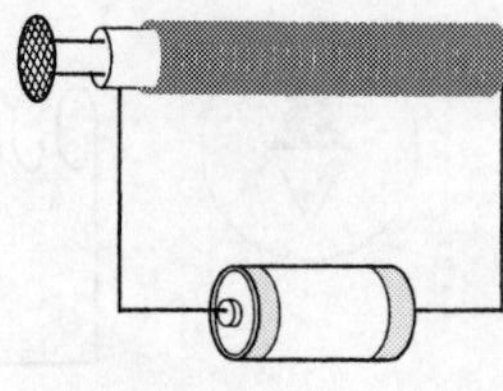

㋒ 100回まき

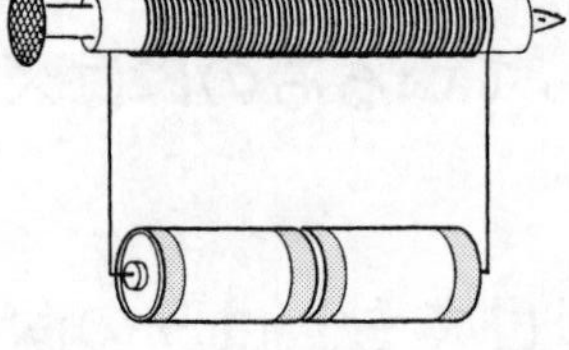

㋓ 200回まき

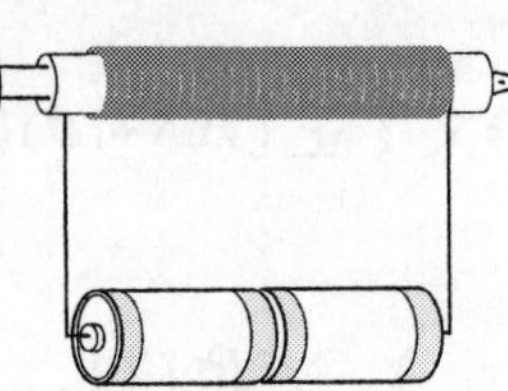

(1) 次の実験を調べるには、㋐～㋓のどれとどれを比（くら）べるとよいですか。記号で答えましょう。

Ⓐ 電流の強さを変えると電磁石の強さも変わる実験。

① （　　）と（　　）、（　　）と（　　）

② 上の２つの実験で電磁石が強いものの記号をかきましょう。

（　　）（　　）

Ⓑ コイルのまき数を変えると、電磁石の強さも変わる実験。

① （　　）と（　　）、（　　）と（　　）

② 上の２つの実験で電磁石が強いものの記号をかきましょう。

（　　）（　　）

(2) ㋐～㋓の電磁石で一番強いものはどれですか。記号で答えましょう。

（　　）

2 次の（　）にあてはまる言葉を□から選んでかきましょう。

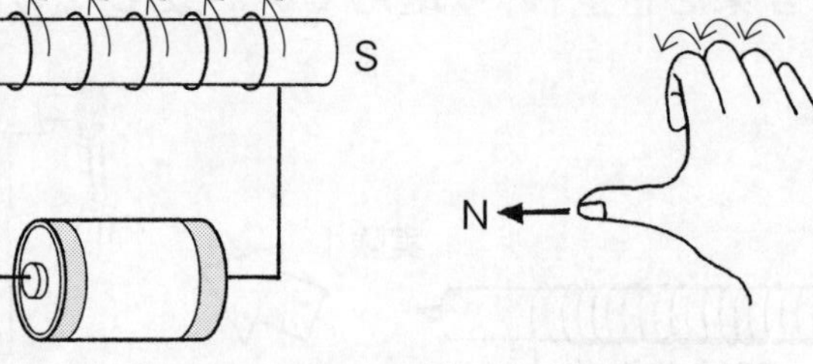

コイルに電流を流すと、N極とS極ができました。（①　　）手の指先をコイルに流れる（②　　）の向きにあわせてにぎります。親指の示（しめ）す方向が（③　　）になります。

N極　右　電流

3 図にN極、S極をかきましょう。

(1)

①（　　極）

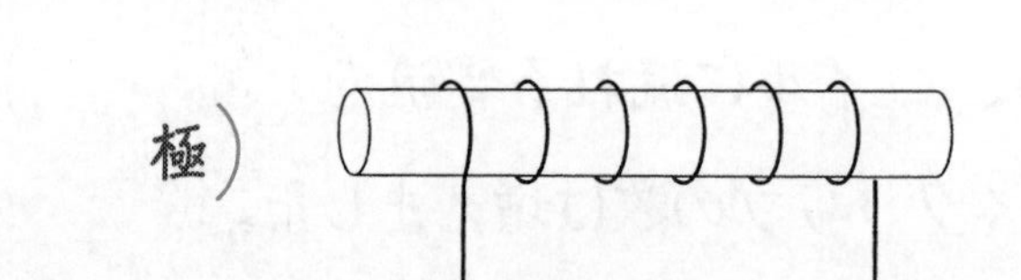

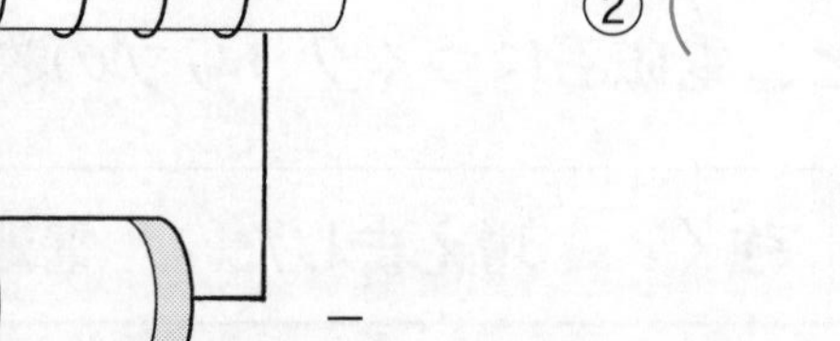

②（　　極）

(2)

①（　　極）

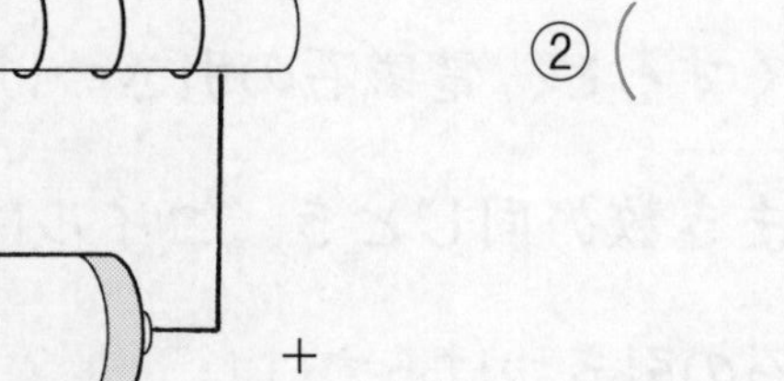

②（　　極）

電流のはたらき ④

電流計・電げんそう置

1 電流計を使って、回路に流れる電流の強さを調べます。

(1) 次の(　　)にあてはまる言葉を□から選んでかきましょう。

電流計は、回路に(①　　　)につなぎます。

電流計の(②　　　)たんしには、かん電池の＋極からの導線(どうせん)をつなぎます。

電流計の(③　　　)たんしには、電磁石(でんじしゃく)をつないだ導線をつなぎます。

はじめは、最も強い電流がはかれる(④　　　)のたんしにつなぎます。はりのふれが小さいときは(⑤　　　)のたんしに、それでもはりのふれが小さいときは(⑥　　　)のたんしにつなぎます。

＋　－　直列　5A　500mA　50mA

(2) 右は電流計で電流の強さをはかったところです。－たんしが次のとき電流の強さを答えましょう。

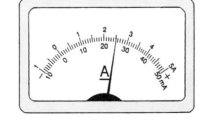

① 5Aのたんし　(　　　)

② 500mAのたんし　(　　　)

③ 50mAのたんし　(　　　)

月　　日 名前

ポイント 電流計や電げんそう置の使い方を学びます。

2 次の(　　)にあてはまる言葉を□から選んでかきましょう。

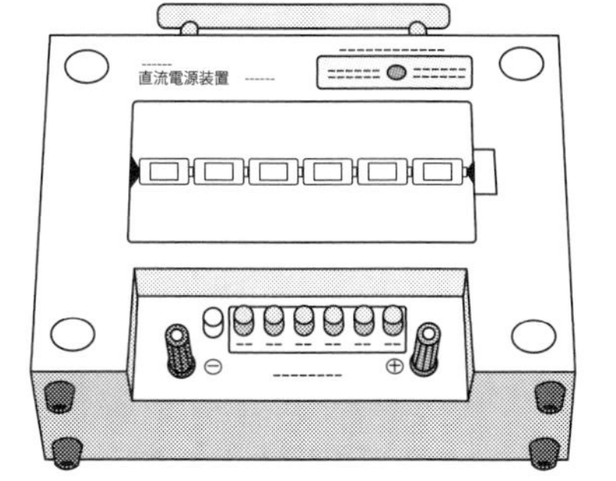

(1) 右のそう置を(①　　　)といいます。(①)を使うと(②　　　)と同じように、回路に電流を流すことができます。

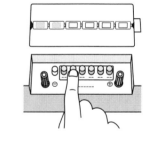

(①)には、赤色の(③　　　)たんしと黒色の(④　　　)たんしがあります。

＋　－　かん電池　電げんそう置

(2) 電げんそう置は、電流の強さを変えられます。(①　　　)の強さを変えるときは「2個(こ)」などとかかれた(②　　　)をおします。

すると、かん電池2個を(③　　　)にしたときの電流が流れます。

直列つなぎ　電流　ボタン

3 電流計や電げんそう置を使って実験を行います。正しくつなぎ、回路を完成させましょう。

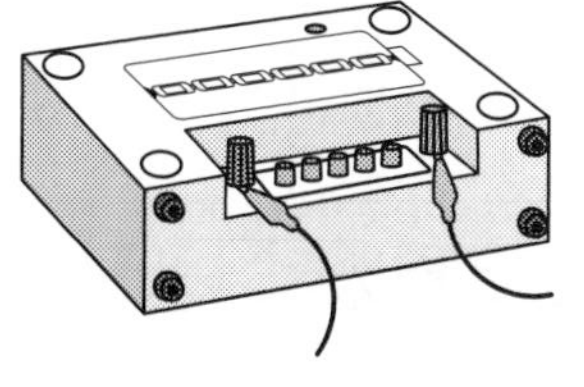

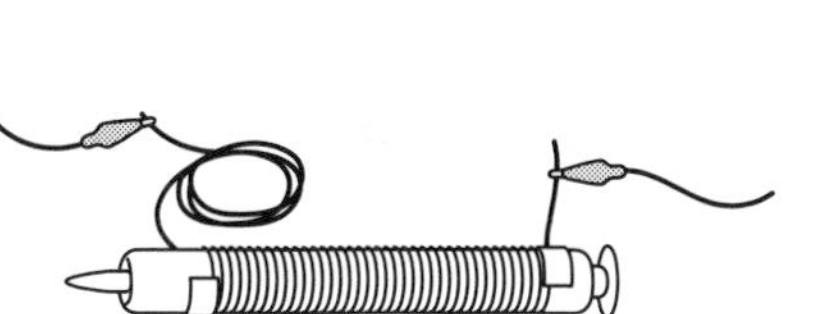

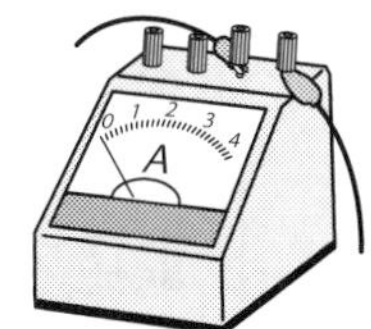

電流のはたらき ⑤

電磁石の利用

■1 次の(　)にあてはまる言葉を□から選んでかきましょう。

(1) モーターは(①　　)と永久磁石の性質を利用したものです。磁石の極が引きあったり、(②　　)たりすることで回転します。(③　　)が強くなるほど、電磁石のはたらきも(④　　)なり、モーターの回転が(⑤　　)なります。

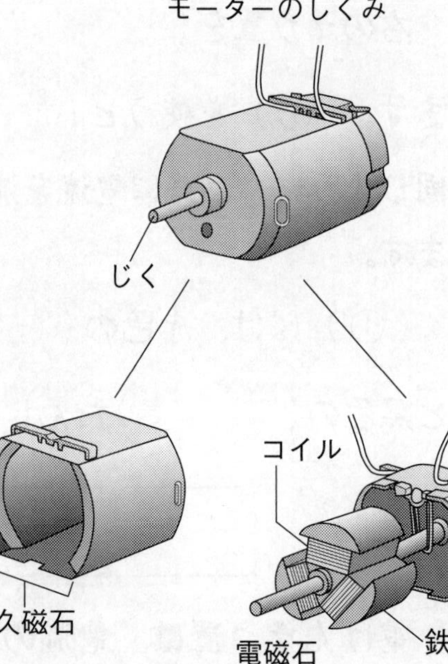

電磁石　しりぞけあっ　強く　電流　速く

(2) 大型のクレーンに、(①　　)が使われていることがあります。(②　　)を流したり、その流れを切ったりすることで(③　　)を引きつけたり、はなしたりすることができます。そのため、(③)と(④　　)を分けることもでき、とても便利です。また、強い電磁石をつくるために、コイルの(⑤　　)を増やしたり、鉄しんの部分を(⑥　　)するなどのくふうもあります。

電磁石　まき数　電流　鉄　アルミニウム　太く

月　日　名前

電磁石を利用したもののしくみを学習します。

■2 電磁石の性質を使ったものに、モーターがあります。図を見て、次の(　)にあてはまる言葉を□から選んでかきましょう。

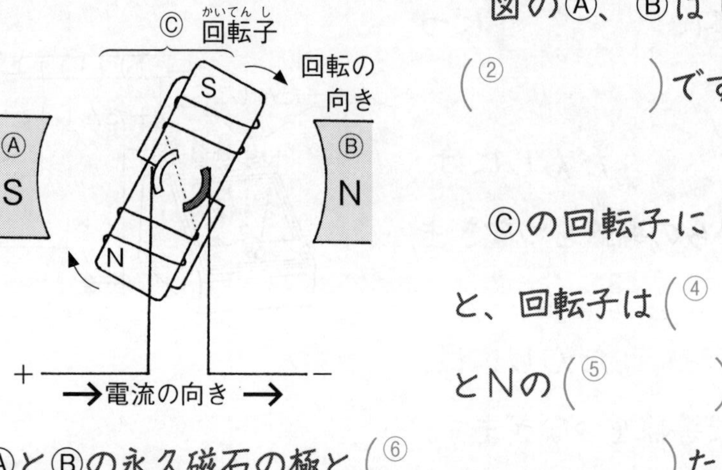

図のⒶ、Ⓑは(①　　)でⒸは(②　　)です。

Ⓒの回転子に(③　　)が流れると、回転子は(④　　)となり、SとNの(⑤　　)ができます。するとⒶとⒷの永久磁石の極と(⑥　　)たり、(⑦　　)たりして回りはじめるのです。

電磁石　電磁石　永久磁石　電流　極 しりぞけあっ　引きあっ

■3 次のうちモーターが使われているものには○を、使われていないものには×をかきましょう。

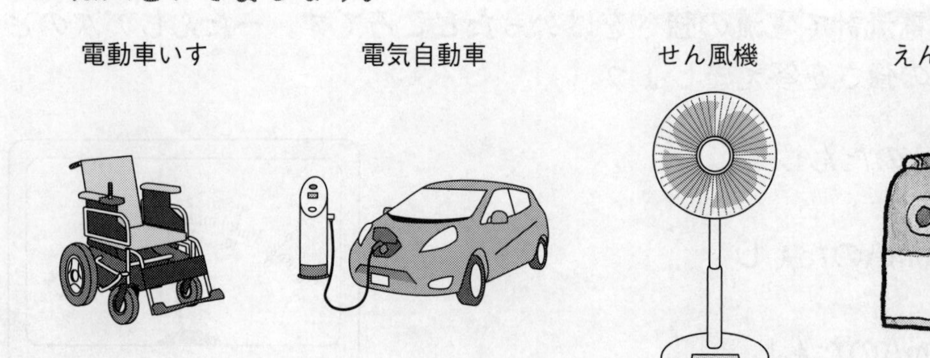

(　　)　(　　)　(　　)　(　　)

まとめテスト

電流のはたらき

月　　日　名前

1 図を見て、あとの問いに答えましょう。　（1つ5点）

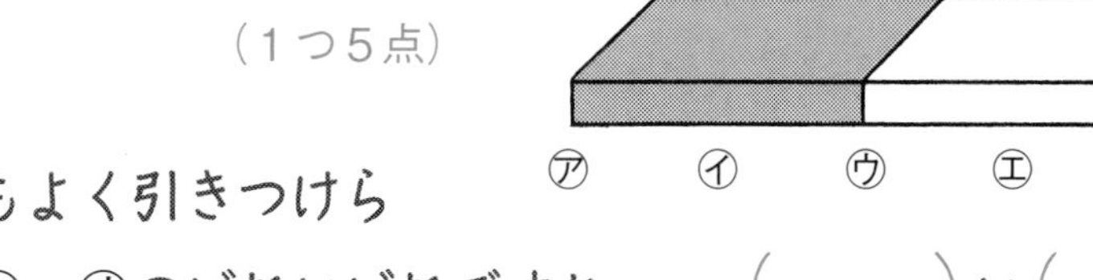

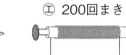

(1) クリップが最もよく引きつけられるのは、図の㋐～㋔のどれとどれですか。　（　　）と（　　）

(2) 次の（　　）にあてはまる言葉を□から選んでかきましょう。

(1)のように、クリップが最もよく引きつけられるところを（①　　）といいます。磁石（じしゃく）には（②　　）極と（③　　）極の2つがあります。

図の磁石の中心に糸をつけ、バランスよく、くるくる回るようにつるしました。このとき、南の方角をさすのが（④　　）極で、北の方角をさすのが（⑤　　）極です。

極　N　N　S　S

2 図を見て、あとの問いに答えましょう。　（各5点）

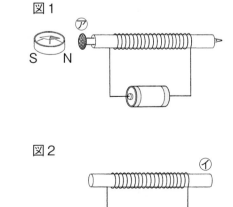

(1) 図1の㋐は何極ですか。　（　　）

(2) 図2のように、電磁石からくぎをぬきとりました。㋑は何極ですか。　（　　）

(3) 図2は、図1と比（くら）べ、電磁石のはたらく強さはどうなりますか。　（　　）

図1　㋐　S　N

図2　㋑

3 図を見て、あとの問いに答えましょう。　（1つ4点）

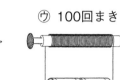

㋐ 100回まき　㋑ 200回まき　㋒ 100回まき　㋓ 200回まき

(1) ㋐～㋓の電磁石のうち、磁石のはたらきが一番強いものはどれですか。　（　　）

(2) ㋐～㋓の電磁石のうち、磁石のはたらきが一番弱いものはどれですか。　（　　）

(3) ㋐～㋓の電磁石にクリップを近づけたとき、もっとも強く引きつけるのはどれですか。記号をかきましょう。　（　　）

(4) 次の文の（　　）にあてはまる言葉をかきましょう。

(3)の結果から、強い電磁石をつくるためには、コイルのまき数を（　　）ことと、流れる電流を（　　）することが必要だとわかります。

4 次の製品（せいひん）のうち、電磁石を使っているものに○、そうでないものに×をかきましょう。　（各5点）

① モーター	（　）	② トースター	（　）
③ せんたく機	（　）	④ 電球	（　）
⑤ スピーカー	（　）	⑥ アイロン	（　）

まとめテスト

電流のはたらき

月　日　名前　　/100点

1 かん電池、電流計、電磁石（でんじしゃく）をつなぎ、回路をつくります。電流計を使って電磁石に流れる電流の強さをはかります。（1つ6点）

(1) 導線（どうせん）㋐と㋒は、かん電池の㋓、㋔のどちらにつなぎますか。

㋐―（　　　）　㋒―（　　　）

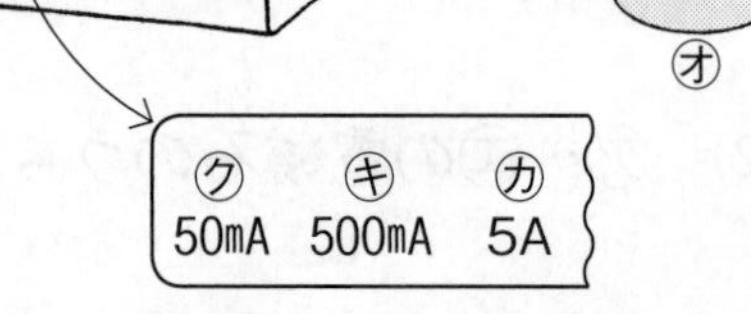

(2) 電磁石の導線㋑を電流計の一たんしにつなぐとき、最初につなぐのは㋕、㋖、㋗のどのたんしですか。

（　　　）

(3) たんし㋖を使って電流をはかりました。はりは右の図のようになりました。電流の強さはいくらですか。

（　　　）

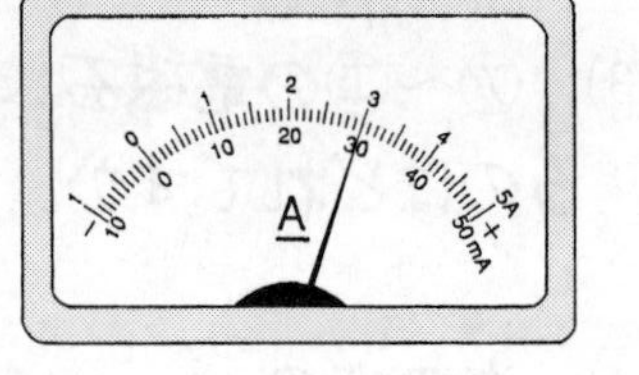

2 図を見て、あとの問いに答えましょう。（1つ6点）

(1) 図㋐のように、導線を何回も同じ向きにまいたものを何といいますか。（　　　）

(2) 図㋑に電流を流すと磁石のはたらきをしました。このようなものを何といいますか。（　　　）

(3) 次のものの中で、鉄くぎの代わりになるものに○、ならないものに×をかきましょう。

① アルミぼう（　）　② ガラスぼう（　）

③ はり金（　）

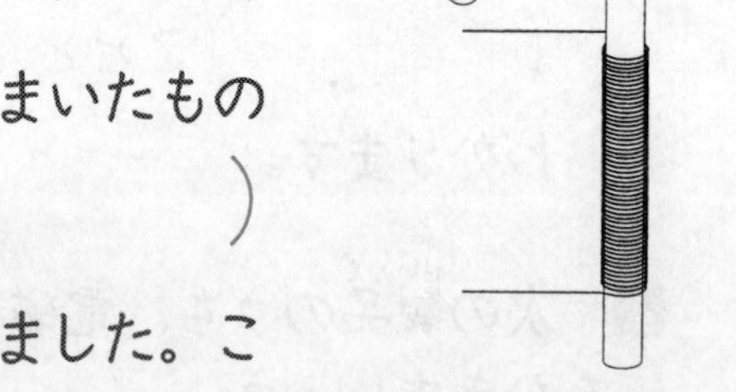

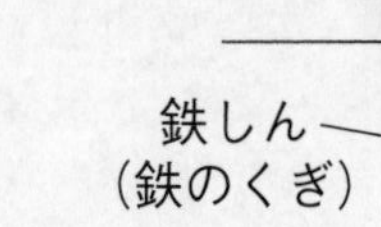

3 図を見て、あとの問いに答えましょう。

㋐ 100回まき　㋑ 200回まき　㋒ 100回まき　㋓ 200回まき

(1) ㋐～㋓にクリップをたくさんつけました。次の2つを比（くら）べたとき、クリップがたくさんつく方に○をしましょう。（1つ6点）

（　）㋐と㋑（　）　（　）㋐と㋒（　）

（　）㋑と㋓（　）

(2) ㋐～㋓のうち、一番多くクリップがつくのはどれですか。（6点）

（　　　）

(3) 電磁石に方位磁しんを近づけると、右の図のようになりました。Ⓐは何極ですか。（6点）

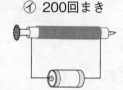

（　　　）

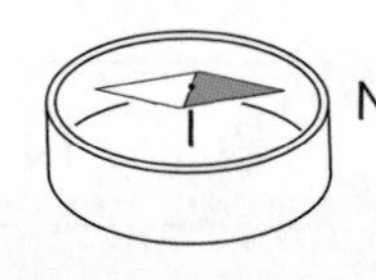

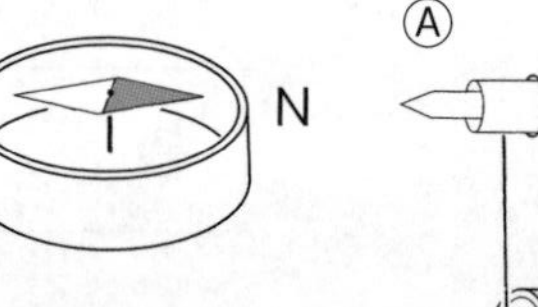

(4) (3)の状態（じょうたい）から電池の向きとくぎの向きを変えたときの方位磁しんのはりはそれぞれどうなりますか。記号をかきましょう。（各5点）

㋐　㋑

① 電池の向きを変えた（　　　）

② くぎの向きを変えた（　　　）

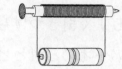

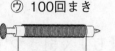

(5) 図のような、かん電池の代わりになるそう置を何といいますか。（6点）

（　　　）

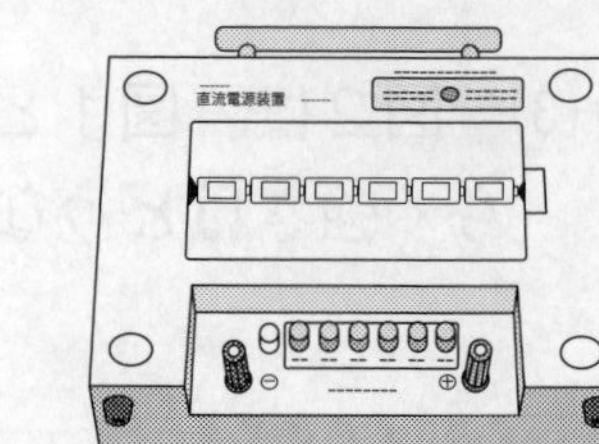

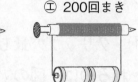

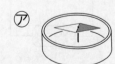

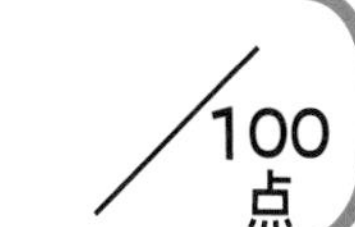
まとめテスト

電流のはたらき

月　　日　名前　　　／100点

1 電磁石（でんじしゃく）のはたらきを調べるために、エナメル線、鉄くぎ、かん電池を使って、次の㋐～㋕のような電磁石をつくりました。

㋐ 100回まき　㋑ 150回まき　㋒ 100回まき

㋓ 150回まき　㋔ 100回まき　㋕ 150回まき

これらの電磁石を使った実験(1)～(5)について、（　　）にあてはまる記号をかきましょう。（1つ5点）

(1) エナメル線のまき数と電磁石の強さの関係を調べるためには、㋐と（　　）を比（くら）べます。

(2) 電流の強さと電磁石の強さの関係を調べるためには、㋐と（　　）を比べます。

(3) 電磁石の強さが一番強かったのは（　　）です。

(4) 電磁石の強さが、だいたい同じだったのは、（　　）と（　　）です。

(5) つなぎ方がまちがっていて、電磁石のはたらきがなかったのは（　　）です。

2 モーターについて、あとの問いに答えましょう。（1つ5点）

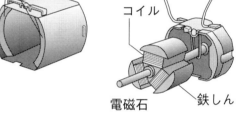

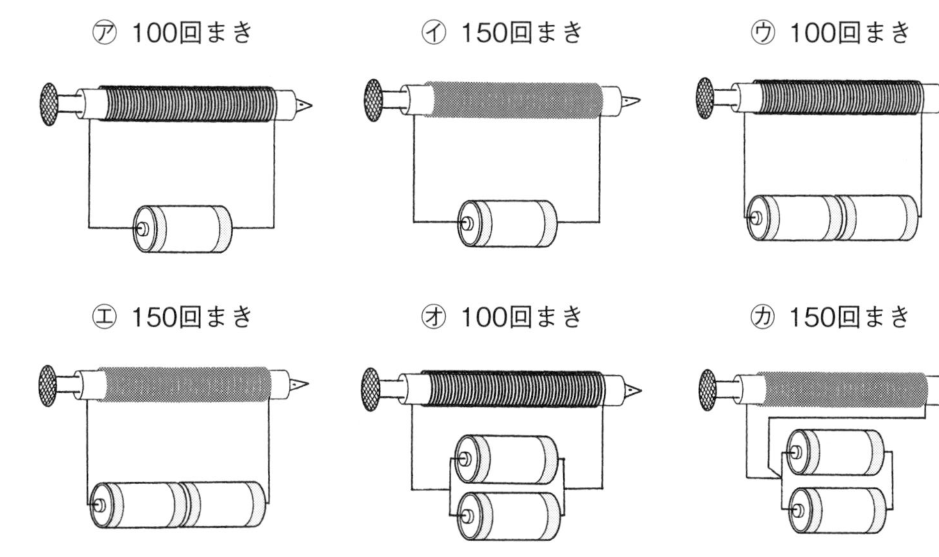

(1) 右の図は、モーターのしくみを表しています。図のⒶには何がありますか。

（　　　　）

(2) 次の（　　）にあてはまる言葉をかきましょう。

モーターは、電磁石の極と（　　　　）の極とが、引きあったり、しりぞけあったりして（　　　　）します。

(3) 次のうち、モーターが使われているものには○、使われていないものには×をかきましょう。

（　）電気自動車　（　）リニアモーターカー

（　）せん風機　（　）かい中電灯

3 永久（えいきゅう）磁石と電磁石の両方にあてはまる文に○、電磁石だけにあてはまる文に△、どちらにもあてはまらない文に×をかきましょう。（各5点）

①（　）どちらの方向にも動けるようにすると、南北をさします。

②（　）磁石の力を強くすることができます。

③（　）N極、S極をかんたんに変えることができます。

④（　）1円玉を引きつけます。

⑤（　）同じ極は反発し、ちがう極は引きつけます。

⑥（　）磁石の力を発生させたり、なくしたりできます。

⑦（　）N極、S極があります。

まとめテスト

電流のはたらき

月　日　名前

1 次の(　)にあてはまる言葉をかきましょう。（各５点）

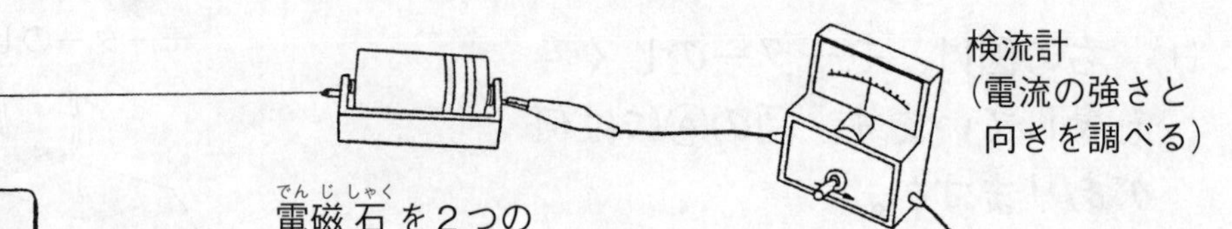

スイッチを入れて電流を流すと、㋐の方位磁しんのN極が右の方にふれました。つまり、電磁石のはしAが(①　　)極になっていることがわかります。このことから、Bは(②　　)極、そして、㋑の方位磁しんのN極は(③　　)にふれます。

次に、かん電池の向きを変え、流れる(④　　)の向きを逆にすると、電磁石のはしAが(⑤　　)極、Bが(⑥　　)極になります。電流の向きが逆になると、電磁石の極は、(⑦　　　　)。

2 図を見て、あとの問いに答えましょう。（各５点）

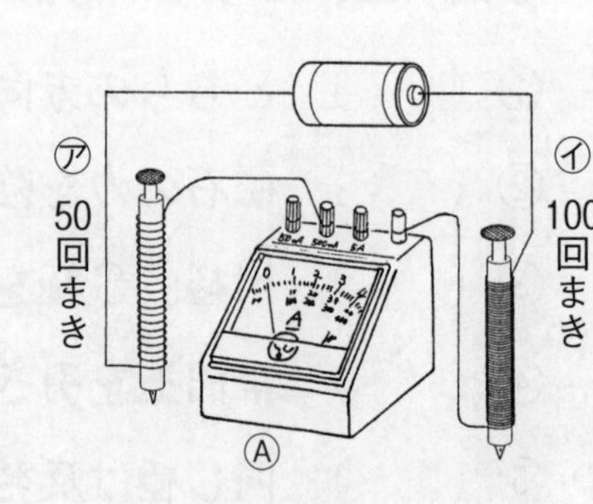

(1) 図のⒶを何といいますか。
(　　　　)

(2) 図のようなつなぎ方を何といいますか。
(　　　　)

(3) 電磁石㋐、㋑の磁石のはたらきをする力は、どちらが大きいですか。
(　　　　)

3 次の文章の――の部分が、正しければ○を、正しくなければ正しい言葉を(　)にかきましょう。（各５点）

(1) 電磁石の極は、電池の極を反対につなぐと、反対になります。(　　)コイルのまき数を増やしても、電磁石の強さは変わりません。(　　)

(2) ２個のかん電池を直列(　　)につないだら、１個のときよりエナメル線に強い電流が流れ、電流が強いほど電磁石の力は強くなります。(　　)

(3) 電磁石も両はしに、十極・一極(　　)ができ、鉄を引きつける力は、この部分が最も弱くなります。(　　)

(4) モーターは、電磁石(　　)の極を自由に変えられることを利用して、永久磁石(　　)と電磁石の引きあう力や反発する力で回転します。

4★ コイルのまき数を変えずに、電池を２個直列につなぎました。モーターの回転する速さはどうなりますか。その理由もかきましょう。（10点）

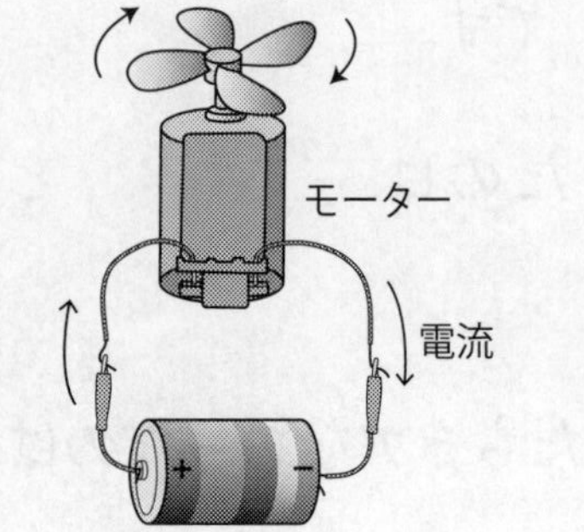

[　　　　　　　　]

理科ゲーム

クロスワードクイズ

月　　日　名前

クロスワードにちょう戦しましょう。コ・ゴ、ケ・ゲ、ヒ・ビ、サ・ザ、キ・ギ、シ・ジ、ユ・ュは同じとします。

①❶			②	③		④
			❺			
❻	⑦					
			⑧		❾	
⑩❿		⑪				
		⓬			⑬	
		⓮			⓯	

タテのかぎ

① ○○○、根を食べる野菜です。きんぴらがおいしいよ。

② 空気中に出た水じょう気が冷やされて、水つぶになったもののことです。

③ ウナギのような体型（たいけい）で、サンゴのあなにかくれ、魚などをおそいます。するどい歯を持つ、どうもうな魚です。

④ チョウ、アブなど花のみつをすいにきます。人間の役に立つ虫で、○○○○○とよばれています。

⑦ 大地の底。地面のずっと深いところです。

⑧ ○○○○作用。水の流れが運んだ土やすなを積もらせることです。

⑩ キュウリ、メロンなどの仲間で夏によく食べられます。

⑪ 星の集まりを動物に見立てて名をつけたものです。サソリ、ハクチョウなど。

⑬ うでの中ほどにある関節のことです。足の方でいうならひざです。

ヨコのかぎ

❶ 体が頭・むね・はらに分かれ足が６本ある虫のことです。

❺ 動物の体内をめぐる液（えき）体のことです。人間では赤色をしています。

❻ あおいで風をおこす用具のことです。似（に）たものにせんすがあります。

❾ ６月から７月にかけて続く長雨のことです。梅雨とかきます。

❿ 太陽けいのわく星で太陽にもっとも近い星です。
○○、金、地、火、木といって覚えました。

⓬ 大型（おおがた）のエビです。三重県の地名がついています。

⓮ 鳥の名。姫路城（ひめじじょう）はシラ○○城ともよばれています。

⓯ ○○ュウ。女性（じょせい）の体にある赤ちゃんを育てる器官のことです。

理科ゲーム

答えは、どっち？

月　　日　名前

正しいものを選んでね。

1　川には、上流と下流がありました。大きな石があるのは、どっち？

（　　　　　　　　）

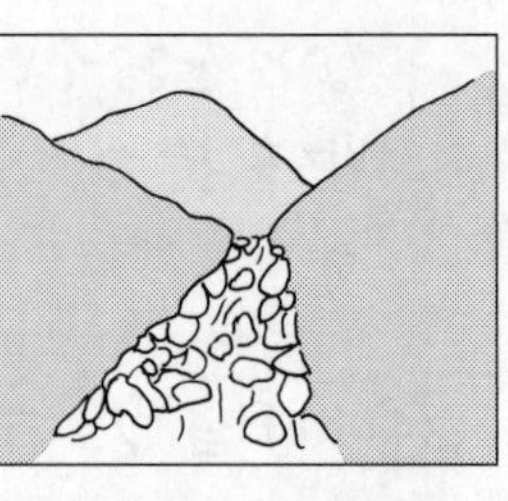

2　電流計を学習しました。電流計の十たんしは、図のⒶ、Ⓑどっち？

（　　　　　　　　）

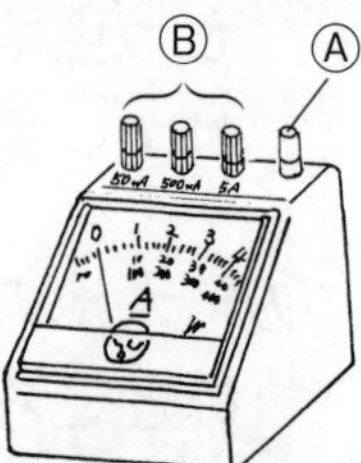

3　雲の量で、晴れ、くもりの天気が決まりました。雲の量が全体10のうち7なら、天気はどっち？

（　　　　　　　　）

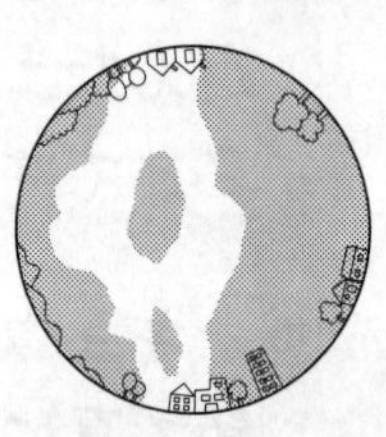

4　でんぷんにヨウ素液をつけると色が変化しました。赤むらさき色、青むらさき色のどっち？

（　　　　　　　　）

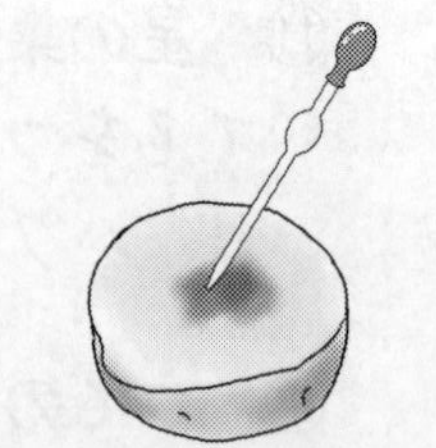

5　たまごからかえったばかりのメダカは2～3日、えさはいりますか。それともいりませんか。どっち？

（　　　　　　　　）

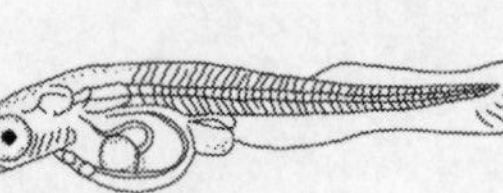

6　アブラナとカボチャの花を習いました。おばな、めばなの区別があるのはどっち？

（　　　　　　　　）

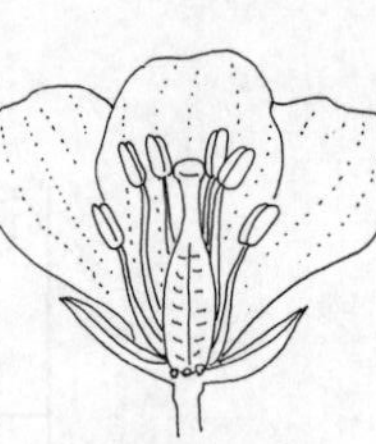

7　花粉はこん虫に運ばれたり、風によって運ばれたりします。マツの花粉はどっち？

（　　　　　　　　）

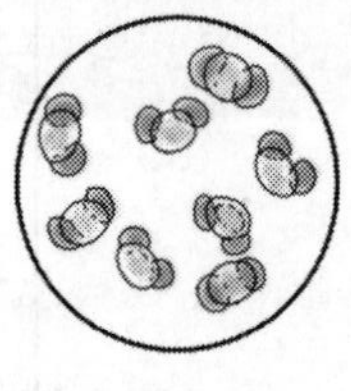

8　食塩とミョウバンがあります。水50mLにとける量が温度によって大きく変化するのは、どっち？

（　　　　　　　　）

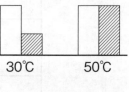

9　ふりこの長さは、Ⓐ、Ⓑのどっち？

（　　　　　　　　）

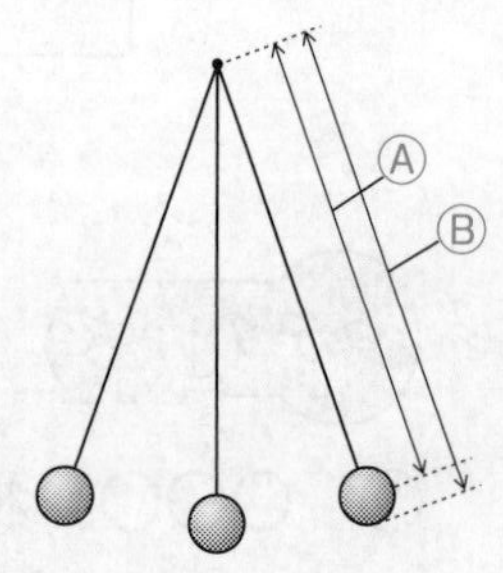

10　ヒトもゾウも母親の体内で赤ちゃんを育てます。母親の体内にいる期間が長いのはどっち？

（　　　　　　　　）

理科めいろ

◆　あとの5つの分かれ道の問題に正しく答えて、ゴールに向かいましょう。

月　　日　名前

問題

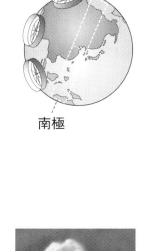

①　けんび鏡をのぞくと、見たい部分が右はしにありました。これを中央に移動させるには、プレパラートを右に動かします。
○か、×か？

②　イルカもクジラと同じようにせなかの鼻のあなで息つぎをします。
○か、×か？

③　方位磁しんのはりが北をさすのは、地球の北極がS極になっているからです。
○か、×か？

④　夏にくる台風が、日本の近海までやってくると、進路を東にとるのは、日本海流にえいきょうされるからです。
○か、×か？

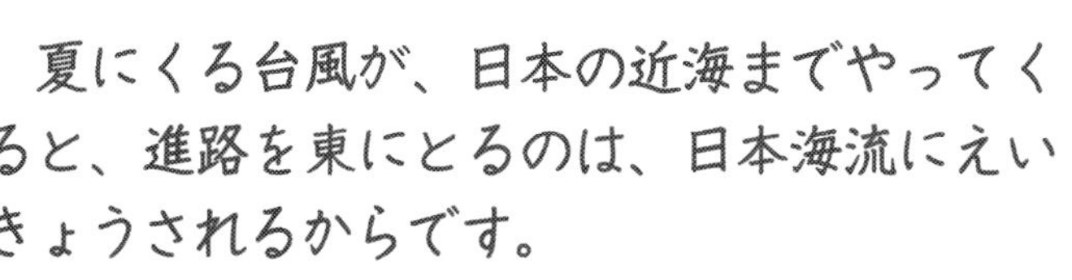

⑤　入道雲の中の水じょう気が冷やされて氷になったものをヒョウやアラレとよびます。小さい方がヒョウです。
○か、×か？

理科ゲーム

まちがいを直せ！

月　　日　名前

正しい言葉に直しましょう。

1 **あんぱん作用？**（　　　　）

流れる水のはたらきで、土やすなを運びます。

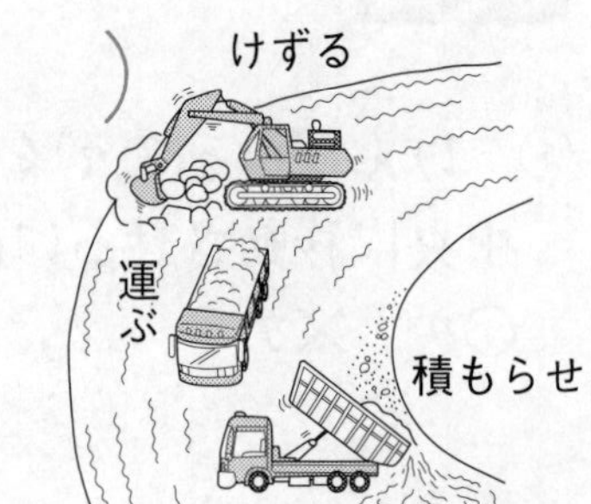

2 **じゅう道雲？**（　　　　）

夏の暑い日によく見られる雲です。
短い時間に、はげしい雨をふらせます。

3 **ゆれはば？**（　　　　）

ふりこは、Ⓐを変えても１往復（おうふく）する時間は変わりません。

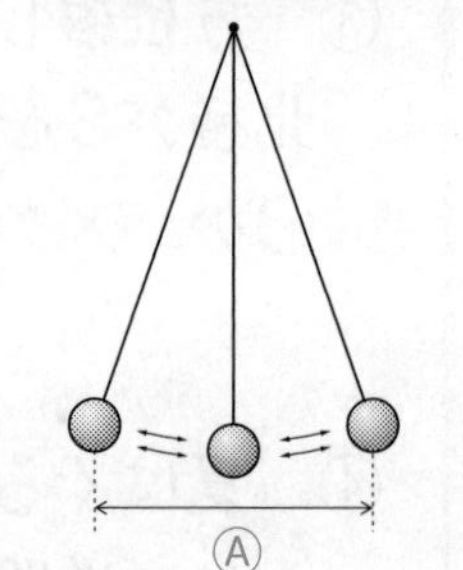

4 **白葉箱？**（　　　　）

中に、温度計やしつ度計などが入っています。

5 **オスシリンダー？**（　　　　）

水よう液（えき）などの体積をはかるときに使います。目もりは、液面のへこんだ部分を真横から読みます。

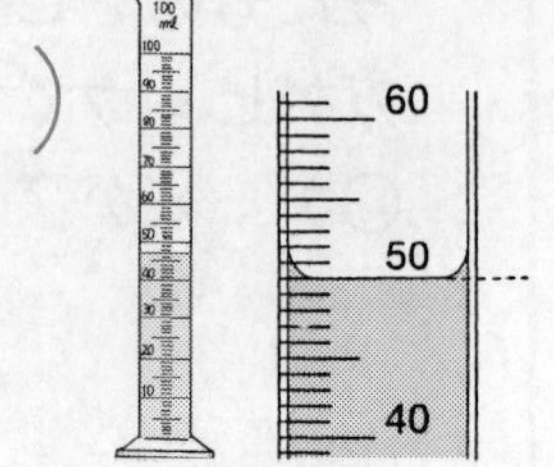

6 **アメデス？**（　　　　）

全国におよそ1300か所ある気象観測（かんそく）そう置です。

7 **酸素液？**（　　　　）

これを使うと、でんぷんがあるかを調べることができます。

8 **月曜液？**（　　　　）

ものが水にとけた液のことをいいます。つぶが見えない、すきとおっていることをいいます。

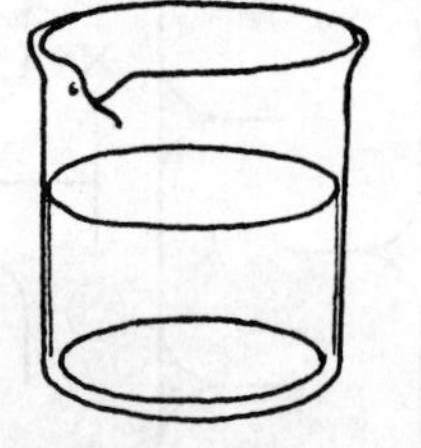

9 **横列つなぎ？**（　　　　）

かん電池２個（こ）のつなぎ方で、かん電池１個のときと同じ強さの電流が流れます。

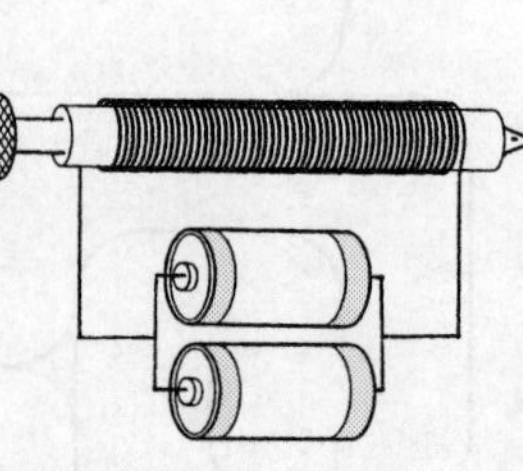

10 **電気石？**（　　　　）

コイルに電流を流すと磁石（じしゃく）の力を発生させます。モーターなどに利用されています。

答えの中にある※について
※⑤⑥は、⑤、⑥に入る言葉は、その順番は自由です。

れい

植物の発芽と成長 ⑤
発芽と成長

1 図のように、同じくらいの大きさに育っている3本のインゲンマメをバーミキュライト（肥料のない土）に植えかえて実験しました。

(1) 次の（　）にあてはまる言葉を□から選んでかきましょう。

㋐と㋑を比べると、インゲンマメの成長と（①肥料）の関係を調べることができます。このとき、同じにする条件は、（②水）をやることと、（③日光）にあてることです。

また、㋐と㋒を比べると、インゲンマメの成長と（④日光）の関係を調べることができます。このとき、同じにする条件は、（⑤水）と（⑥肥料）をやることです。　※⑤⑥

(2) ㋐〜㋒の結果として、正しいものを線で結びましょう。

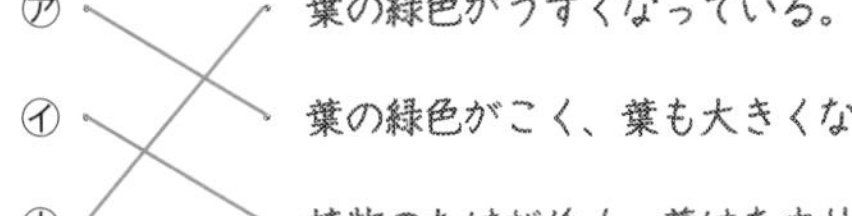

㋐　葉の緑色がうすくなっている。
㋑　葉の緑色がこく、葉も大きくなっている。
㋒　植物のたけが低く、葉はあまり大きくなっていない。

植物の発芽と成長 ①
発芽の条件

1 次のように種子が発芽する条件を調べました。表の（　）にあてはまる言葉を□から選んでかきましょう。

(1) 発芽に水が必要かどうか調べました。[実験(1)]

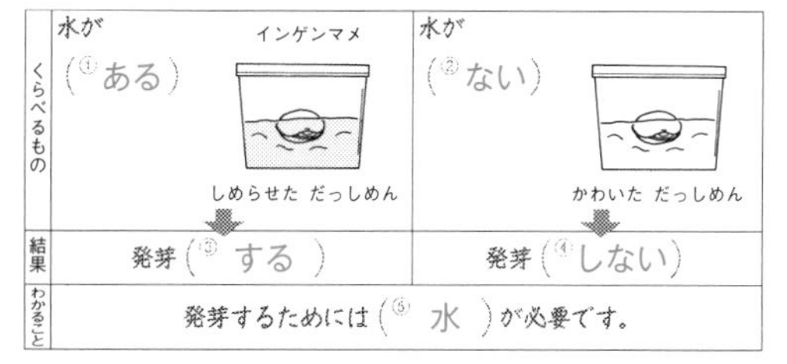

くらべるもの	水が（①ある）　インゲンマメ　しめらせた だっしめん	水が（②ない）　かわいた だっしめん
結果	発芽（③する）	発芽（④しない）
わかること	発芽するためには（⑤水）が必要です。	

ある　ない　する　しない　水

(2) 発芽に空気が必要かどうか調べました。[実験(2)]

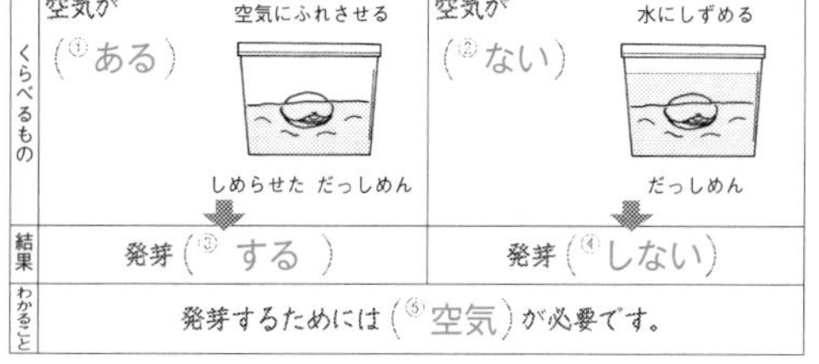

くらべるもの	空気が（①ある）　空気にふれさせる　しめらせた だっしめん	空気が（②ない）　水にしずめる　だっしめん
結果	発芽（③する）	発芽（④しない）
わかること	発芽するためには（⑤空気）が必要です。	

ある　ない　する　しない　空気

5

月　日　名前

ポイント　植物の発芽には、水・空気・適当な温度が必要であることを学びます。

(3) 発芽に適当な温度が必要かどうか調べました。[実験(3)]

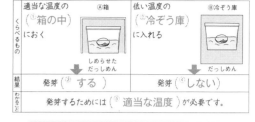

くらべるもの	適当な温度の（①箱の中）におく　Ⓐ箱　しめらせた だっしめん	低い温度の（②冷ぞう庫）に入れる　Ⓑ冷ぞう庫　だっしめん
結果	発芽（③する）	発芽（④しない）
わかること	発芽するためには（⑤適当な温度）が必要です。	

する　しない　箱の中　冷ぞう庫　適当な温度

2 1の(1)〜(3)の実験を表にまとめました。表の（　）にあてはまる言葉を□から選んでかきましょう。

	変える条件	同じにする条件
実験(1)	（水）が あるかないか。	・（空気）がある ・（適当な温度）がある
実験(2)	（空気）が あるかないか。	・（水）がある ・（適当な温度）がある
実験(3)	（適当な温度）が あるかないか。	・（水）がある ・（空気）がある

水　空気　適当な温度　◉3回ずつ使います

植物の発芽と成長 ②
発芽の条件

1 インゲンマメの種子の発芽について、実験①〜⑥をしました。

(1) 水と発芽の関係を調べるには、どの実験とどの実験を比べるのがよいですか。㋐〜㋒から選びましょう。
㋐ ①と⑤　㋑ ③と⑤　㋒ ②と③　（㋑）

(2) 空気と発芽の関係を調べるには、どの実験とどの実験を比べるのがよいですか。㋐〜㋒から選びましょう。
㋐ ③と⑤　㋑ ②と③　㋒ ②と④　（㋑）

(3) 温度と発芽の関係を調べるには、どの実験とどの実験を比べるのがよいですか。㋐〜㋒から選びましょう。
㋐ ④と⑥　㋑ ⑤と⑥　㋒ ②と⑥　（㋐）

(4) ①〜⑥の実験の結果、発芽するものはどれですか。
（①）（③）（④）

(5) この実験から発芽に必要な3つの条件をかきましょう。
（水）（空気）（適当な温度）

6

月　日　名前

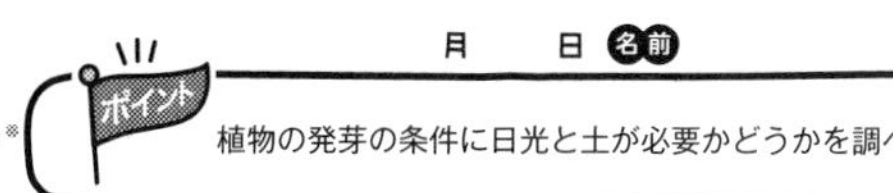

植物の発芽の条件に日光と土が必要かどうかを調べます。

2 インゲンマメの種子の発芽の条件を調べました。（　）にあてはまる言葉を□から選んでかきましょう。

(1) 発芽に土が必要かどうか調べる実験をしました。

㋐には、土が（①なく）、㋑には、土が（②あります）。
㋐、㋑のどちらにも水をあたえます。
すると、㋐、㋑どちらも発芽（③しました）。これから、発芽に土は（④必要ありません）。

ありません　なく　しました　必要ありません

(2) 発芽に肥料が必要かどうか調べる実験をしました。

㋒
肥料の入ったしめった土
㋓
肥料の入っていないしめった土

㋒には、肥料が（①あり）、㋓には、肥料が（②ありません）。
㋒、㋓のどちらにも水をあたえます。
すると、㋒、㋓どちらも発芽（③しました）。これから、発芽に肥料は（④必要ありません）。

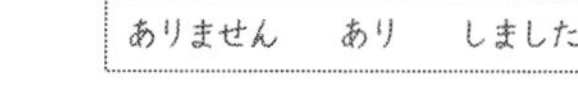

植物の発芽と成長 ③
種子のつくり

■1 次の(　)にあてはまる言葉を□から選んでかきましょう。

(1) インゲンマメの種子を数時間水につけ、やわらかくなった種子を2つに切ると㋐のようになりました。

① (はいじく) 発芽して、根・くき・葉になります。
② (種皮) 種子を守っています。
③ (子葉) 養分をたくわえています。

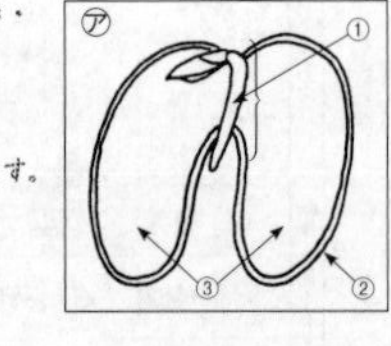

はいじく　種皮　子葉

(2) トウモロコシの種子を2つに切ると㋑のようになりました。

① (はいにゅう) 養分をたくわえています。
② (はい) 発芽して、根・くき・葉になります。
③ (種皮) 種子を守っています。

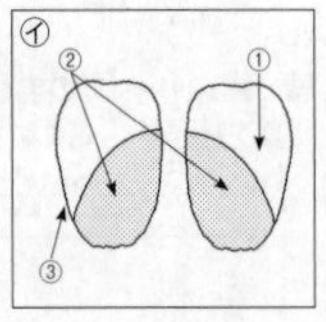

種皮　はい　はいにゅう

(3) インゲンマメの種子を半分に切り、切り口に(①ヨウ素液)をつけると、(②青むらさき色)になります。
このことから、種子にふくまれている養分は、(③でんぷん)だとわかります。

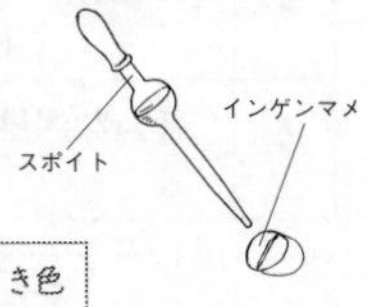

でんぷん　ヨウ素液　青むらさき色

月　日　名前

ポイント 植物の種子のつくりを調べ、発芽のようすを学びます。

■2 右の図は、発芽してしばらくたったインゲンマメのようすを表したものです。

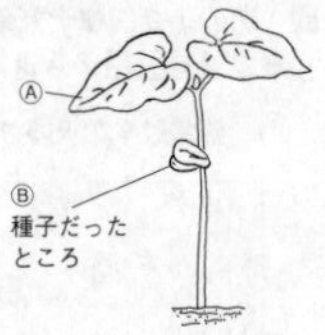

(1) 図のⒶ、Ⓑの名前を□から選んでかきましょう。
Ⓐ (本葉)　Ⓑ (子葉)

子葉　本葉

(2) 発芽する前にインゲンマメにヨウ素液をつけました。何色に変わりますか。次の中から選びましょう。 (㋑)
㋐ 赤むらさき色　㋑ 青むらさき色　㋒ 変わらない

(3) 色が変わると何があることがわかりますか。次の中から選びましょう。 (㋐)
㋐ でんぷん　㋑ 空気　㋒ 水

(4) 種子だったところⒷにヨウ素液をつけてみました。色はどうなりますか。次の中から選びましょう。 (㋒)
㋐ 赤むらさき色　㋑ 青むらさき色　㋒ 変わらない

(5) 種子だったところⒷのようすは、発芽する前とくらべてどうなっていますか。次の中から選びましょう。 (㋐)
㋐ 発芽する前よりも、小さくなってしおれています。
㋑ 発芽する前よりも、少し大きくなっています。
㋒ 発芽する前と変わりません。

(6) 種子だったところⒷが、(5)のようになったのはなぜですか。次の中から選びましょう。 (㋒)
㋐ 発芽するのに、養分は必要ないので。
㋑ 発芽したあとに栄養がたまったので。
㋒ 発芽して大きくなるのに養分が使われたので。

7

植物の発芽と成長 ④
日光と養分

■1 日光と植物の成長との関係を次のようにして調べました。表の(　)にあてはまる言葉を□から選んでかきましょう。

		日光に(①あてる)	日光に(②あてない)
くらべること		肥料を入れた水をあたえる 	肥料を入れた水をあたえる 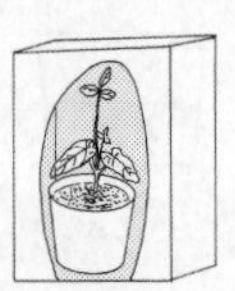
結果	葉の色	(③こい緑色)	(④うすい緑色)
	葉の数	(⑤多い)	(⑥少ない)
	くき	(⑦よくのびてしっかりしている)	(⑧細くてひょろりとしている)
わかること		植物がよく育つためには(⑨日光)が必要です。	

あてる　あてない　こい緑色　うすい緑色
多い　少ない　よくのびてしっかりしている
細くてひょろりとしている　日光

月　日　名前

ポイント 植物の成長に、日光と肥料がどのように関係するかを学びます。

■2 肥料と植物の成長との関係を次のようにして調べました。表の(　)にあてはまる言葉を□から選んでかきましょう。

		(①肥料をとかした水)をあたえる	水をあたえる
くらべること		日光にあてる 	日光にあてる 
結果	葉の色	(②こい緑色)	(③こい緑色)
	葉の数	(④多い)	(⑤少ない)
	くき	(⑥よくのびてしっかりしている)	(⑦あまりのびない)
わかること		植物がよく育つためには(⑧肥料)が必要です。	

肥料をとかした水　こい緑色　こい緑色　多い　少ない
よくのびてしっかりしている　あまりのびない　肥料

■3 ■1■2の実験から、植物の成長に必要なもの2つをかきましょう。
(日光)(肥料)

■4 ■1■2の実験をするにあたって、そろえておかなければならない条件が3つあります。発芽のときにも必要です。何でしょう。
(水)(空気)(適当な温度)

8

植物の発芽と成長 ⑤
発芽と成長

■1 図のように、同じくらいの大きさに育っている3本のインゲンマメをバーミキュライト(肥料のない土)に植えかえて実験しました。

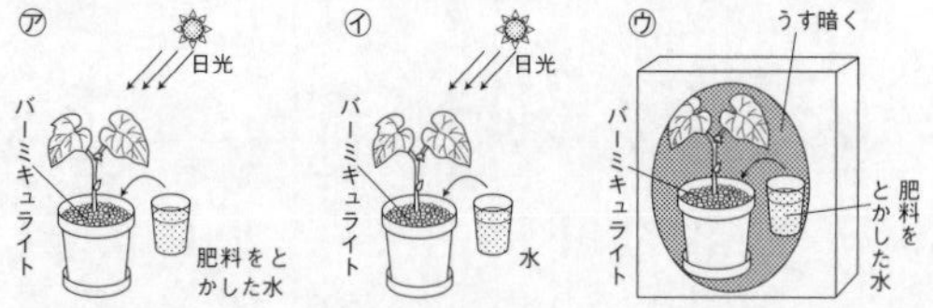

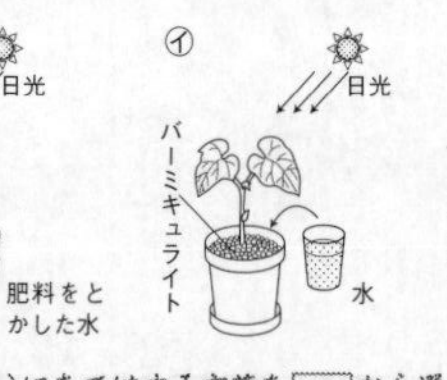

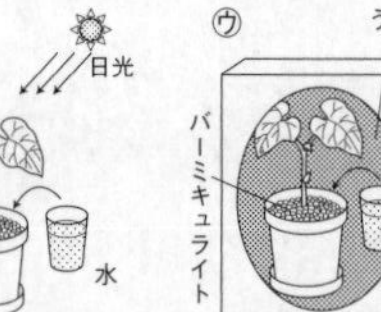

(1) 次の(　)にあてはまる言葉を□から選んでかきましょう。
㋐と㋑を比べると、インゲンマメの成長と(①肥料)の関係を調べることができます。このとき、同じにする条件は、(②水)をやることと、(③日光)にあてることです。
また、㋐と㋒を比べると、インゲンマメの成長と(④日光)の関係を調べることができます。このとき、同じにする条件は、(⑤水)と(⑥肥料)をやることです。 ※⑤⑥

水　肥料　日光　●2回ずつ使います

(2) ㋐〜㋒の結果として、正しいものを線で結びましょう。
㋐ ― 葉の緑色がこく、葉も大きくなっている。
㋑ ― 植物のたけが低く、葉はあまり大きくなっていない。
㋒ ― 葉の緑色がうすくなっている。

月　日　名前

ポイント 植物の成長には、水・空気・適当な温度・日光・肥料(養分)が必要なことを学びます。

■2 図は、■1の実験をはじめて、およそ10日後のようすです。図を見て、あとの問いに答えましょう。

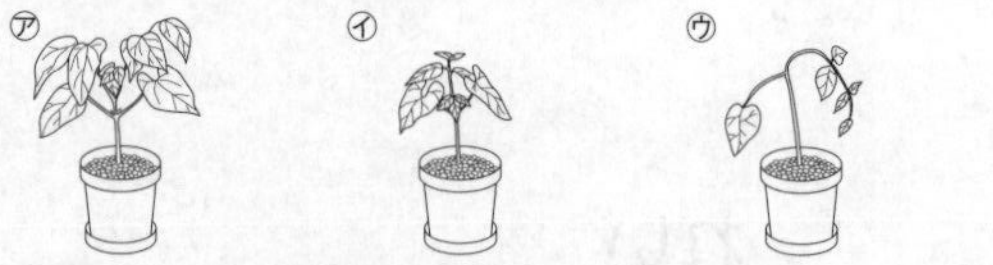

(1) ㋐と㋑の育ち方について比べました。次の①〜⑤はどちらのことですか。㋐、㋑の記号で答えましょう。
① くきは、太くなっています。 (㋐)
② くきは、やや細く、弱よわしくなっています。 (㋑)
③ 葉の大きさは、はじめたときとあまり変わりません。 (㋑)
④ 葉の大きさは、はじめたときより大きくなっています。 (㋐)
⑤ 2つの葉の数を比べると、葉の数が多くなっています。 (㋐)

(2) ㋐と㋒の育ち方について比べました。次の①〜⑥はどちらのことですか。㋐、㋒の記号で答えましょう。
① くきは、ひょろひょろとしていて細くなっています。 (㋒)
② くきは、太くしっかりしています。 (㋐)
③ 葉は大きく、数も多くなっています。 (㋐)
④ 葉が小さく、数も少なくなっています。 (㋒)
⑤ くきや葉の色は、緑色がこくなっています。 (㋐)
⑥ くきや葉の色は、緑色がうすくなっています。 (㋒)

9

植物の発芽と成長 ⑥
発芽と成長

■1 図を見て、あとの問いに答えましょう。

(1) 発芽してしばらくすると、ⒶがⒷのように育ちます。Ⓐの①〜④の部分は、Ⓑの㋐〜㋓のどの部分になりますか。記号をかきましょう。
① (㋐)
② (㋒)
③ (㋓)
④ (㋑)

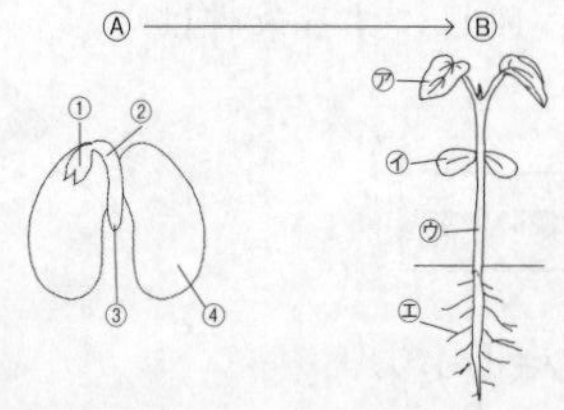

(2) 次の(　)にあてはまる言葉を□から選んでかきましょう。
ヨウ素液は、何もつけないときは、(①茶かっ色)をしています。発芽前のインゲンマメの子葉にヨウ素液をつけると青むらさき色に(②変わります)。
発芽後、種子だったところにヨウ素液をつけると、色は(③変わりません)。
発芽によって養分の(④でんぷん)が使われたためです。
でんぷんは種子によって、形がちがいます。 
でんぷんをふくむものに(⑤ご飯)、(⑥うどん)、(⑦じゃがいも)などがあります。 ※⑤⑥⑦

茶かっ色　変わりません　変わります　うどん
ご飯　でんぷん　じゃがいも

月　日　名前

ポイント 発芽の3条件と成長の2条件(日光・肥料)をたしかめます。

■2 次の(　)にあてはまる言葉を□から選んでかきましょう。

(1) 土の中に植物の種子をまいて、水をやると発芽します。種子が発芽する3つの条件は(①水)と(②空気)と(③適当な温度)です。土は、発芽するための条件ではありません。また、種子には発芽するために養分として使われる(④子葉)とよばれる部分があり、(⑤肥料)も、発芽するための条件ではありません。 ※①②③

水　肥料　空気　適当な温度　子葉

(2) 同じぐらいに育ったインゲンマメのなえを肥料のあるもの、ないもの、日光のあたるもの、あたらないもので育てました。2週間後

㋐は葉の緑色がこく、葉も(①大きく)なっていました。㋑は植物のたけが(②低く)、葉はあまり大きくなっていませんでした。
㋒は葉の緑色が(③うすく)なっていました。
植物が成長するには(④日光)と(⑤肥料)が必要なことがわかりました。 ※④⑤

日光　肥料　低く　うすく　大きく

10

植物の発芽と成長

月　日　名前　／100点

1 右の図はインゲンマメの種子のつくりを表したものです。（1つ6点）

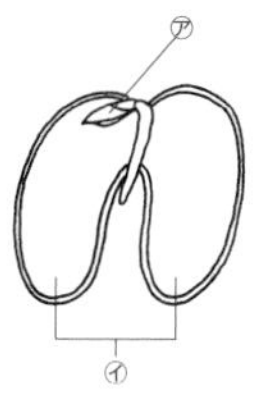

(1) 発芽したあと、本葉やくきに育つところは㋐、㋑のどちらですか。（㋐）

(2) 発芽のときに使う養分を多くふくんでいるのは、㋐、㋑のどちらですか。（㋑）

(3) ㋐、㋑の部分を何といいますか。□から選んでかきましょう。

（㋐ よう芽）（㋑ 子葉）

よう芽　子葉

(4) インゲンマメの種子にうすいヨウ素液をつけると、㋑の部分が青むらさき色になりました。ここにあった養分の名前をかきましょう。（でんぷん）

2 発芽してしばらくすると、ⒶがⒷのように育ちます。Ⓐの①〜④の部分は、Ⓑの㋐〜㋓のどの部分になりますか。（1つ5点）

（① ㋐）
（② ㋓）
（③ ㋒）
（④ ㋑）

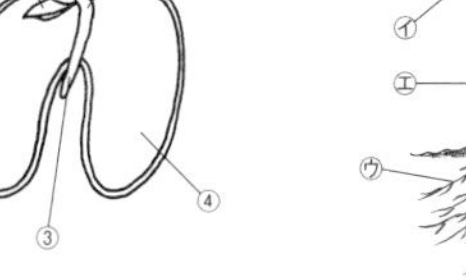

3 インゲンマメの種子の発芽について、実験をしました。（1つ5点）

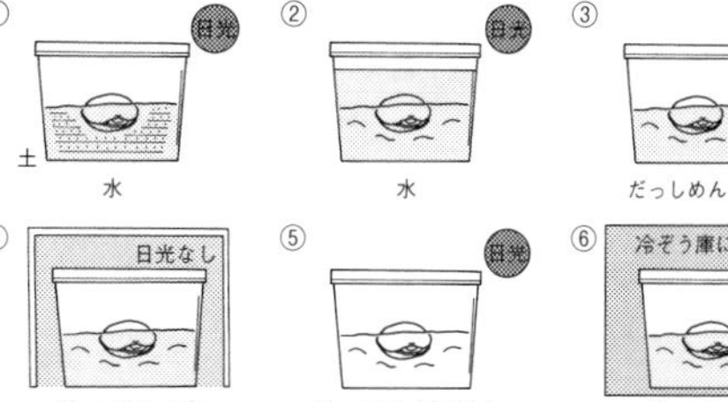

(1) 次の㋐〜㋒の関係を調べるにはどの実験を比べればよいですか。あてはまるものを線で結びましょう。

㋐ 空気と発芽 ―― ②と③
㋑ 水と発芽 ―― ③と⑤
㋒ 温度と発芽 ―― ④と⑥

(2) ①〜⑥の実験の結果、発芽するものはどれですか。（①）（③）（④）

(3) ①と③を比べると、発芽と何について調べることができますか。

発芽と（土）の関係

(4) この実験から発芽に必要な3つの条件をかきましょう。

（水）（空気）（適当な温度）

植物の発芽と成長

月　日　名前　／100点

1 同じぐらいに育ったインゲンマメのなえを、肥料のない土に植えて育てました。（(1)〜(3)1つ6点）

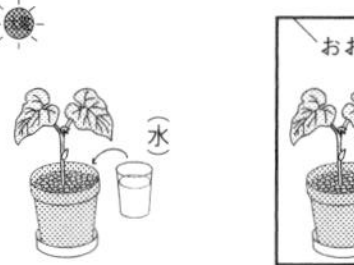
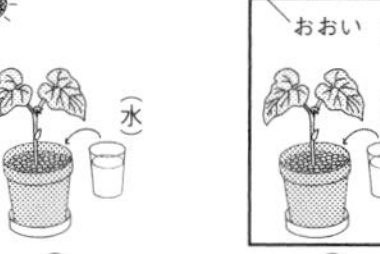

(1) ㋐と㋑を比べると、植物の成長に必要なものがわかります。それは何ですか。（肥料）

(2) ㋐と㋒を比べると、植物の成長に必要なものがわかります。それは何ですか。（日光）

(3) ㋐と㋑、㋐と㋒で同じにする条件は何ですか。□から選んで記号をかきましょう。

	㋐と㋑		㋐と㋒	
同じにする条件	（Ⓐ）	（Ⓒ）	（Ⓑ）	（Ⓒ）

Ⓐ 日光にあてる　Ⓑ 肥料をあたえる　Ⓒ 適当な温度にする

(4) 実験をはじめてから2週間後には、㋐〜㋒はどのようになっていますか。（　）に記号をかきましょう。（1つ5点）

① 植物のたけが低く、葉はあまり大きくなっていません。（㋑）
② 葉の緑色がこく、葉も大きくなっています。（㋐）
③ 葉の緑色がうすくなっています。（㋒）

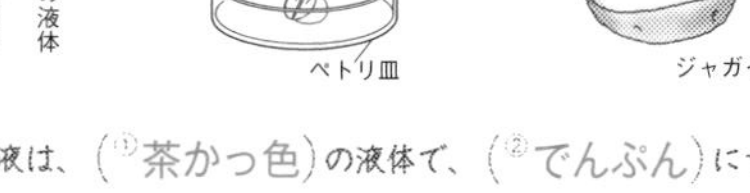

2 ヨウ素液の性質について、次の（　）にあてはまる言葉を□から選んでかきましょう。（1つ7点）

(1) ヨウ素液は、（① 茶かっ色）の液体で、（② でんぷん）につけると（③ 青むらさき色）に変わります。

青むらさき色　茶かっ色　でんぷん

(2) ご飯やパンにも（① でんぷん）がふくまれているので、ヨウ素液をつけると（② 青むらさき色）に変わります。

でんぷん　青むらさき色

(3) ヨウ素液をつけたとき、色が変わるのは、㋐、㋑のどちらですか。（㋐）

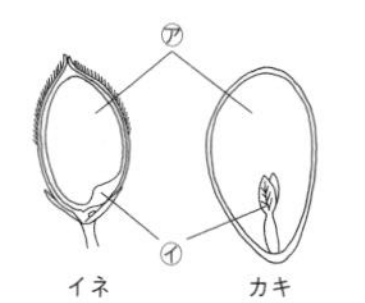
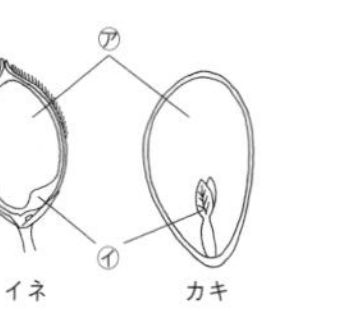

(4) (3)の色が変わる部分を何といいますか。○をつけましょう。

（はい・(はいにゅう)）

植物の発芽と成長

月　日　名前　／100点

1 インゲンマメやトウモロコシについて、あとの問いに答えましょう。（1つ5点）

(1) それぞれの部分の名前を□から選んでかきましょう。

（① 子葉）
（② はい）
（③ はいにゅう）

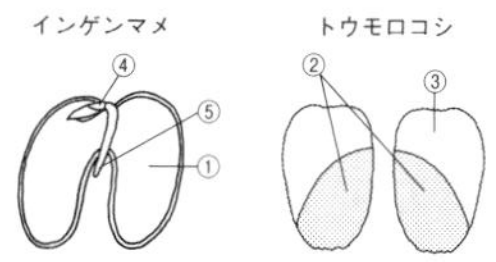

はい　はいにゅう　子葉

インゲンマメ　トウモロコシ

(2) 図の番号で答えましょう。

㋐ 発芽後、本葉になる部分はどこですか。（④）（②）
㋑ インゲンマメで、発芽後、小さくなる部分はどこですか。（①）
㋒ インゲンマメで、発芽して根になる部分はどこですか。（⑤）
㋓ インゲンマメの①と同じ役目をするトウモロコシの部分はどこですか。（③）
㋔ 養分をふくんでいる部分はどこですか。（①）（③）

(3) 養分があるかどうかを調べるのに使う薬品は、何ですか。（ヨウ素液）

(4) 養分があれば、何色に変化しますか。（青むらさき色）

(5) 養分の名前は何ですか。（でんぷん）

2 右の図は、発芽してしばらくたったインゲンマメのようすを表したものです。これについて、あとの問いに答えましょう。（1つ5点）

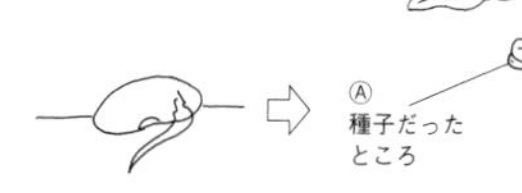

(1) Ⓐの種子だったところのようすは、発芽する前とくらべてどうなっていますか。次の㋐〜㋒から選びましょう。（㋐）

㋐ 小さくなってしおれています。
㋑ 少し大きくなっています。
㋒ 変わりません。

(2) Ⓐの種子だったところが、(1)のようになったのはなぜですか。次の㋐〜㋒から選びましょう。（㋒）

㋐ 発芽するのに、養分は必要ないので。
㋑ 発芽したあとに栄養がたまったので。
㋒ 発芽して大きくなるのに養分が使われたので。

(3) Ⓐの部分を何といいますか。（子葉）

(4) 図のように発芽したのは、水以外に何があったからですか。2つかきましょう。（空気）（適当な温度）

(5) 今後、さらに成長するために必要なものは何ですか。2つかきましょう。（日光）（肥料）

植物の発芽と成長

月　日　名前　／100点

1 インゲンマメの発芽について答えましょう。（1つ5点）

(1) （　）にあてはまる言葉を□から選んで記号でかきましょう。

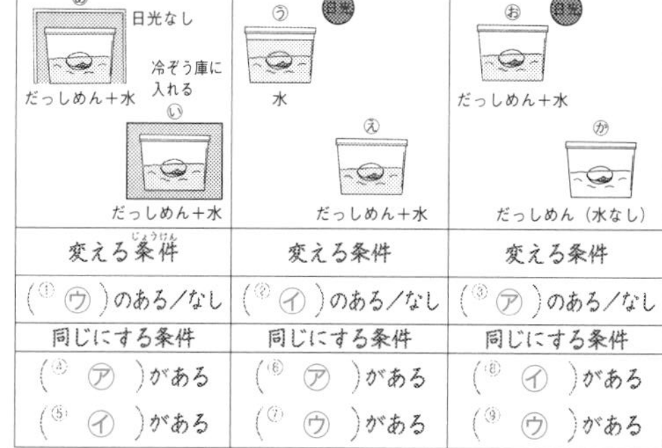

変える条件	変える条件	変える条件
（① ㋒）のある／なし	（② ㋑）のある／なし	（③ ㋐）のある／なし
同じにする条件	同じにする条件	同じにする条件
（④ ㋐）がある	（⑥ ㋐）がある	（⑧ ㋑）がある
（⑤ ㋑）がある	（⑦ ㋒）がある	（⑨ ㋒）がある

㋐ 水　㋑ 空気　㋒ 適当な温度　●3回ずつ使います。

(2) 発芽するものはどれですか。3つかきましょう。

（あ）（え）（お）

(3) 図のようなものを用意して実験を行いました。この実験の結果からわかる発芽の条件を2つ答えましょう。

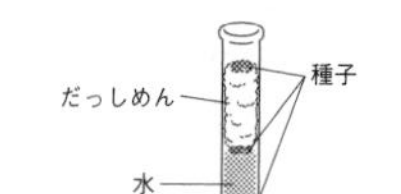

①（水）は、発芽に必要です。
②（空気）は、発芽に必要です。

2 インゲンマメのなえを、図のような条件で育てました。

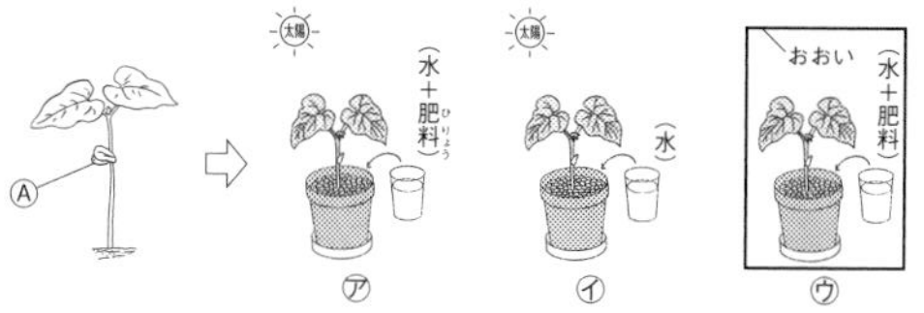

(1) Ⓐを何といいますか。（5点）

（子葉）

(2) ㋐〜㋒のようすとして正しいものに○をつけましょう。（5点）

①（　）㋐の葉の色は、うすく、くきは太くがっしりしている。
②（　）㋑の葉の色は、こい緑色をしており、葉の数も㋐〜㋒の中で、最も多い。
③（○）㋒の葉の色はうすく、くきは細くひょろりとしている。

(3) 植物の成長に必要な2つのものをかきましょう。（1つ5点）

（日光）（肥料）

(4) ダイズのもやしは、色がうすく、ひょろりとしています。発芽したあと、どのように育てるのか、かきましょう。（10点）

発芽したあと、日光のあたらないところで育てます。

天気の変化 ①
気象観測

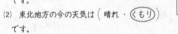

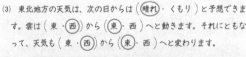

ポイント 気象観測のことがら、雨・風・気温のはかり方を学習します。また、百葉箱の中の器具についても学びます。

月　日　名前

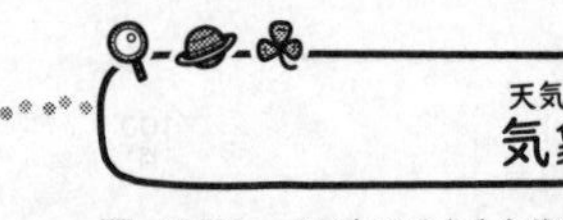

■1 次の(　)にあてはまる言葉を□から選んでかきましょう。

(1) 空気が移動すると風が起こります。
風は、ふいてくる方位、(①風の向き)をつけてよびます。南からふいてくる風のことを(②南風)といいます。
風の強さを(③風力)といい、ふき流しなどではかります。
(④ 雨量)は1時間に雨が何mmふったかを表します。右の図の場合は(⑤ 5mm)になります。

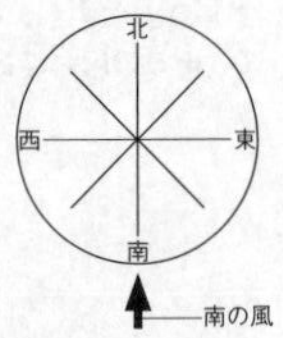

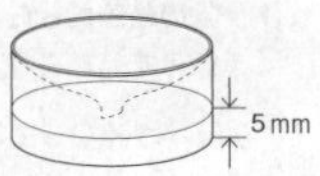

風力　風の向き　南風　雨量　5mm

(2) 図は(①百葉箱)の中です。
(①)の中には、ふつう、1日の最高気温と最低気温をはかる(②最高・最低温度計)、気温を自動的にはかって記録する(③記録温度計)、空気のしめり気をはかる(④しつ度計)が入っています。

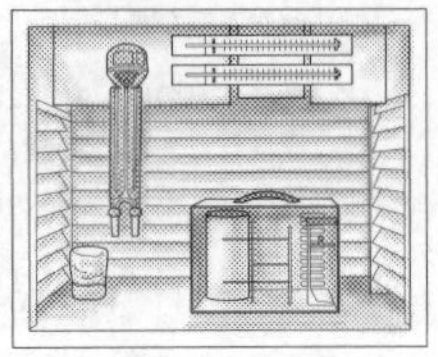

記録温度計　最高・最低温度計　しつ度計　百葉箱

■2 気象観測についてかかれた文で、正しいものには○、まちがっているものには×をかきましょう。

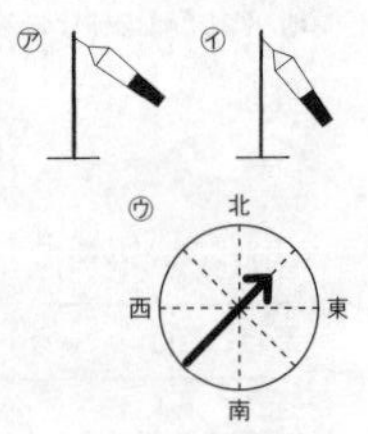

① (○) 右の図㋐と㋑では、㋐の方が風力が強いです。
② (×) 図㋒の風を北東の風といいます。
③ (○) 図㋒の風を南西の風といいます。
④ (○) 雨量50mmというのは、1時間にふった雨の量のことです。
⑤ (○) しつ度が高いとき、むしあつくなります。
⑥ (○) 「晴れ」や「くもり」などの天気は雲の量で決まります。

■3 次の(　)にあてはまる言葉を□から選んでかきましょう。

「夕焼けのあった次の日は、(①晴れ)」といわれています。
夕焼け空というのは、(② 西)の方角にある(③太陽)が、わたしたちの頭上にある雲を明るく照らすと起こる現象です。
太陽のしずむ西の方角には(④ 雲)が(⑤ない)ということがわかります。
日本付近の天気は(⑥偏西風)のえいきょうで、西から(⑦ 東)へ変わるので、この話があてはまるのです。

西　東　太陽　雲　偏西風　ない　晴れ

17

天気の変化 ②
気象観測

ポイント 気象衛星やアメダスの記録から、全国の天気について調べます。

月　日　名前

■1 次の(　)にあてはまる言葉を□から選んでかきましょう。

(1) 次の図は、それぞれ何という気象情報ですか。

㋐ (気象衛星)の雲の写真　㋑ (アメダス)の雨量　㋒ (各地の天気)

各地の天気　アメダス　気象衛星

(2) アメダスは、地いき気象観測システムといい、全国におよそ(①1300)か所設置されています。(② 雨量)、風速、気温などを自動的に観測しています。
気象衛星による観測は(③ 広い)はん囲を一度に観測することができます。これによって、(④ 雲の動き)などを調べることができます。
各地の天気は、全国にある(⑤気象台)や測候所が観測しているものを集め、調べたものです。

雲の動き　気象台　雨量　広い　1300

(3) 図の気象衛星の名前は何ですか。正しい方に○をつけましょう。
(ひまわり)・たんぽぽ　［ひまわりに○］

■2 図は日本列島にかかる雲のようすを表しています。正しい方に○をつけましょう。

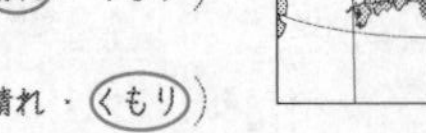

(1) 四国地方の今の天気は(晴れ・くもり)です。　［晴れに○］
(2) 東北地方の今の天気は(晴れ・くもり)です。　［くもりに○］
(3) 東北地方の天気は、次の日からは(晴れ・くもり)と予想できます。雲は(東・西)から(東・西)へと動きます。それにともなって、天気も(東・西)から(東・西)へと変わります。　［晴れ、西、東、西、東に○］

■3 雲の種類と天気について、あとの問いに答えましょう。

(1) 下の図の雲の名前を□から選んでかきましょう。

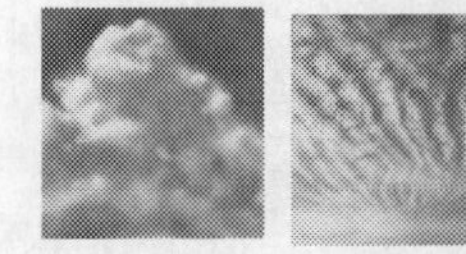
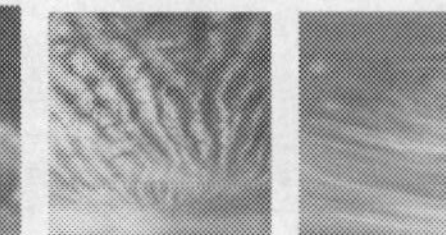

㋐(入道雲)　㋑(うろこ雲)　㋒(すじ雲)　㋓(うす雲)

うろこ雲　すじ雲　入道雲　うす雲

(2) 次の文は㋐〜㋓のどの雲についてかいたものですか。記号で答えましょう。
① (㋐) このあと夕立が起こります。
② (㋒) しばらく晴れの日が続きます。

18

天気の変化 ③
気温の変わり方

ポイント 天気と気温の変化の関係を学習します。

月　日　名前

■1 次の(　)にあてはまる言葉を□から選んでかきましょう。

晴れの日の気温は朝夕は(①低く)、昼すぎに(②高く)なります。
晴れの日は、1日の気温の変化が(③大きく)なります。
くもりの日は、1日の気温の変化が(④小さく)なります。

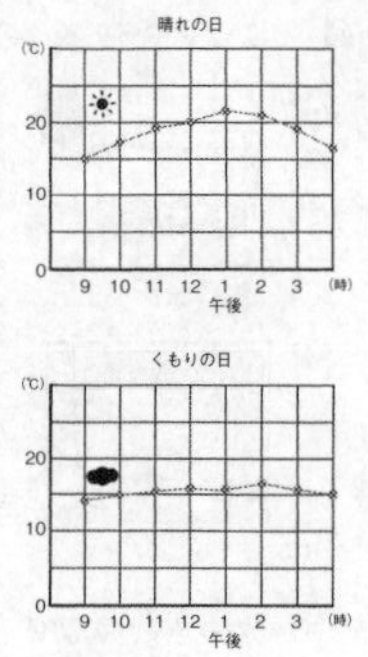

大きく　小さく　高く　低く

■2 次の(　)にあてはまる言葉を□から選んでかきましょう。

太陽の光は、まず(①地面)をあたためます。あたたまった(①)がその上の(②空気)をあたためます。あたためられた(②)は、上へ上がっていきます。
そのため1日の(③最高)気温は、午後(④1〜2)時ごろにずれます。また、1日の最低気温は日の出前の午前(⑤ 4〜6)時ごろになります。

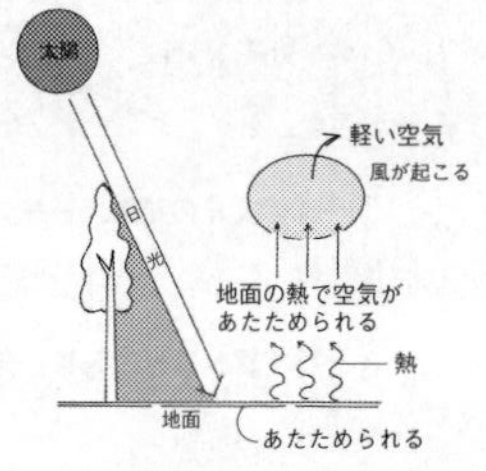

4〜6　1〜2　地面　空気　最高

■3 次の(　)にあてはまる言葉を□から選んでかきましょう。

天気は、空全体を(① 10)としたときのおよその(② 雲)の量で決まります。
雲の量が0〜8は(③ 晴れ)、9〜10は(④くもり)です。

晴れ　くもり　雲　10

■4 次の文で正しいものには○、まちがっているものには×をかきましょう。

① (○) 百葉箱のとびらは、直しゃ日光が入らないように北側にあります。
② (○) 百葉箱は、風通しがよいように、よろい戸になっています。
③ (○) 百葉箱の中には、気温を自動的にはかり記録する記録温度計が入っています。
④ (×) 百葉箱の中には、むしあつさをはかる温度計が入っています。
⑤ (○) 日光は、空気のようなとうめいなものはあたためにくいです。
⑥ (×) たえず、東から西へふく風を偏西風といいます。
⑦ (○) 日本の天気は、西から東へと変わることが多いです。
⑧ (×) 南から北へ向かってふく風を北風といいます。

19

天気の変化 ④
天気の変わり方

ポイント 日本付近の天気の変化のしかたを学びます。

月　日　名前

■1 雲はⒶ、Ⓑ、Ⓒと動いています。あとの問いに答えましょう。

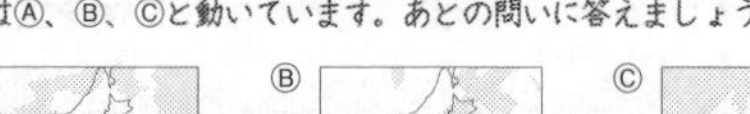

(1) 大きい雲の広がりは、およそどの方向に動いていますか。次の中から選びましょう。
① (　) 東から西　② (○) 西から東　③ (　) 南から北

(2) 次の文で、正しい方に○をつけましょう。
(1)のように雲が動くのは、日本付近の上空を(偏西風・季節風)という風がふいているからです。また、ⒶからⒷへ雲は、約(3日・1週間)かかって移動します。　［偏西風、3日に○］

■2 次の(　)にあてはまる言葉を□から選んでかきましょう。

楽しい遠足などの前日は、明日の天気が気になります。夕方、空を見上げ、雲の形や量、動きなどを観察したりもします。
気象衛星(①ひまわり)の雲の写真などから、雲はだいたい西から東へ動きます。それにともない、天気も(② 西)から(③ 東)へ変わります。
これは、日本付近の上空を(④偏西風)といういつも(⑤ 西)から(⑥ 東)へふいている風のえいきょうです。

東　東　西　西　ひまわり　偏西風

■3 図は、ある3日間の雲のようすを表したものです。あとの問いに答えましょう。

㋐ 1日目　㋑ 2日目　㋒ 3日目

(1) 右の図は、上の3日間のいずれかの天気を表しています。どの日の天気を表したものですか。㋐〜㋒の記号で答えましょう。
(㋐) 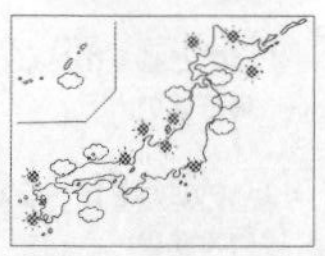

(2) 3日間の東京の天気について、正しいものには○、まちがっているものには×をかきましょう。
① (×) 3日間の天気は、すべて雨でした。
② (○) 1日目の天気は晴れでした。
③ (×) 1日目の天気は雨で、2日目、3日目と晴れへと変わりました。

(3) 次の(　)にあてはまる言葉を□から選んでかきましょう。
(① 雲)の動きにあわせて(②天気)も変化しています。天気は、毎日(③変わり)ます。

天気　雲　変わり

20

天気の変化 ⑤
台　風

月　日　名前

ポイント　台風の発生のしくみと天気の変化を学習します。

1 次の文は台風についてかいたものです。次の(　)にあてはまる言葉を□から選んでかきましょう。

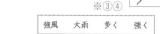

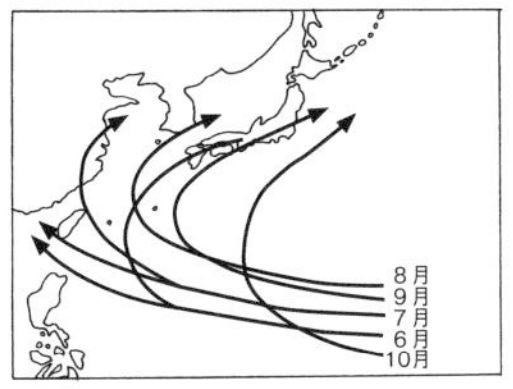

台風が近づくと、雨の量が(①多く)なります。また風も(②強く)なります。

台風は各地に(③災害)をもたらすことも多くあります。

台風が日本にやってくるのは(④夏から秋)にかけて、近くを通過したり、日本に(⑤上陸)したりすることがあります。

台風は、日本の(⑥南)の海上で発生します。

海水が(⑦太陽)の光によって強くあたためられます。

すると、(⑧水じょう気)が大量に発生し、そのあたりの空気が(⑨うすく)なります。そこへ周りの空気が入りこんで水じょう気と空気の(⑩うず)が発生します。この(⑩)がだんだん大きくなって台風になります。

台風は、はじめは(⑪西)の方に動きます。やがて(⑫北)や(⑬東)の方へ向きを変えます。　※⑫⑬

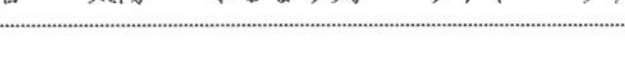

東	西	南	北	多く	強く	夏から秋
上陸	災害	太陽	水じょう気	うすく	うず	

2 図は、台風が日本付近にあるときのようすを表したものです。

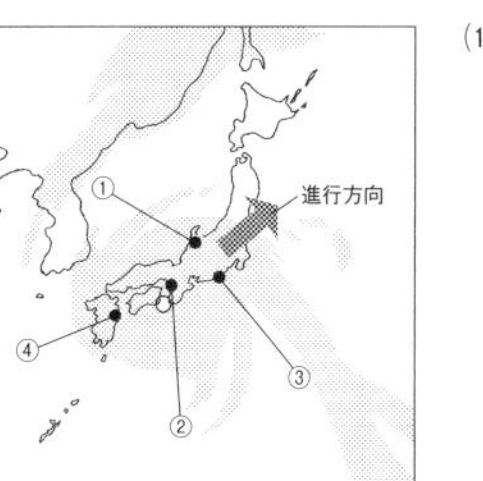

(1) 図の①、②の場所のようすについて正しいものを㋐～㋒から選びましょう。

①(㋐)　②(㋑)

㋐ しだいに風雨が強くなります。
㋑ 強風がふき、はげしく雨がふっています。
㋒ 風雨がおさまってきています。

(2) 図の③、④の場所のうち、まもなく風雨がおさまるのはどちらですか。　(④)

(3) ②の場所では、しばらくすると、とつぜん晴れ間が見えました。これを何といいますか。　(台風の目)

(4) ①の場所では、風は主にどちらからふいていますか。北西・北東・南西・南東のどれかを選びましょう。　(北東)

(5) 次の文の中から正しいものを2つ選んで○をつけましょう。

㋐(○) 台風の雲は、うずをまいて、ほぼ円形をしています。
㋑(　) 台風の雲は、うずをまいて、南北に長いだ円形になっています。
㋒(　) 台風の雲は、図の白く見える部分です。
㋓(○) 台風の雲は、反時計まわりにうずをまいています。

まとめテスト
天気の変化

月　日　名前　/100点

1 次のグラフを見て、あとの問いに答えましょう。　(1つ5点)

㋐ ㋑

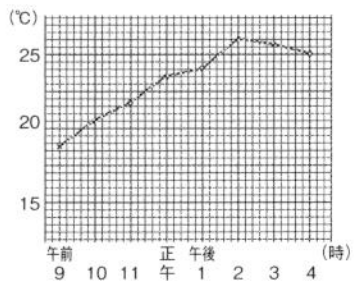

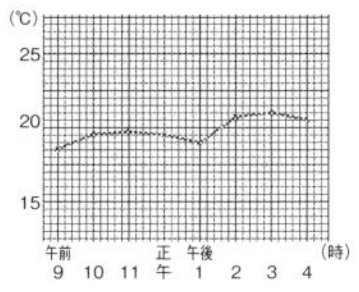

(1) ㋐と㋑のグラフは天気と何の関係を調べていますか。

天気と(気温)の関係

(2) ㋐と㋑で、気温が最も高い時こくと最も低い時こくは何時ですか。

㋐ 高い(午後2時)　低い(午前9時)
㋑ 高い(午後3時)　低い(午前9時)

(3) ㋐と㋑の天気は晴れですか、それとも雨ですか。

㋐(晴れ)　㋑(雨)

(4) 次の(　)にあてはまる言葉を□から選んでかきましょう。

日光は、とうめいな(①空気)はあたためずに通りこし、(②地面)や海水面をあたためます。あたためられた(②)はそれにふれている(①)をじょじょにあたためます。ですから、1日のうち、太陽が一番高くなるのは(③正午)ですが、実際の気温が上がるのはそれより(④1～2時間)くらいおそくなります。

1～2時間	地面	正午	空気

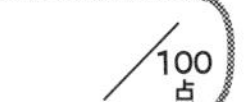

2 気温のはかり方について、あとの問いに答えましょう。　(1つ5点)

(1) 気温のはかり方で、正しいもの3つに○をつけましょう。

①(　) コンクリートの上ではかります。
②(○) 地面の上やしばふの上ではかります。
③(　) 風通しのよい屋上ではかります。
④(○) まわりがよく開けた風通しのよい場所ではかります。
⑤(○) 温度計に直しゃ日光をあてません。

(2) 気温をはかるときに使う図のような木の箱のことを何といいますか。　(百葉箱)

(3) 箱に入れる温度計は、地面からどれぐらいの高さにおきますか。　(1.2～1.5m)

3 雲の写真を見て、あとの問いに答えましょう。　(1つ5点)

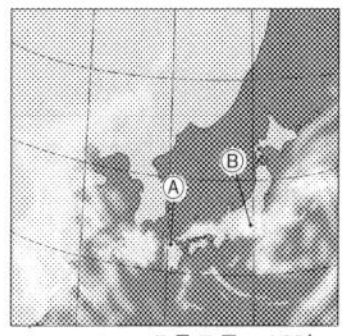

(1) Ⓐ、Ⓑの地点の天気は、それぞれ晴れ・雨のどちらですか。

Ⓐ(晴れ)　Ⓑ(雨)

(2) Ⓐ、Ⓑの地点の天気は、これからどのように変わりますか。
次の㋐～㋒から選びましょう。

㋐ 雲が広がり雨がふり出します。
㋑ 雨がやんで、晴れてきます。
㋒ このまましばらく雨がふり続きます。

Ⓐ(㋐)　Ⓑ(㋑)

5月7日　10時

まとめテスト
天気の変化

1 次の雲の写真について、あとの問いに答えましょう。

(1) ㋐～㋒の雲の名前は何といいますか。□から選んでかきましょう。　(各5点)

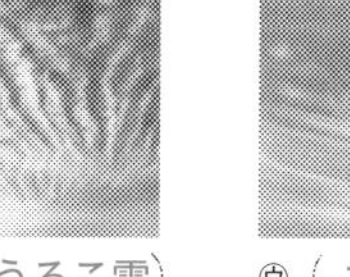
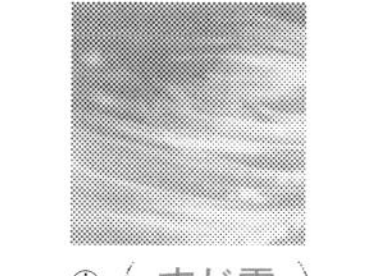
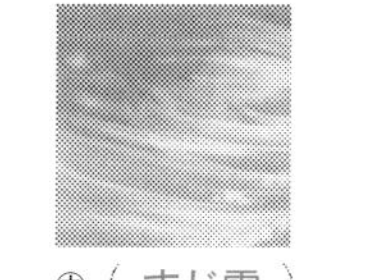

㋐(入道雲)　㋑(うろこ雲)　㋒(すじ雲)

うろこ雲	すじ雲	入道雲

(2) 次の雲は、㋐～㋒のどれですか。記号で答えましょう。　(各8点)

① 夏の強い日差しでできる雲。　(㋐)
② 次の日、雨になることが多い雲。　(㋑)
③ しばらく晴れの日が続くことが多い雲。　(㋒)
④ 短い時間に、はげしい雨をふらせる雲。　(㋐)

(3) 日本の上空をいつもふいている西風のことを何といいますか。　(8点)　(偏西風)

月　日　名前　/100点

2 図は、台風が日本付近にあるときのようすを表したものです。

(1) (　)にあてはまる言葉を□から選んでかきましょう。　(各5点)

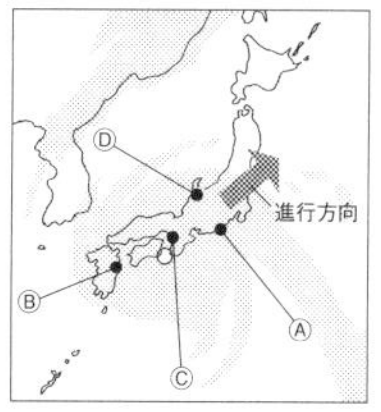

台風が近づくと雨の量が(①多く)なります。また、風も(②強く)なります。

台風がもたらす(③大雨)や(④強風)で災害が起きることもあります。　※③④

強風	大雨	多く	強く

(2) 図のⒶ、Ⓑの場所のようすについて正しいものを㋐～㋒から選びましょう。　(各5点)

Ⓐ(㋐)　Ⓑ(㋒)

㋐ しだいに風雨が強くなります。
㋑ 強風がふき、はげしく雨がふっています。
㋒ 風雨がおさまってきます。

(3) Ⓒの場所では、しばらくすると、とつぜん晴れ間が見えました。これを何といいますか。　(10点)　(台風の目)

(4) Ⓓの場所では、風は主にどちらからふいていますか。北西・北東・南西・南東から選んでかきましょう。　(5点)　(北東)

まとめテスト
天気の変化

1 次の(　)にあてはまる言葉を□から選んでかきましょう。(各5点)

新聞やテレビの気象情報では、気象衛星(①ひまわり)の(②雲)の映像で天気の変化を知らせています。また、日本各地に約(③1300)か所ある気象観測そう置の(④アメダス)から送られてくる情報も用いられています。これらの情報から、雲の動きはほぼ(⑤西)から(⑥東)へ動き、天気も雲の動きにそって、変化していることがわかります。

東	西	ひまわり	アメダス	雲	1300

2 気象情報について、あとの問いに答えましょう。　(1つ4点)

(1) 図の㋐～㋒は、何という気象情報ですか。

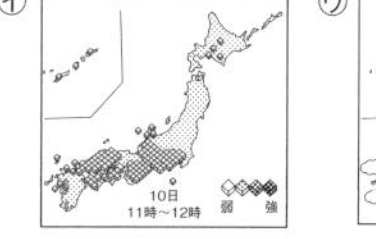
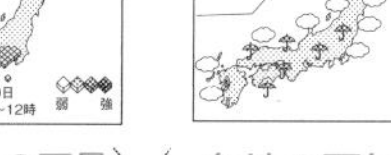

㋐(気象衛星の写真)　㋑(アメダスの雨量)　㋒(各地の天気)

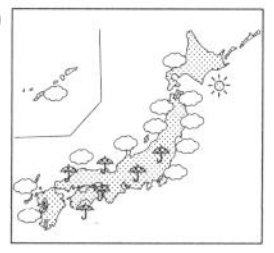

アメダスの雨量	各地の天気	気象衛星の写真

(2) 次の文は、どの気象情報からわかりますか。㋐～㋒から選んで答えましょう。

① 東京はたくさん雨がふっている。　(㋑)
② 九州の明日の天気は、晴れる。　(㋒)

月　日　名前　/100点

3 次の文は台風についてかいたものです。次の(　)にあてはまる言葉を□から選んでかきましょう。　(各5点)

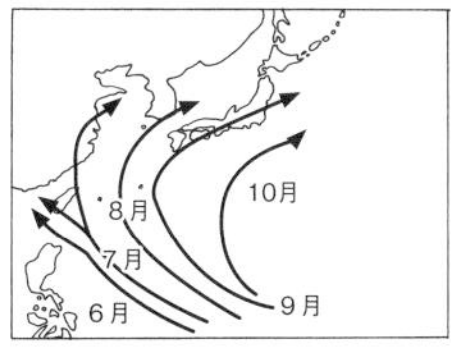

台風が近づくと(①雨)や(②風)が強くなり、ときには各地に(③災害)をもたらすこともあります。

台風は、日本の(④南)の海上で発生し、(⑤夏から秋)にかけて日本付近にやってきます。

台風の雲は、ほぼ(⑥円形)で、反時計回りのうずをまいています。

雨	風	円形	夏から秋	災害	南

4 次の文の中で正しいものには○、まちがっているものには×をかきましょう。　(各4点)

①(○) 台風の目とよばれるところでは、雨がふらないこともあります。
②(×) 台風は、5月・6月ごろに日本に上陸することが多いです。
③(×) 晴れの日で、気温が一番高くなるのは、12時ごろです。
④(×) 百葉箱のとびらは、南側についています。
⑤(○) 日本の天気の変わり方と、日本の上空にふいている風とは、深い関係があります。

まとめテスト

天気の変化

月　日　名前　　　／100点

1 図を見て、あとの問いに答えましょう。（1つ6点）

(1) 雨のふっている地いきは、どこですか。線で結びましょう。

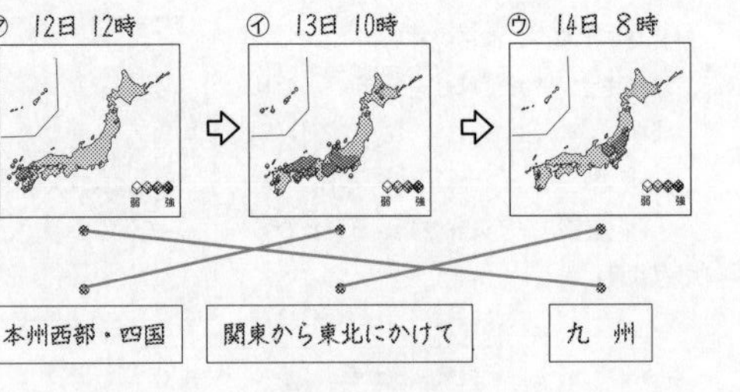

本州西部・四国　　関東から東北にかけて　　九 州

(2) 次の(　)にあてはまる言葉をかきましょう。

上の図は、(①アメダス)による気象情報です。(1)は、気温や(②雨量)を自動的に観測しています。

(3) 図は、14日の九州と大阪と北海道の空のようすです。晴れですか、くもりですか。(　)に天気をかきましょう。

空全体の7　　空全体の3　　空全体の10

九州　　大阪　　北海道

(晴れ)　(晴れ)　(くもり)

2 次の文の中で正しいものには○、まちがっているものには×をかきましょう。（1つ5点）

①(○) 図の㋐と㋑では、㋐の方が風力が強いです。

②(×) 風力1と風力5では風力1の方が強い風です。

③(×) 図の㋒の風を北東の風といいます。

④(○) 雲の形や量は、時こくによって変わります。

⑤(×) うろこ雲は、夕立ちをふらせます。

⑥(○) 雲には雨をふらせるものとそうでないものがあります。

⑦(×) 台風は、西の海上で発生し、東へ進みます。

⑧(×) 百葉箱の温度計は、地面から1.6～2.0mの高さにあります。

3 「夕焼けのあった次の日は、晴れ」といわれています。その理由を西、太陽、雲という言葉を使って説明しましょう。（12点）

夕方、太陽は西の空にあります。わたしたちのいる上空の雲を照らし夕焼けが起きます。天気は西から東へと変わるので、西に雲がないので明日、晴れることが多いというわけです。

25

メダカのたんじょう ①

メダカの飼い方

ポイント　メダカの飼い方とエサとなる小さな生き物について学習します。

月　日　名前

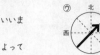

1 図はメダカのおすとめすを表しています。

(1) ㋐、㋑のひれの名前をかきましょう。

㋐(せびれ)　㋑(しりびれ)

(2) せびれに切れこみがあるのは、おすですか、めすですか。(おす)

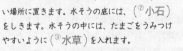

(3) しりびれが平行四辺形のようになっているのは、おすですか、めすですか。(おす)

(4) しりびれのうしろが短いのは、おすですか、めすですか。(めす)

(5) はらがふくれているのは、おすですか、めすですか。(めす)

2 次の(　)にあてはまる言葉を□から選んでかきましょう。

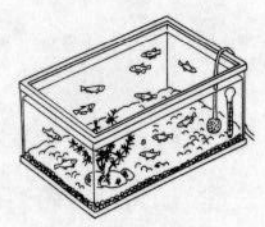

水そうは、日光が直接(①あたらない)明るい場所に置きます。水そうの底には、(②小石)をしきます。水そうの中には、たまごをうみつけやすいように(③水草)を入れます。

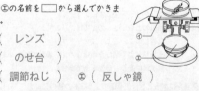

水は(④くみおき)の水を入れます。メダカの数は、おすとめすを(⑤同じ数)ずつ入れます。

水草　小石　同じ数　くみおき　あたらない

3 メダカのエサになるものについて、あとの問いに答えましょう。

(1) 自然の池や川の中には、メダカのエサになる小さな生き物がたくさんいます。名前を□から選んでかきましょう。

㋐(約100倍)　㋑(約300倍)　㋒(約20倍)　㋓(約100倍)

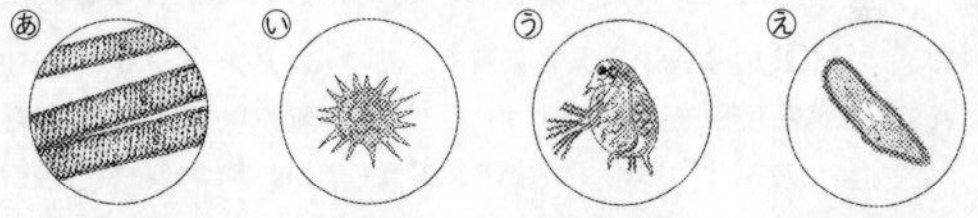

(アオミドロ)　(クンショウモ)　(ミジンコ)　(ゾウリムシ)

クンショウモ　ミジンコ　アオミドロ　ゾウリムシ

(2) ㋐～㋓を大きい順に記号でかきましょう。

(㋒)→(㋐)→(㋓)→(㋑)

(3) 体が緑色をしている植物性のものⒶと、それらを食べる動物性のものⒷがあります。㋐、㋑、㋒、㋓をⒶとⒷに分けましょう。

Ⓐ(㋐)(㋑)　Ⓑ(㋒)(㋓)

(4) 次の(　)にあてはまる言葉を□から選んでかきましょう。

水そうでメダカを飼うときは、(①かんそう)させたミジンコなどを(②食べきれる)くらいあたえます。また、たまごを見つけたら水草などといっしょに(③別の入れ物)にうつします。

別の入れ物　かんそう　食べきれる

27

メダカのたんじょう ②

メダカのうまれ方

ポイント　メダカのたんじょうと成長のようすを学習します。

月　日　名前

1 メダカのめすは、水温が高くなると、たまごをうむようになります。あとの問いに答えましょう。

(1) 図の①～③は、メダカのめすがたまごをうんで、体につけているようすです。正しいものを選んで○をつけましょう。

①(　)　②(　)　③(○)

(2) 右の図は、水草についたメダカのたまごです。(　)にあてはまる言葉を□から選んでかきましょう。

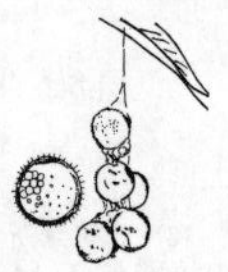

たまごの形は、(①丸く)なっています。

たまごの中は、(②すきとおって)います。

たまごの大きさは、約(③ 1)mmくらいです。

たまごの中は、小さな(④あわ)のようなものが見られます。

たまごのまわりには(⑤ 毛)のようなものがはえています。

1　あわ　毛　丸く　すきとおって

(3) めすがうんだ(①たまご)がおすが出す(②精子)と結びつくことを(③受精)といい、(③)したたまごを(④受精卵)といいます。

精子　たまご　受精　受精卵

2 図の㋐～㋔は、メダカのたまごの成長を表したものです。また、あ～おは、たまごの成長のようすを説明したものです。それぞれ何日目のことですか。あとの表にかきましょう。

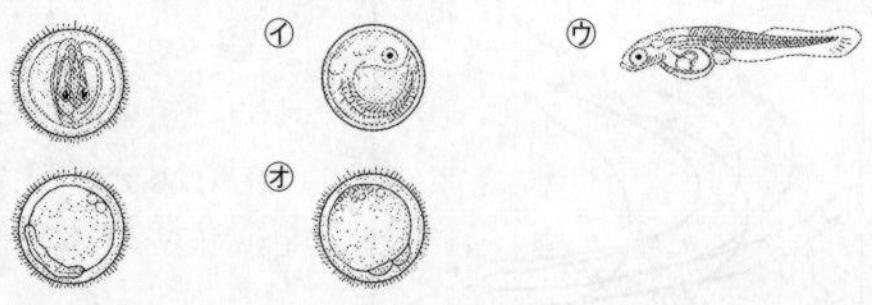

㋐　㋑　㋒　㋓　㋔

あ 目がはっきりしてくる。
い からだのもとになるものが見えてくる。
う あわのようなものが少なくなる。
え からをやぶって出てくる。
お 心ぞうが見え、たまごの中でときどき動く。

受精から	数時間後	2日目	4日目	8～11日目	11～14日目
図	①(㋔)	②(㋓)	③(㋐)	④(㋑)	⑤(㋒)
説明	⑥(う)	⑦(い)	⑧(あ)	⑨(お)	⑩(え)

3 メダカのたまごの成長を調べました。観察の方法について、次の文のうち正しいものには○、まちがっているものには×をかきましょう。

①(○) たまごを水草といっしょにとり出して、水の入ったペトリ皿に入れて観察します。

②(×) 毎日、いろんな時こくに、いろんなたまごを観察します。

③(○) かいぼうけんび鏡で見るときには、スライドガラスの上にたまごをのせて観察します。

28

メダカのたんじょう ③

水中の小さな生物

ポイント　けんび鏡やかいぼうけんび鏡を使って、水の中の小さな生き物を調べます。

月　日　名前

1 水中の小さな生物を観察するときには、かいぼうけんび鏡を使います。

㋐～㋓の名前を□から選んでかきましょう。

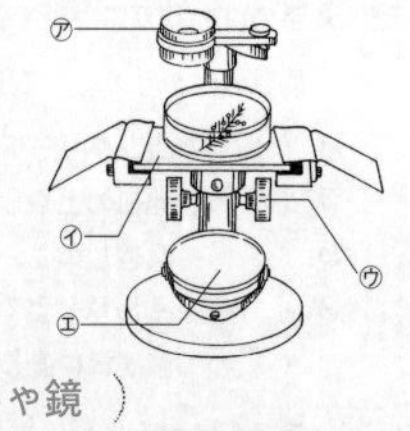

㋐(レンズ)

㋑(のせ台)

㋒(調節ねじ)　㋓(反しゃ鏡)

のせ台　反しゃ鏡　調節ねじ　レンズ

2 次の(　)にあてはまる言葉を□から選んでかきましょう。

かいぼうけんび鏡は、(①日光)が直接あたらない明るいところに置きます。レンズをのぞきながら、(②反しゃ鏡)を動かして、明るく見えるようにします。

観察するものを(③のせ台)の上に置き、(④調節ねじ)を回して(⑤ピント)をあわせます。

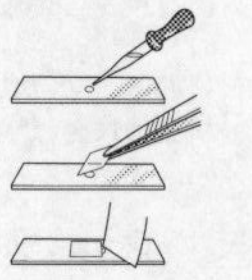

プレパラートのつくり方は、見たいものを(⑥スライドガラス)にのせます。その上に(⑦カバーガラス)をかけて、はみ出した水をすい取ります。

スライドガラス　カバーガラス　ピント
日光　反しゃ鏡　のせ台　調節ねじ

3 池や水の中には、小さな生き物がたくさんいます。けんび鏡で見ると小さいものが大きく見えます。

(1) 次の生きものの名前を□から選び、かきましょう。

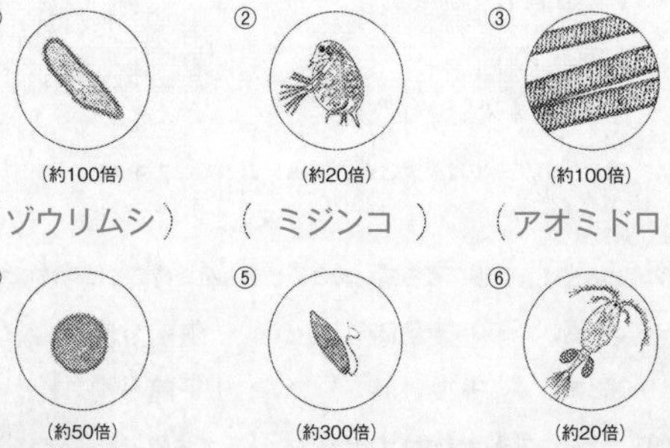

①(約100倍)　②(約20倍)　③(約100倍)

(ゾウリムシ)　(ミジンコ)　(アオミドロ)

④(約50倍)　⑤(約300倍)　⑥(約20倍)

(ボルボックス)　(ミドリムシ)　(ケンミジンコ)

アオミドロ　ミドリムシ　ボルボックス　ゾウリムシ
ミジンコ　ケンミジンコ

(2) ①～⑥の中で、もっとも小さい生物はどれですか。(⑤)

(3) けんび鏡では上下左右が逆になって見えます。(P.39参照) けんび鏡で見ると図のように見えました。見たいものをまん中にするには、プレパラートを㋐、㋑のどちらに動かせばよいですか。(㋐)

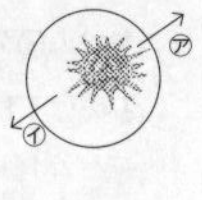

29

まとめテスト

メダカのたんじょう

月　日　名前　／100点

■1 次の(　)にあてはまる言葉を□から選んでかきましょう。（各4点）

(1) メダカのような魚は、(①水中)でたまごをうみます。

メダカは、春から夏の間、水温が(②高く)なると、たまごをうむようになります。たまごの形は(③丸く)なっていて、その中は(④すきとおって)います。大きさは、1mmぐらいです。

水中　丸く　高く　すきとおって

(2) メダカを飼うときの水そうは、水であらいます。

水そう　えさ　メダカのえさ　イトミミズ　かんそうミジンコ

(①日光)が直接水そうにあたらない、(②明るい)平らなところに置きます。

水そうの底には(③水)であらった(④すな)や(⑤小石)をしきます。

水は(⑥くみおき)したものを入れて、(⑦水草)を入れます。

メダカは(⑧おす)と(⑨めす)を同じ数、まぜてかいます。

えさは、(⑩食べ残し)が出ない量を毎日(⑪1～2回)あたえます。水がよごれたら、(⑥)した水と半分ぐらい入れかえます。

※④⑤、⑧⑨

小石　すな　水　日光　明るい　くみおき
水草　おす　めす　1～2回　食べ残し

■2 図を見て、あとの問いに答えましょう。

(1) 右の①、②はメダカのおす、めすのどちらですか。（各2点）　①　②

(①めす)　(②おす)

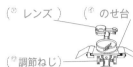

(2) メダカのめすとおすのおなかを比べてみると、はらがふくれているのはどちらですか。（4点）　(めす)

■3 次の(　)にあてはまる言葉を□から選んでかきましょう。（1つ4点）

(1) かいぼうけんび鏡の図の(　)に部分の名前をかきましょう。

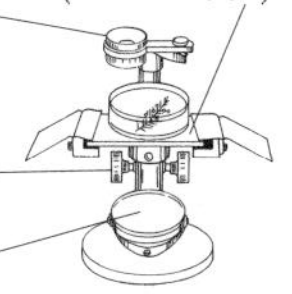

(㋐レンズ)　(㋑のせ台)　(㋒調節ねじ)　(㋓反しゃ鏡)

(2) 日光が直接あたらない、明るい平らなところに置きます。

(①反しゃ鏡)を動かして、見やすい明るさにします。

見るものを(②のせ台)の中央にのせます。真横から見ながら(③調節ねじ)を回して、(④レンズ)を見るものに近づけます。そして、少しずつはなしていきながらピントをあわせます。

反しゃ鏡　レンズ　のせ台　調節ねじ
◉(1)と(2)で2回使います。

まとめテスト

メダカのたんじょう

月　日　名前　／100点

■1 メダカのたまごの育ち方について、あとの問いに答えましょう。

㋐　㋑　㋒　㋓　Ⓐ

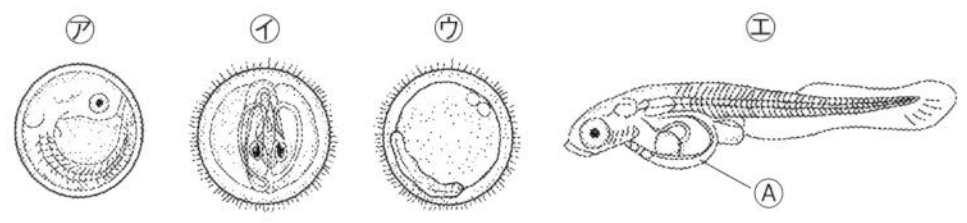

(1) 図の㋐～㋓を正しい順にならべかえましょう。（各2点）

(㋒)→(㋑)→(㋐)→(㋓)

(2) 次の文の(　)にあてはまる言葉をかきましょう。（各5点）

Ⓐのふくらみは、やがてなくなります。それは、Ⓐの中にある(①養分)が、メダカの(②成長)に使われたからです。

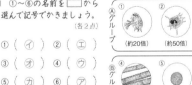

■2 メダカの飼い方について、正しいものには〇、まちがっているものには×をかきましょう。（各5点）

① (〇) 水そうは、日光が直接あたらない、明るい平らなところに置きます。
② (〇) 水そうには、くみおきの水を入れ、底にはあらったすなをしきます。
③ (×) 水そうには、たまごをうむめすだけを、10～15ひき入れます。
④ (×) えさは食べ残すぐらいの量を、毎日5～6回あたえます。
⑤ (〇) 水そうには、たまごをうみつけるための水草を入れておきます。
⑥ (×) 水がよごれたら、水そうの水を全部、くみおきの水と入れかえます。

■3 水中の小さな生き物について、あとの問いに答えましょう。

(1) ①～⑥の名前を□から選んで記号でかきましょう。（各2点）

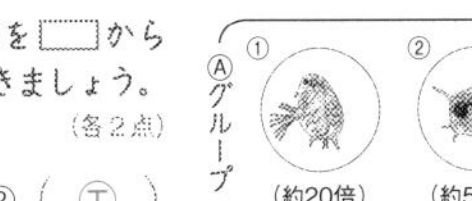

Ⓐグループ　①(約20倍)　②(約50倍)　③(約100倍)

Ⓑグループ　④(約100倍)　⑤(約50倍)　⑥(約300倍)

① (㋑)　② (㋓)
③ (㋔)　④ (㋒)
⑤ (㋕)　⑥ (㋐)

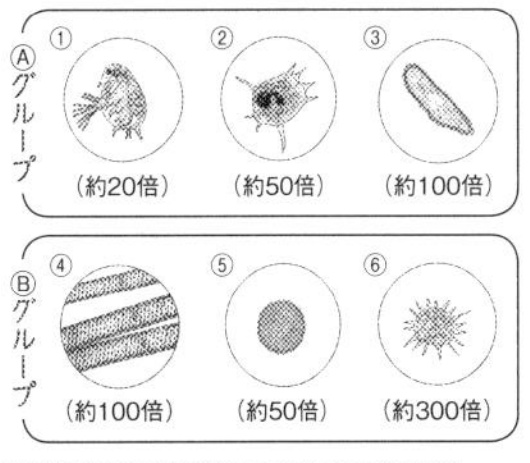

㋐ クンショウモ　㋑ ミジンコ　㋒ アオミドロ
㋓ ツボワムシ　㋔ ゾウリムシ　㋕ ボルボックス

(2) 自分で動くことができるのは、Ⓐ、Ⓑのどちらのグループですか。（10点）　(Ⓐ)

■4 メダカのたまごの図と記録文で、あうものを線で結びましょう。（各6点）

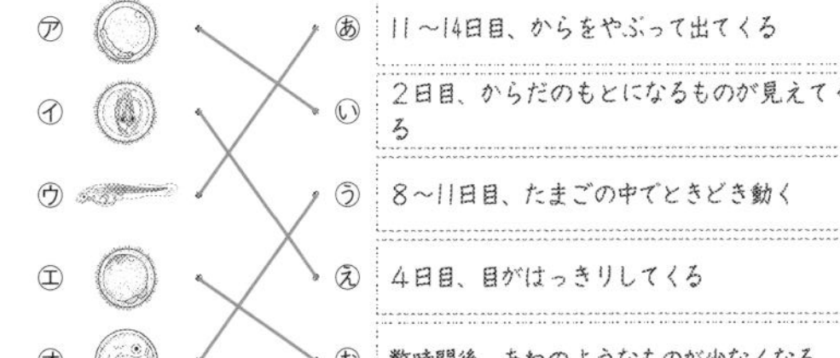

㋐　㋑　㋒　㋓　㋔

㋐ 11～14日目、からをやぶって出てくる
㋑ 2日目、からだのもとになるものが見えてくる
㋒ 8～11日目、たまごの中でときどき動く
㋓ 4日目、目がはっきりしてくる
㋔ 数時間後、あわのようなものが少なくなる

動物のたんじょう ①

いろいろな動物

■1 次の動物はどんなすがたでうまれますか。たまごでうまれるものに〇、親と似たすがたでうまれるものに×をつけましょう。

(×) トラ　(〇) サケ　(〇) カエル
(〇) カラス　(〇) カメ　(×) ウサギ
(×) ネコ　(〇) ハエ　(〇) ゴキブリ

■2 次の表は、いろいろなほ乳動物のおよそのにんしん期間（母親の体内にいる期間）をくらべたものです。(　)にあてはまる数字を□から選んでかきましょう。

動物	にんしん期間	動物	にんしん期間
ゾウ	(①600日)	チンパンジー	(②250日)
ウシ	300日	イヌ	70日
ヒト	270日	ウサギ	(③30日)

600日　250日　30日

大きい体の動物ほど、にんしん期間が長いとわかります。

■3 次の文は、ヒトやメダカのことについてかいてあります。メダカだけにあてはまるものには×、ヒトにあてはまるものには〇、両方にあてはまるものには△をつけましょう。

① (×) 子どもはたまごの中で成長します。
② (〇) たんじょうするまでに約270日もかかります。
③ (△) 受精しないたまごは、成長しません。
④ (〇) へそができます。
⑤ (△) 受精後におす、めすが決まります。

月　日　名前

ポイント　いろいろな動物のうまれ方と動物の種類を学習します。

■4 たくさんたまごをうむ動物について調べました。次の(　)にあてはまる言葉を□から選んでかきましょう。

(1) (①イワシ)やシシャモは、一生の間に(②数千～数万)個のたまごをうむといわれています。

なぜこんなに(③たくさん)のたまごをうむのでしょうか。

実は、これらのたまごは(④うみっぱなし)にされるため、たまごのうちの多くが(⑤食べられ)てしまいます。子どもにかえっても多くの(⑥てき)に食べられたり、(⑦エサ)をとれずに死んでしまったりします。

生き残るのは、もとの(⑧親の数)と、ほとんど変わらないという結果になるのです。大型動物の子どもの数が(⑨少ない)のは、親が子どもを(⑩大事に育てる)からなのです。(⑪ヒト)もその仲間なのです。

少ない　ヒト　イワシ　たくさん　エサ　親の数　てき
うみっぱなし　食べられ　数千～数万　大事に育てる

(2) 母親の(①体内)で育ってたんじょうし、(②乳)を飲んで育つ動物をほ乳類といいます。クジラや(③イルカ)もほ乳類です。(④水中)で生活するほ乳類もいます。

乳　イルカ　水中　体内

動物のたんじょう ②

ヒトのたんじょう

■1 ヒトのうまれ方について調べました。次の(　)にあてはまる言葉を□から選んでかきましょう。

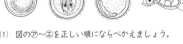

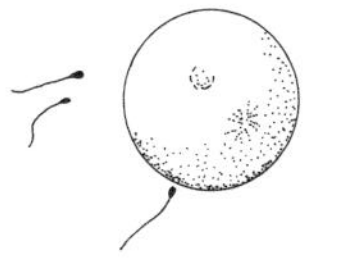

女性の(①卵子)と男性の(②精子)が母親の体内で結びつくことを(③受精)といい、このとき生命がたんじょうします。

このたまごを(④受精卵)といい、(⑤子宮)の中で成長して、約(⑥38)週間でうまれます。

うまれた子どもが親になり、また、子どもをうむことで(⑦生命)が受けつがれていきます。

生命　精子　卵子　受精　受精卵　子宮　38

■2 ヒトの卵子や精子について、正しいものには〇、まちがっているものには×をつけましょう。

① (×) ヒトの卵子の大きさは、約1mmです。
② (×) ヒトの卵子はメダカのたまごよりも大きいです。
③ (〇) 精子は、卵子よりも小さいです。
④ (×) 精子と卵子の数は、ほぼ同じです。
⑤ (〇) 卵子は、女性の卵巣で、精子は男性の精巣でつくられます。

月　日　名前

ポイント　ヒトのたんじょうと成長のようすを学習します。

■3 右の図の㋐～㋔は、母親の体内で育つ子どものようすを表したものです。また、㋕～㋙は、子どもが育つようすを説明したもので、㋚～㋞は子どもの体重をかいたものです。それぞれいつごろのものですか。表に記号をかきましょう。

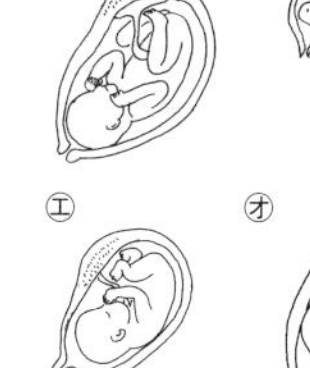

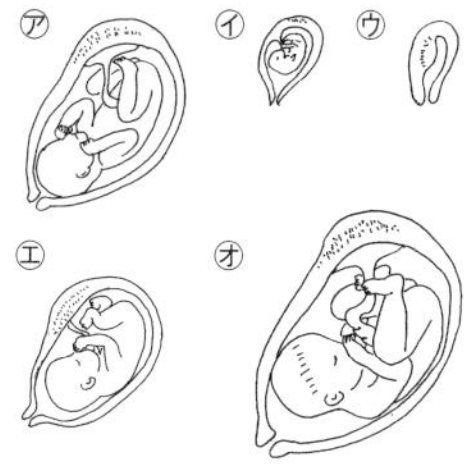

㋕ 心ぞうの動きが活発になります。体を回転させ、よく動くようになります。
㋖ 体の形や顔のようすがはっきりしています。男女の区別ができます。
㋗ 目や耳ができます。手や足の形がはっきりしてきます。
㋘ かみの毛やつめが生えてきます。
㋙ 心ぞうが動きはじめます。

㋚ 約2900g　㋛ 約900g　㋜ 約200g
㋝ 約1g　㋞ 約0.01g

受精から	約4週	約8週	約16週	約24週	約36週
図	①(㋒)	②(㋑)	③(㋓)	④(㋐)	⑤(㋔)
説明	⑥(㋙)	⑦(㋗)	⑧(㋖)	⑨(㋕)	⑩(㋘)
体重	⑪(㋞)	⑫(㋝)	⑬(㋜)	⑭(㋛)	⑮(㋚)

動物のたんじょう ③
ヒトのたんじょう

■1 下の図は、ヒトの卵子と精子を表しています。あとの問いに答えましょう。

(1) Ⓐ、Ⓑはそれぞれ何といいますか。
Ⓐ（ 精子 ）　Ⓑ（ 卵子 ）

(2) Ⓐ、Ⓑのうちつくられる数が多いのは、どちらですか。（ Ⓐ ）

(3) ⒶとⒷとどちらが大きいですか。（ Ⓑ ）

(4) Ⓑの大きさは、どれくらいですか。㋐～㋓から選んで記号で答えましょう。（ ㋐ ）

㋐ はりでさしたあなぐらい。
㋑ イクラ（サケのたまご）くらい。
㋒ ニワトリのたまごくらい。
㋓ メダカのたまごくらい。

(5) 卵子と精子が母親の体内で結びつくことを何といいますか。（ 受精 ）

(6) (5)の結果できたたまごを何といいますか。（ 受精卵 ）

(7) 親の体内で、子どもを育てているところを何といいますか。（ 子宮 ）

月　日　名前

ポイント　ヒトの卵子と精子の結びつきから、母体（子宮）での成長のようすを学習します。

■2 右の図は、母親の体内で子どもが育つようすをかいたものです。

(1) ①～④の名前を□から選んでかきましょう。 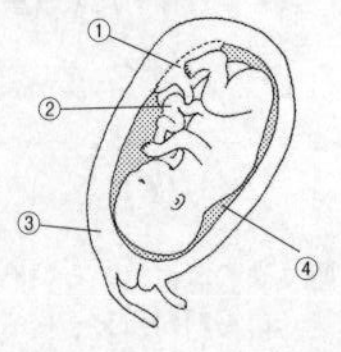
①（ たいばん ）
②（ へそのお ）
③（ 子宮 ）
④（ 羊水 ）

たいばん　へそのお　羊水　子宮

(2) ①～④の説明にあたるものを選んでかきましょう。
①（養分といらなくなったものを交かんするところ）
②（養分が通るところで、母親とつながっている管）
③（子どもが育つところ）
④（外部からの力をやわらげ、たい児を守る）

・外部からの力をやわらげ、たい児を守る
・子どもが育つところ
・養分が通るところで、母親とつながっている管
・養分といらなくなったものを交かんするところ

35

まとめテスト
動物のたんじょう

■1 次の問いに答えましょう。（1つ5点）

(1) 次の図は、何を表していますか。名前をかきましょう。
㋐ 男性がつくるもの（ 精子 ）
㋑ 女性がつくるもの（ 卵子 ）

(2) 図の㋐と㋑で、つくられる数が多いのはどちらですか。また、大きいのはどちらですか。
数（ ㋐ ）　大きさ（ ㋑ ）

(3) 図の㋐と㋑が体内で結びつくことを何といいますか。（ 受精 ）

(4) (3)の結果、できたたまごを何といいますか。（ 受精卵 ）

■2 次の問いに答えましょう。（1つ5点）

(1) ヒトのように、体内で成長し、うまれたあとに乳を飲んで育つ動物を何といいますか。（ ほ乳類 ）

(2) (1)の仲間は、次のうちどれですか。記号を2つかきましょう。 
㋐ 魚　㋑ ニワトリ　㋒ イルカ　㋓ ゾウ
（ ㋒ ）（ ㋓ ）

月　日　名前　／100点

■3 次の文は、ヒトやメダカのことについてかいてあります。メダカだけにあてはまるものには×、ヒトだけにあてはまるものには○、両方にあてはまるものには△をつけましょう。（各5点）

①（ △ ） 受精しないたまごは、成長しません。
②（ × ） 子どもはたまごの中で成長します。
③（ ○ ） たんじょうするまでに約270日もかかります。
④（ × ） 子どもにかえるのに温度がおおいに関係します。
⑤（ × ） たまごの中の養分で成長します。
⑥（ ○ ） 親から養分をもらいます。
⑦（ △ ） 受精後におす、めすが決まります。
⑧（ ○ ） へそができます。

■4 ヒトとウミガメのたんじょうについて、あとの問いに答えましょう。

(1) ウミガメのたまごの数は、ヒトのたまご（卵子）の何倍ですか。正しいものに○をつけましょう。（5点）
10倍（ ）　50倍（ ）　100倍（ ○ ）

(2) ウミガメがヒトよりもたまごを多くうむわけを説明しましょう。（10点）

ウミガメは、すなはまにたまごをうんで、育てたり守ったりしません。ほとんどが育ちません。たくさんたまごをうんで仲間を残そうとするからです。

37

まとめテスト
動物のたんじょう

■1 次の（　）にあてはまる言葉を□から選んでかきましょう。（各3点）

男性の精巣でつくられた（①精子）と、女性の卵巣でつくられた（②卵子）が、女性の（③子宮）で出会って受精し、新しい生命がたんじょうします。
受精したたまごの（④受精卵）は、母親の（③）の中で成長します。その間、母親の（⑤たいばん）から（⑥へそのお）を通して酸素や（⑦養分）をもらい、（⑧いらなくなったもの）を返します。
（⑨たい児）は、母親の体内で、およそ（⑩270）日間育ちます。

子宮　270　卵子　たいばん　養分　精子
いらなくなったもの　たい児　へそのお
受精卵

■2 次の文で正しいものには○、まちがっているものには×をかきましょう。（各5点）

①（ ○ ） カエルのたまごも受精卵がおたまじゃくしに育ちます。
②（ ○ ） ウシのめすには、子宮があります。
③（ × ） ゾウのにんしん期間はおよそ270日です。
④（ ○ ） イヌのにんしん期間はおよそ70日です。
⑤（ ○ ） ヒトの子どもは、身長50cm、体重3kgぐらいでうまれます。
⑥（ ○ ） 受精しないたまごは、成長しません。

月　日　名前　／100点

■3 図は、母親の体内で子どもが育っていくようすを表したものです。㋐～㋔はそのようすを表しています。あてはまるものを選びましょう。（各4点）

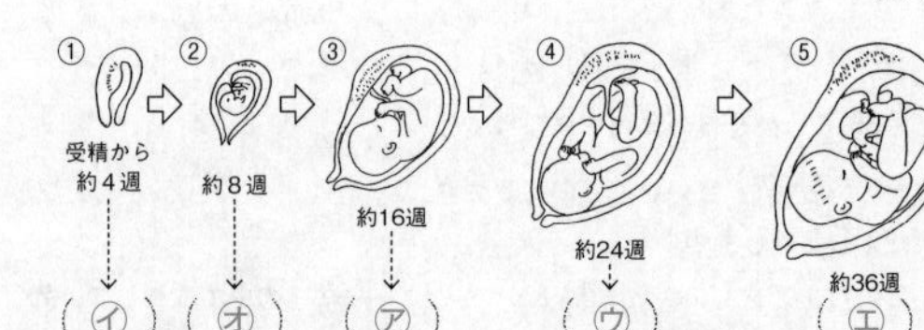
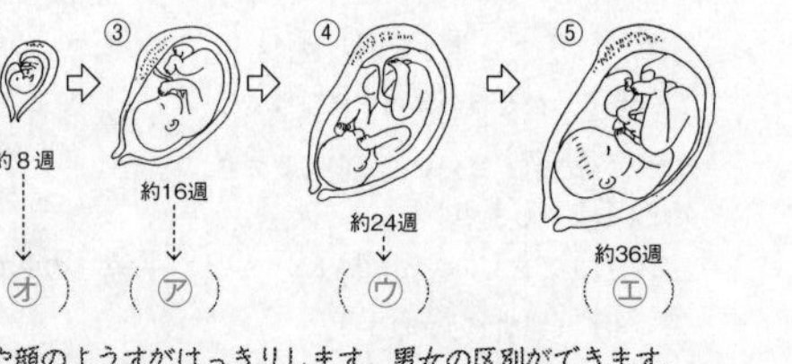

①（ ㋑ ）②（ ㋔ ）③（ ㋐ ）④（ ㋒ ）⑤（ ㋓ ）

㋐ 体の形や顔のようすがはっきりします。男女の区別ができます。
㋑ 心ぞうが動きはじめます。
㋒ 心ぞうの動きが活発になります。体を回転させ、よく動くようになります。
㋓ 子宮の中で回転できないくらいに大きくなります。
㋔ 目や耳ができます。手や足の形がはっきりします。体を動かしはじめます。

■4 図は、母親の体内で子どもが育つようすをかいたものです。①～④の名前を（　）にかき、あうものを㋐～㋓から選び、線で結びましょう。（名前と線 各5点）

①（ たいばん ）— ㋓ 養分やいらないものを交かんするところ
②（ へそのお ）— ㋑ 養分などが通る管
③（ 子宮 ）— ㋐ 子どもが育つところ
④（ 羊水 ）— ㋒ 子どもを守っている

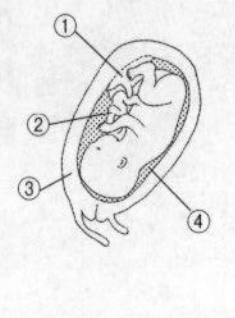

36

花から実へ ①
花のつくり

■1 図は、アサガオの花のつくりを表したものです。

(1) （　）にあてはまる名前を□から選んでかきましょう。

花びら　めしべ　おしべ　がく

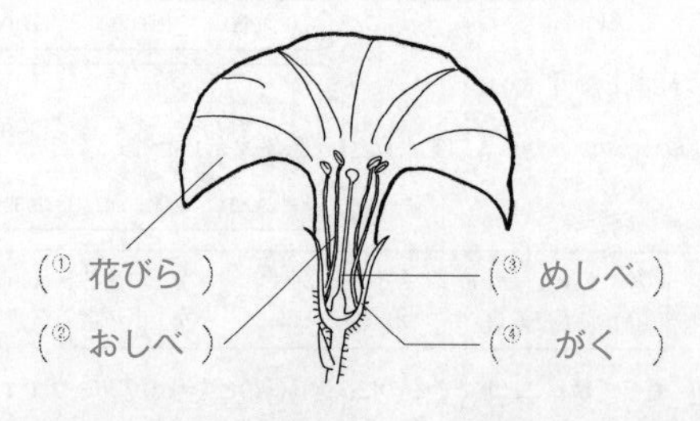

（① 花びら）（② おしべ）（③ めしべ）（④ がく）

(2) 次の（　）にあてはまる言葉を□から選んでかきましょう。

花びらには、虫をひきつけたり、おしべやめしべを（①守る）はたらきがあります。そして、おしべは（②やく）という花粉の入ったふくろを持っています。めしべはおしべの花粉を受粉して、実や（③種子）を育てます。
がくは、花びらやめしべ、おしべを（④支える）はたらきがあります。

種子　やく　支える　守る

月　日　名前

ポイント　おばな、めばなのつくりと、おしべ、めしべのはたらきを学習します。

■2 カボチャの花について、あとの問いに答えましょう。

(1) □には、おばな・めばなを、（　）にはその部分の名前を□から選んでかきましょう。

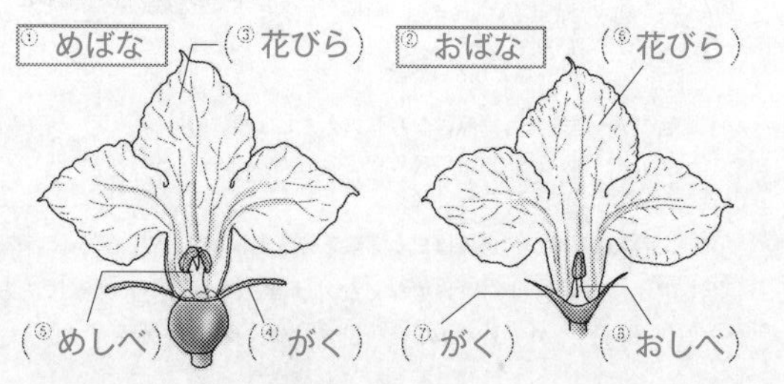

① めばな　（③花びら）　② おばな　（⑥花びら）
（⑤めしべ）（④がく）（⑦がく）（⑧おしべ）

めばな　おばな　がく　がく　めしべ
おしべ　花びら　花びら

(2) 次の（　）にあてはまる言葉を□から選んでかきましょう。

カボチャは、2種類の花がさきます。おばなにあるⒶを（①やく）といいます。Ⓐの中には、（②花粉）があります。(②)がめしべの先につくことを（③受粉）といいます。

花粉　受粉　やく

40

花から実へ ② 花のつくり

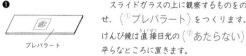

1 図はカボチャの花のおしべとめしべの先をスケッチしたものです。あとの問いに答えましょう。

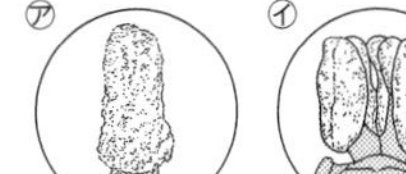

㋐
㋑

(1) おしべはどちらですか。記号で答えましょう。（ ㋐ ）

(2) めしべはどちらですか。記号で答えましょう。（ ㋑ ）

(3) おしべには粉がたくさんついていました。この粉は何ですか。（ 花粉 ）

(4) 子ぼうとよばれるふくらみがあるのは、どちらですか。記号で答えましょう。（ ㋑ ）

2 右の図は、アブラナの花のつくりを表したものです。あとの問いに答えましょう。

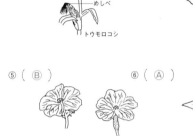

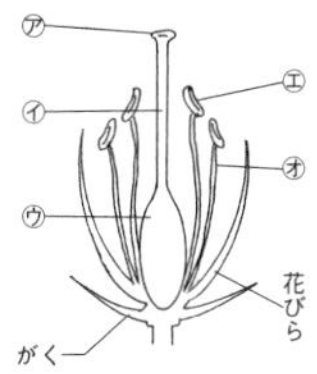

(1) 花粉がつくられるのは、㋐～㋔のどこですか。（ ㋓ ）

(2) 花がさいたあと実になるのは、㋐～㋔のどこですか。（ ㋒ ）

(3) おしべでつくられた花粉がつくのは、㋐～㋔のどこですか。（ ㋐ ）

(4) 花びらのはたらきについて正しいもの2つに○をしましょう。

（ ○ ）おしべやめしべを守る　（ ○ ）目立つ色で虫をよせる

（　）虫が中に入らないように守る

ポイント いろいろな花のつくりを学習します。　月　日　名前

3 「Ⓐ 1つの花にめしべとおしべがある花」と「Ⓑ めばなとおばなの区別がある花」について、次の花は、Ⓐ、Ⓑのどちらですか。（　）に記号をかきましょう。

① （ Ⓐ ）

アサガオ

② （ Ⓑ ）

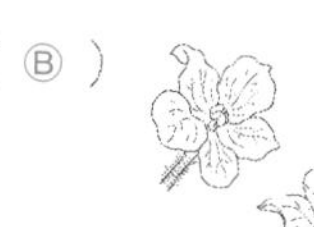

スイカ

③ （ Ⓑ ）

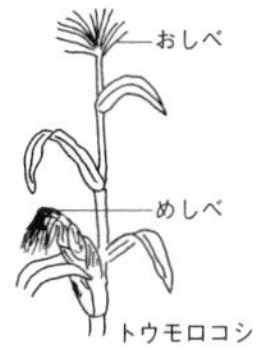

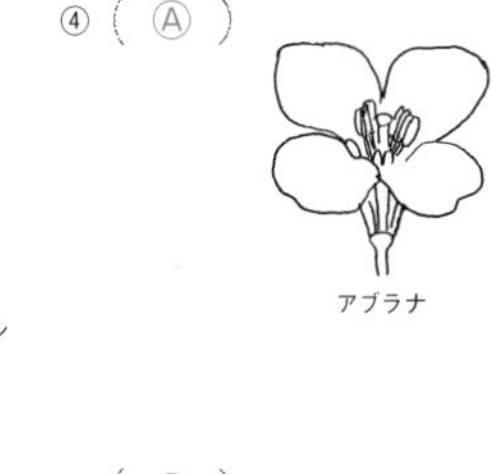

おしべ
めしべ
トウモロコシ

④ （ Ⓐ ）

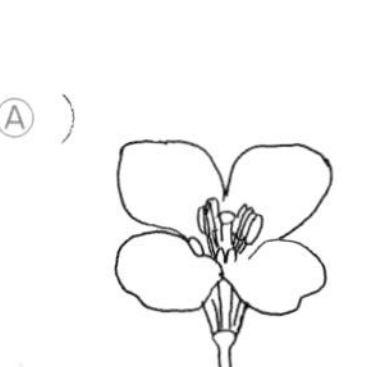

アブラナ

⑤ （ Ⓑ ）

ヘチマ

⑥ （ Ⓐ ）

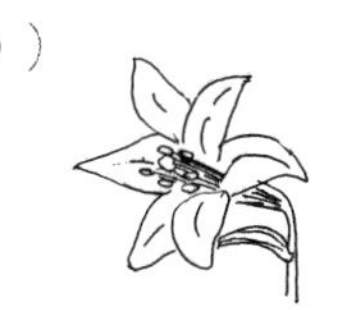

ユリ

花から実へ ③ 受粉

1 次の（　）にあてはまる言葉を□から選んでかきましょう。

(1) おしべの先についている粉のようなものを（① 花粉）といいます。
めしべの先をさわるとべとべとしていて、よく見るとその粉がついていました。
この粉は、ミツバチなど（② こん虫）の体にくっつきやすくなっていて、（③ おしべ）から（④ めしべ）へ運ばれます。
このようにおしべの（①）がめしべにつくことを（⑤ 受粉）といいます。

花粉　めしべ　おしべ　こん虫　受粉

(2) 春に花がさくアサガオやカボチャの（① 花粉）は、こん虫の体にくっついて、運ばれます。そのため、表面に（② 毛）や（③ とっき）があり、比かく的に（④ 大きく）できています。

とっき　毛　大きく　花粉　※②③

(3) マツなどの花粉は、（① 風）によって運ばれます。そのためつぶが（② 小さく）て軽く、空気のふくろがついていたりします。
右の図のようにトウモロコシは、おばながめばなより（③ 上）にあって、（④ 花粉）が下に落ちてきて、めしべにつくようになっています。

トウモロコシ　おばな　めばな

上　風　花粉　小さく

ポイント おしべの花粉がめしべにつく（受粉）ことをくわしく学習します。　月　日　名前

2 アサガオの花を使って、花粉のはたらきを調べる実験をしました。

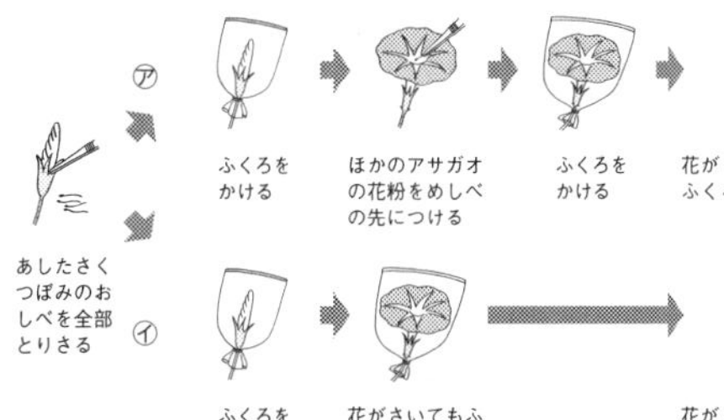

あしたさくつぼみのおしべを全部とりさる
㋐
ふくろをかける
ほかのアサガオの花粉をめしべの先につける
ふくろをかける
花がしぼんだらふくろをとる
㋑
ふくろをかける
花がさいてもふくろをかけたままにしておく
花がしぼんだらふくろをとる

(1) 次の（　）にあてはまる言葉を□から選んでかきましょう。

つぼみのときに（① おしべ）を全部とりさるのは、めしべに（② 花粉）がつかないようにするためです。また、ふくろをかけるのは、自然に花粉が（③ つかない）ようにするためです。㋐と㋑のつぼみで条件を変えているのは（④ めしべ）の先に花粉をつけるか、つけないかです。

めしべ　おしべ　花粉　つかない

(2) ㋐、㋑のうち実ができるのは、どちらですか。（ ㋐ ）

(3) ㋐、㋑の2つの実験から、実ができるためには何が必要ですか。
（ おしべの 花粉 がめしべにつくことが必要です ）

花から実へ ④ けんび鏡の使い方

1 次のけんび鏡の各部分の名前を□から選んでかきましょう。

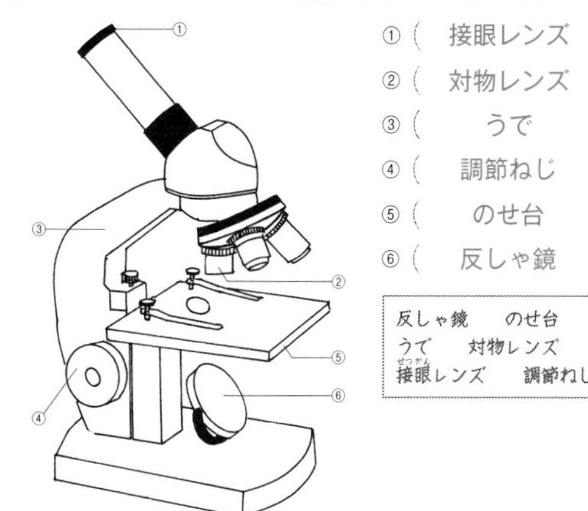

① （ 接眼レンズ ）
② （ 対物レンズ ）
③ （ うで ）
④ （ 調節ねじ ）
⑤ （ のせ台 ）
⑥ （ 反しゃ鏡 ）

反しゃ鏡　のせ台　うで　対物レンズ　接眼レンズ　調節ねじ

2 次の文章において、（　）の中の正しいものに○をつけましょう。

(1) けんび鏡では、倍率を（(高く)・低く）すると、見えるはん囲は（広く・(せまく)）なり、見たいものは大きく見えます。

(2) けんび鏡で見ると、上下左右は（同じ・(逆)）に見えます。つまり、見るものを左上にしたいときは、プレパラートを（左上・(右下)）に動かします。

ポイント けんび鏡のしくみと使い方を学習します。　月　日　名前

3 次の図は、けんび鏡の使い方を表したものです。（　）にあてはまる言葉を□から選んでかきましょう。

❶ スライドガラスの上に観察するものをのせ、（① プレパラート）をつくります。けんび鏡は直接日光の（② あたらない）平らなところに置きます。

❷ 一番（③ 低い）倍率にします。（④ 接眼レンズ）をのぞきながら、（⑤ 反しゃ鏡）の向きを変えて、明るく見えるようにします。

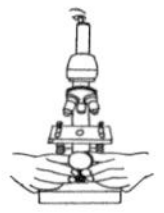

❸ プレパラートを（⑥ のせ台）の上に置きます。横から見ながら（⑦ 調節ねじ）を少しずつ回し、（⑧ 対物レンズ）とプレパラートの間を（⑨ せまく）します。

❹ （④）をのぞきながら（⑦）を回し、対物レンズとプレパラートの間を少しずつ（⑩ 広げ）、ピントをあわせます。

❺

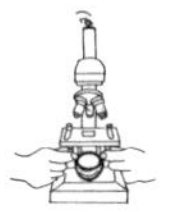

あたらない　調節ねじ　対物レンズ　接眼レンズ　反しゃ鏡　のせ台　プレパラート　広げ　低い　せまく

まとめテスト 花から実へ

1 次の図を見て、あとの問いに答えましょう。（1つ5点）

(1) ㋐～㋓の名前をかきましょう。

㋐（ 花びら ）　㋑（ がく ）
㋒（ めしべ ）　㋓（ おしべ ）

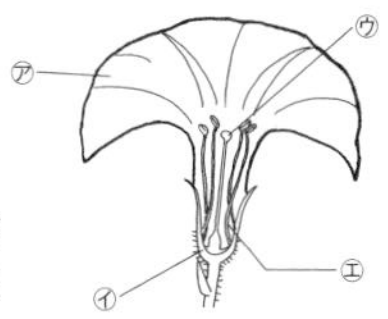

アサガオの花

(2) ㋓の先には粉のようなものがついています。それは何ですか。（ 花粉 ）

(3) (2)の粉が、めしべの先につくことを何といいますか。（ 受粉 ）

2 右の図はカボチャの花のつくりを表したものです。（1つ7点）

(1) Ⓐ、Ⓑの花は、それぞれ何とよばれますか。

Ⓐ（ おばな ）　Ⓑ（ めばな ）

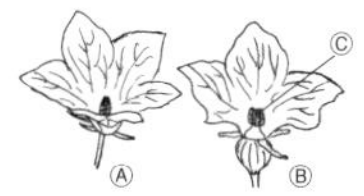

(2) 次の㋐～㋓のうちⒶについてかいたものを2つ選び、○をつけましょう。

㋐（　）この花にはめしべがあります。
㋑（ ○ ）この花はしぼんだあと、つけねから落ちてしまいます。
㋒（　）この花のつけねあたりに、実ができます。
㋓（ ○ ）この花のおしべで花粉がつくられます。

(3) Ⓒの部分をさわると、どのようになっていますか。正しい方に○をつけましょう。

（ ○ ）べとべとしている　（　）さらさらしている

月　日　名前　／100点

3 次の実験は花粉のはたらきを調べるために、ヘチマを受粉させたり、受粉できないようにしたりしたものです。（1つ5点）

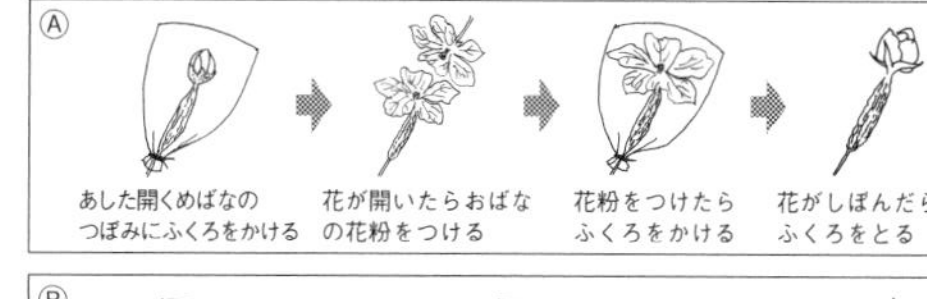

Ⓐ
あした開くめばなのつぼみにふくろをかける
花が開いたらおばなの花粉をつける
花粉をつけたらふくろをかける
花がしぼんだらふくろをとる

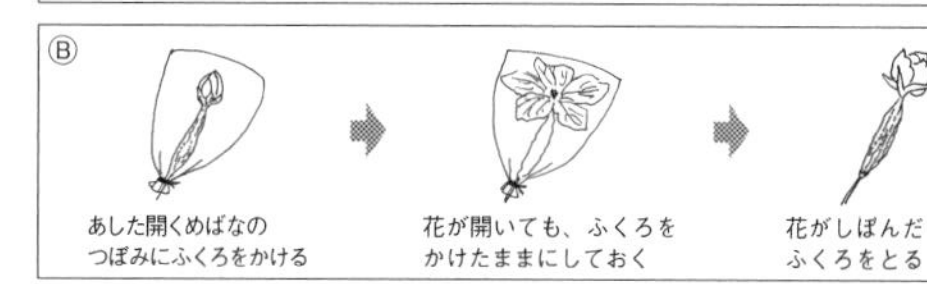

Ⓑ
あした開くめばなのつぼみにふくろをかける
花が開いても、ふくろをかけたままにしておく
花がしぼんだらふくろをとる

(1) Ⓐ、Ⓑは、受粉させたか、させないか、それぞれかきましょう。

Ⓐ（ 受粉させた ）　Ⓑ（ 受粉させない ）

(2) Ⓐ、Ⓑのうち、実ができるのはどちらですか。（ Ⓐ ）

(3) 正しいものには○、まちがっているものには×をかきましょう。

①（ × ）つぼみのうちにふくろをかけるのは、花粉がたくさんできるようにするためです。
②（ ○ ）つぼみのうちにふくろをかけるのは、花が開いたときに花粉がついてしまうのを防ぐためです。
③（ ○ ）花粉をつけたあとまたふくろをかけるのは、花粉以外の条件を同じにするためです。
④（ × ）花粉をつけたあとまたふくろをかけるのは、花を守るためです。

まとめテスト

花から実へ

月　日　名前　　/100点

1 けんび鏡について、あとの問いに答えましょう。（1つ5点）

(1) 下の図のけんび鏡の各部分の名前をかきましょう。

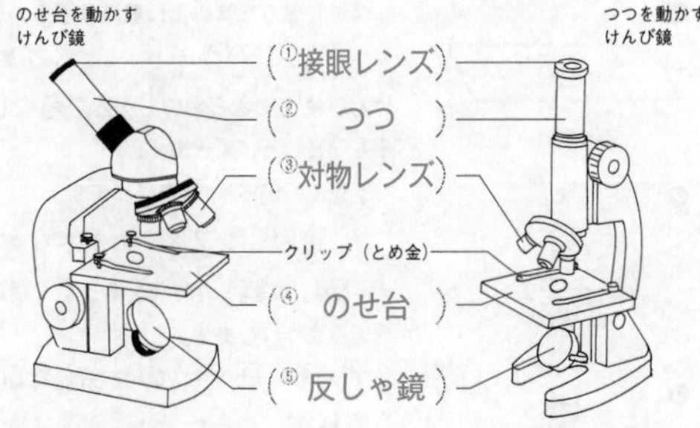

(2) 次の文章において、（　）の中の正しいものに○をつけましょう。

① けんび鏡は、日光が直接（あたる・(あたらない)）明るい場所に置いて使います。

② けんび鏡では、倍率を上げるほど、見えるはん囲が（広く・(せまく)）なります。

③ けんび鏡をのぞいて中が暗いときには（調節ねじ・(反しゃ鏡)）を動かして、明るく見えるようにします。

④ 倍率は、対物レンズと接眼レンズの倍率の（たし算・(かけ算)）の式で表すことができます。

⑤ つつを動かすけんび鏡のピントをあわせるときには、はじめにつつを（上・(下)）までいっぱいに動かしておきます。

2 次の植物について、あとの問いに答えましょう。（各5点）

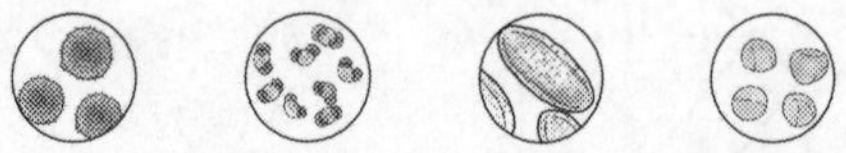

Ⓐ カボチャ　Ⓑ マツ　Ⓒ アブラナ　Ⓓ トウモロコシ

(1) めばなとおばながあるのはどれですか。3つ選んで、記号でかきましょう。（完答）　（Ⓐ）（Ⓑ）（Ⓓ）

(2) 花粉がめしべの先につくことを何といいますか。　（受粉）

(3) 花粉がこん虫によって運ばれるのはどれですか。2つ選んで、記号でかきましょう。（完答）　（Ⓐ）（Ⓒ）

(4) こん虫のほかに花粉は何によって運ばれますか。　（風や鳥）

(5) 上の方にさいたおしべの花粉が下のめしべに落ちてくるのはどれですか。記号でかきましょう。　（Ⓓ）

3 次の文のうち、正しいものには○、まちがっているものには×をかきましょう。（各5点）

①（×）どの花にも、おしべとめしべがあります。

②（○）おしべの先には、花粉があります。

③（×）おばなには、めしべがあり、おしべはありません。

④（○）めばなには、めしべがあり、おしべはありません。

⑤（○）植物の種類によって、おしべしかない花や、めしべしかない花もあります。

45

まとめテスト

花から実へ

月　日　名前　　/100点

1 図は、アサガオとカボチャの花のつくりをかいたものです。あとの問いに答えましょう。（1つ6点）

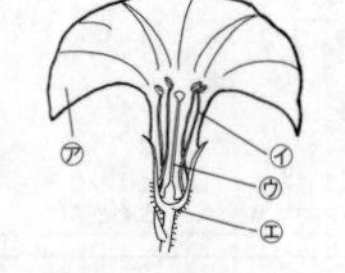
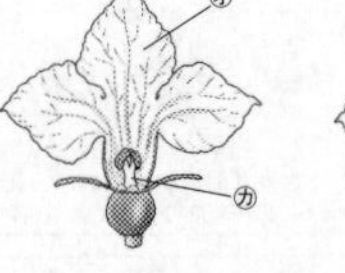
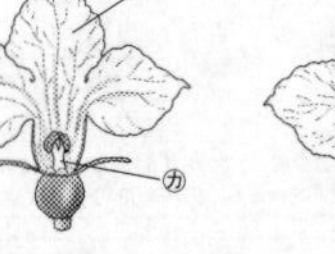
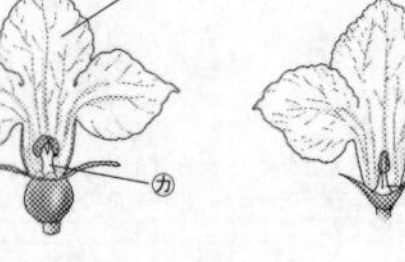
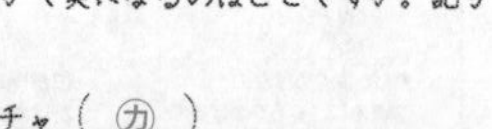

(1) もとの方がふくらんでいて、やがて実になるのはどこですか。記号でかきましょう。

アサガオ（㋒）　カボチャ（㋕）

(2) (1)の部分を何といいますか。　（めしべ）

(3) (1)の部分の特ちょうとして、正しいものを次の①～③から選びましょう。　（②）

① 先にふくろがあり、粉のようなものが入っています。
② 先は、丸くべとべとしています。
③ おばなにあります。

(4) 先から花粉が出てくるのはどれですか。記号でかきましょう。

アサガオ（㋑）　カボチャ（㋗）

(5) (4)の部分を何といいますか。　（おしべ）

2 図は、カボチャの花のつくりをかいたものです。あとの問いに答えましょう。

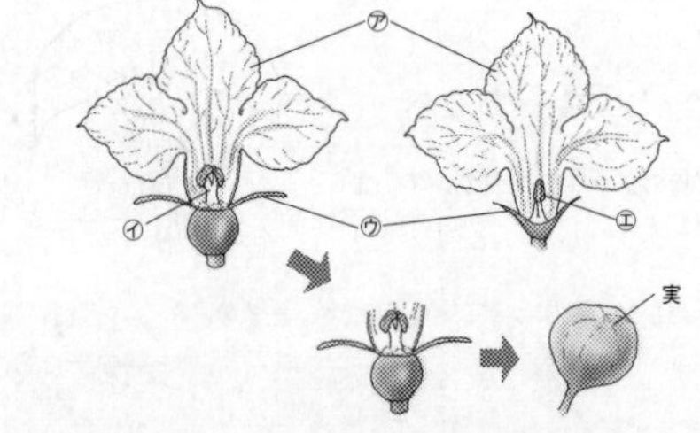

(1) ㋐～㋓の名前をかきましょう。（各7点）

㋐（花びら）　㋑（めしべ）
㋒（がく）　㋓（おしべ）

(2) 次の文は、㋐～㋓のどのはたらきについてかいたものですか。記号でかきましょう。（各6点）

①（㋒）めしべやおしべを支える
②（㋐）虫をひきつけ、おしべやめしべを守る
③（㋑）受粉したあと、種や実を育てる
④（㋓）花粉の入ったふくろがある

(3) 実の中に何ができますか。（6点）　（種）

46

まとめテスト

花から実へ

1 図は、アブラナの花のつくりを表したものです。あとの問いに答えましょう。（1つ7点）

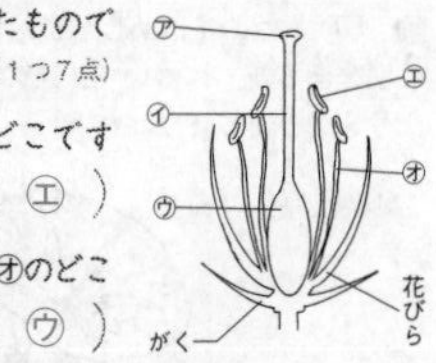

(1) 花粉がつくられるのは、㋐～㋔のどこですか。　（㋓）

(2) 花がさいたあと実になるのは、㋐～㋔のどこですか。　（㋒）

(3) おしべでつくられた花粉がつくのは、㋐～㋔のどこですか。　（㋐）

(4) 花びらはどんなはたらきをしますか。2つかきましょう。

（虫をおびきよせる）（おしべ・めしべを　守る）

(5) がくは、どんなはたらきをしますか。

（花びらや中のおしべ・めしべを　支える）

2 図は、けんび鏡で見た花粉です。（各6点）

(1) ①、②は、どの花の花粉ですか。□の中から選んでかきましょう。

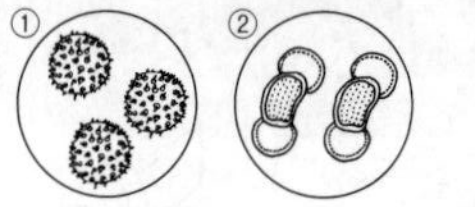

①（カボチャ）
②（マツ）

マツ　カボチャ

(2) ①、②の花粉は何によって運ばれますか。（　）にかきましょう。

①（こん虫）　②（風）

月　日　名前　　/100点

3 図は、花粉のはたらきを調べる実験です。（1つ6点）

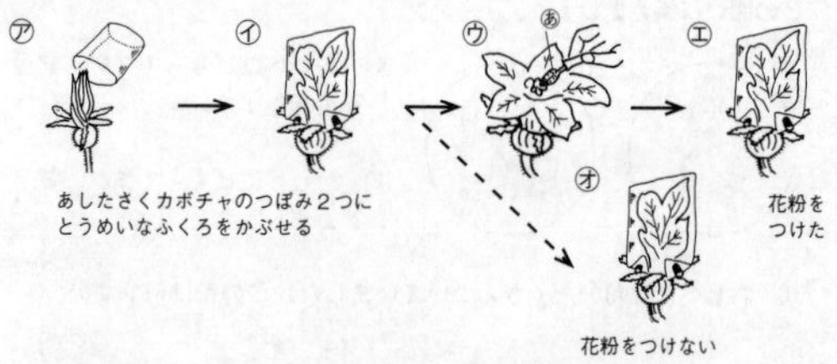

あしたさくカボチャのつぼみ2つにとうめいなふくろをかぶせる　花粉をつけた　花粉をつけない

(1) どの花にふくろをかぶせますか。○をつけましょう。

① おばな（　）　② めばな（○）

(2) ふくろをかぶせるのはなぜですか。（　）にあてはまる言葉をかきましょう。

自然に（花粉）がつかないようにするため

(3) ㋒で、手に持っているあは何ですか。（　）にあてはまる言葉をかきましょう。

花粉がついた（おしべ）

(4) 実ができるのは、㋓・㋔のどちらですか。記号をかきましょう。　（㋓）

4 こん虫が花粉を運ぶ花は、色があざやかで、においがするものが多いです。そのわけをかきましょう。（10点）

［目立つ色やにおいでこん虫を引きよせ、おしべの花粉をめしべに運んでもらうためです。］

47

流れる水のはたらき ①

けずる・運ぶ・積もらせる

1 図のような地面を流れる水のはたらきを調べる実験をしました。（　）にあてはまる言葉を□から選んでかきましょう。

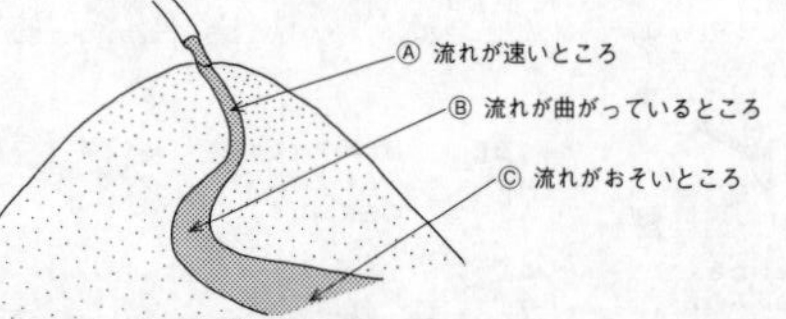

(1) 流れる水には、流れながら地面を（①けずる）はたらきがあります。Ⓐのように水の流れる速さが（②速い）ところでは、はたらきも（③大きく）なります。また、Ⓒのように水の流れる速さが（④おそい）ところでは、（⑤運んだ土）を積もらせるはたらきが大きくなります。

速い　おそい　けずる　大きく　運んだ土

(2) Ⓑのように流れが曲がっているところでは、外側は流れる速さが（①速く）、けずるはたらきと（②運ぶ）はたらきが大きくなります。また、内側では流れる速さが（③おそく）、（④積もらせる）はたらきが大きくなります。そのため、外側の方が川の深さが（⑤深く）なります。

速く　おそく　積もらせる　深く　運ぶ

月　日　名前

ポイント　流れる水のはたらきは、土をけずる・運ぶ・積もらせるの3つがあります。

2 次の（　）にあてはまる言葉を□から選んでかきましょう。

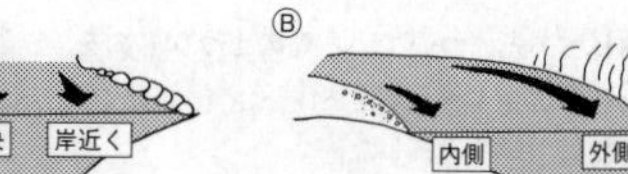

(1) Ⓐのように川の流れがまっすぐなところでは、川の水の流れは中央が（①速く）、岸に近いほど（②おそく）なります。そのため川底の深さは（③中央）が深くなっています。そして、両岸近くには、小石やすなが積もって、（④川原）になっています。

川原　速く　おそく　中央

(2) Ⓑのように川の流れが曲がっているところでは、川の水の流れは外側が（①速く）、内側が（②おそく）なります。そのため、外側の岸は（③がけ）になり、川底は深くなります。

がけ　速く　おそく

(3) 水の量が増えると流れは（①速く）なり、（②けずる）はたらきと（③運ぶ）はたらきが大きくなります。

水の量が減ると流れが（④おそく）なり、運んだものを（⑤積もらせる）はたらきが大きくなります。

けずる　運ぶ　積もらせる　速く　おそく

49

流れる水のはたらき ②
けずる・運ぶ・積もらせる

1 次の言葉とその説明を線で結びましょう。

① しん食作用　　㋐ 流れる水が土や石を運ぶはたらき
② 運ぱん作用　　㋑ 流れてきた土や石を積もらせるはたらき
③ たい積作用　　㋒ 流れる水が地面をけずるはたらき

2 図のような土の山にみぞをつくって水を流しました。

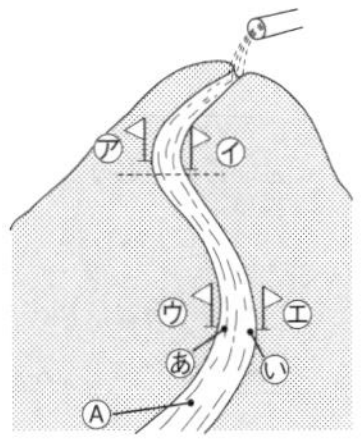

(1) 流れる水の速さはあといではどちらが速いですか。　（ い ）

(2) しばらく水を流したとき、たおれる旗は㋐～㋓のどれですか。　（ ㋐ と ㋓ ）

(3) 旗がたおれるのは、流れる水のどのはたらきによりますか。□の中から１つ選んでかきましょう。

しん食　運ぱん　たい積　　（ しん食 ）

(4) しばらく水を流したあと、図の……で切ったときのようすとして正しいものは①～③のどれですか。　（ ③ ）

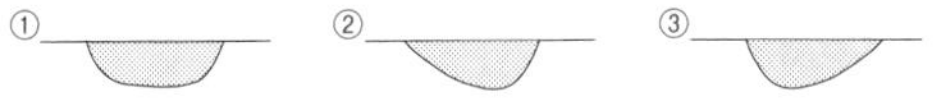

(5) Ⓐでの主なはたらきは、しん食・運ぱん・たい積のどれですか。　（ たい積 ）

月　日　名前

ポイント　水の流れのようすと、そのはたらきを学習します。

3 図は、川の曲がっているところの断面図です。（　）にあてはまる言葉を□から選んでかきましょう。

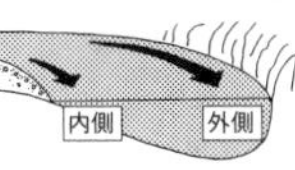

曲がっているところの内側は、流れの速さが（① おそく）なります。そのため岸は（② 川原）になっていることが多いです。

曲がっているところの外側は、流れの速さが（③ 速く）なります。そのため川底が（④ 深く）なっています。また岸は（⑤ がけ）になっていることが多いです。

川原　がけ　速く　深く　おそく

4 次の（　）にあてはまる言葉を□から選んでかきましょう。

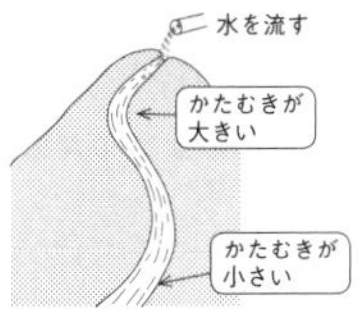

土地のかたむきが大きいところでは、（① しん食）作用と（② 運ぱん）作用が大きくなります。かたむきが小さいところでは、（③ たい積）作用が大きくなります。

水の量が多いときには、流れが速くなるので、（④ しん食）作用と（⑤ 運ぱん）作用が大きくなります。

水の量が少ないときには、流れがおそくなるので、（⑥ たい積）作用が大きくなります。

水を流す　かたむきが大きい　かたむきが小さい

しん食　たい積　運ぱん　●2回ずつ使います

流れる水のはたらき ③
土地の変化

1 川の上流、中流、下流のようすをまとめました。あとの問いに答えましょう。

(1) 下の図は、上流、中流、下流のどれですか。（　）にかきましょう。

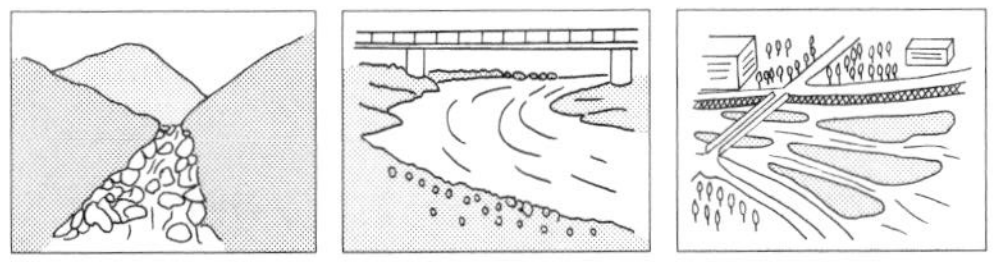

①（ 上流 ）　②（ 中流 ）　③（ 下流 ）

(2) 次の①～⑦にあてはまる言葉を□から選んでかきましょう。

	上流	中流	下流
水の速さ	流れが（① 速い）	流れがゆるやか	流れがさらに（② ゆるやか）
川岸のようす	両岸が（③ がけ）になっている	曲がっているところの内側は川原、外側はがけになっている	中流よりも（④ 川原）が広がり（⑤ 中州）もできている
石のようす	大きくて（⑥ 角ばった）石がごろごろしている	（⑦ 丸みのある）小石が多くなる	細かい土やすながたくさん積もる

丸みのある　速い　ゆるやか　川原　中州　がけ　角ばった

月　日　名前

ポイント　川の上流、中流、下流などの流れのようすや特色を学習します。

2 次の図を見て、あとの問いに答えましょう。

(1) （　）にあてはまる言葉を□から選んでかきましょう。

㋐　㋑　㋒

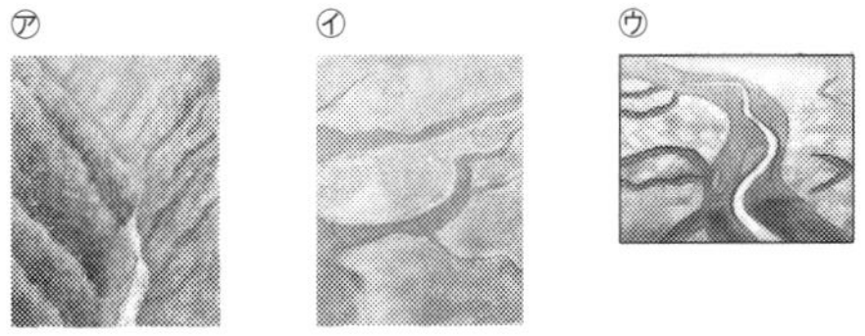

㋐は川の（① 上流）のようすです。両岸が切り立った（② がけ）でV字型になっているので（③ V字谷）といいます。

㋑は川の（④ 下流）のようすです。川がいくつにも分かれ、（⑤ 中州）もできています。

㋒は（⑥ 三日月湖）といって、川の道すじが変わったために、とり残された川の一部です。

がけ　中州　三日月湖　V字谷　上流　下流

(2) 流れる水の速さが最も速いのは、㋐～㋒のどれですか。　（ ㋐ ）

(3) 川原の石の大きさが最も大きいのは、㋐～㋒のどれですか。　（ ㋐ ）

流れる水のはたらき ④
土地の変化

1 ある川のⒶ～Ⓒの地点で、川のようすを観察しました。あとの問いに答えましょう。

(1) ⒶとⒸの地点の川のようすとして正しいものを㋐～㋒から選んでかきましょう。

Ⓐ（ ㋐ ）　Ⓒ（ ㋒ ）

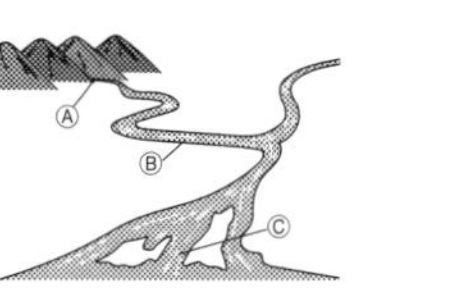
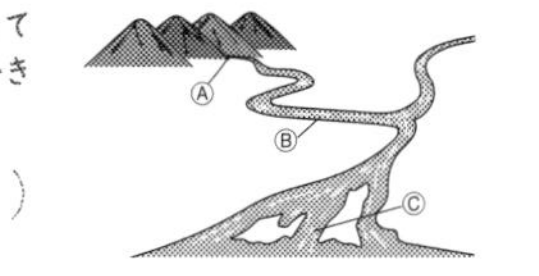

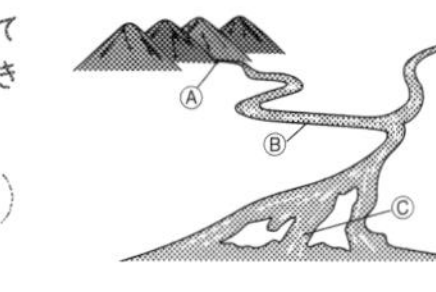
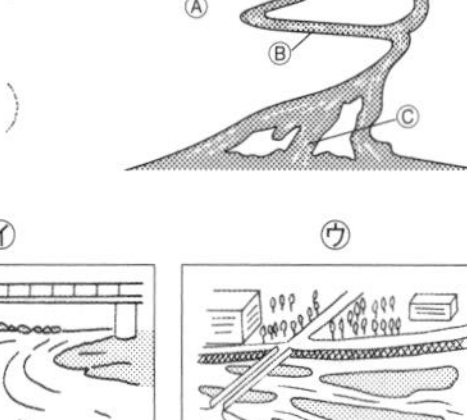

㋐　㋑　㋒

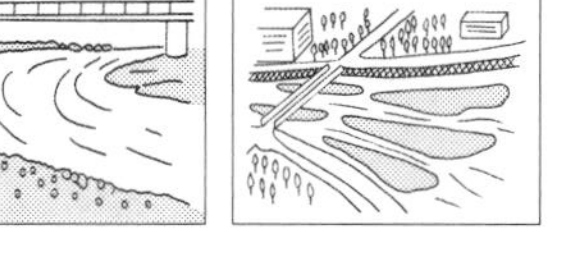

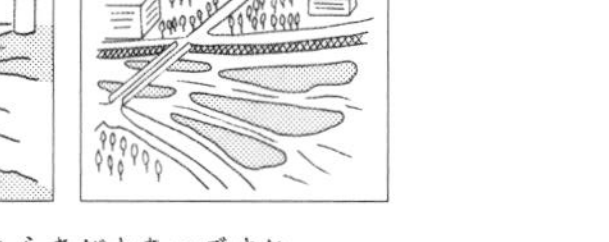

(2) ⒶとⒸでは、主に流れる水のどんなはたらきが大きいですか。

Ⓐ（しん食作用と運ぱん作用）　Ⓒ（ たい積作用 ）

(3) 次の①～③の図は、川の上流・中流・下流のどれですか。

①（ 中流 ）　②（ 下流 ）　③（ 上流 ）

(4) Ⓐ～Ⓒの地点で、川のはばが最も広いのはどれですか。記号でかきましょう。　（ Ⓒ ）

月　日　名前

ポイント　流れる水のはたらきによる土地の変化を学習します。

2 図を見て、あとの問いに答えましょう。

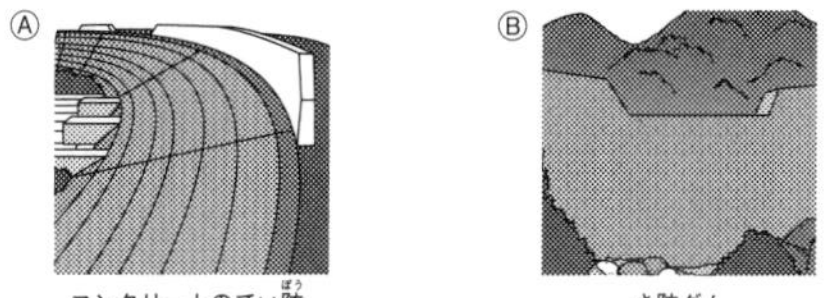

Ⓐ コンクリートのてい防　Ⓑ さ防ダム

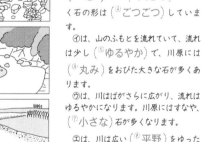

(1) Ⓐ、Ⓑは、何のためにつくられましたか。㋐～㋒から選んでかきましょう。

Ⓐ（ ㋐ ）　Ⓑ（ ㋒ ）

㋐ 川岸がけずられるのを防ぐため
㋑ 川の水があふれるのを防ぐため
㋒ 土やすなが流れるのを防ぐため

(2) 次の（　）にあてはまる言葉を□から選んでかきましょう。

川の水の量が（① 増える）と、流れる水のはたらきが（② 大きく）なります。ふだんおだやかな川でも、（③ 台風）やとつぜんの（④ 大雨）のときには、川の水が増えます。場合によっては、（⑤ 災害）が起こることもあります。

大雨　台風　災害　大きく　増える

(3) Ⓑは、次のうちどちらにつくるとよいですか。（　）に〇をつけましょう。

（〇）急なしゃ面がある上流　（　）中州がある下流

まとめテスト
流れる水のはたらき

月　日　名前　/100点

1 図のようにして流れる水のはたらきを調べました。正しい方に〇をつけましょう。（1つ5点）

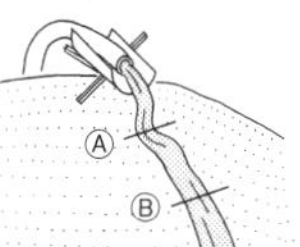

(1) 流す水の量を多くすると、流れる水の速さは（速く・おそく）なります。〔速く に〇〕

流す水の量を多くすると、流れる水が周りの土やすなをけずるはたらきは、（大きく・小さく）なります。〔大きく に〇〕

流す水の量を多くすると、流れる水がけずった土を運ぶはたらきは（大きく・小さく）なります。〔大きく に〇〕

流す水の量を多くすると、流れる水が運んだ土を積もらせるはたらきは（大きく・小さく）なります。〔小さく に〇〕

(2) 次の文章の説明にあう言葉を（　）にかきましょう。

（ 運ぱん ）作用 … 流れる水が土や石を運ぶはたらき
（ しん食 ）作用 … 流れる水が地面をけずるはたらき
（ たい積 ）作用 … 流れてきた土や石を積もらせるはたらき

(3) 下の図は、川の断面を表したものです。Ⓐ・Ⓑどちらの断面ですか。

㋐　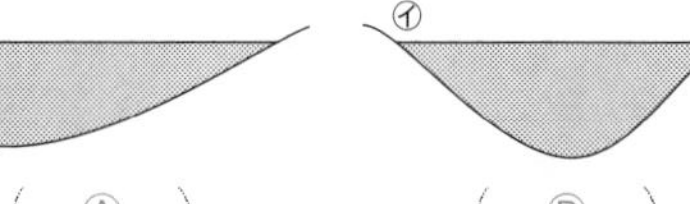　（ Ⓐ ）

㋑　　（ Ⓑ ）

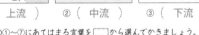

2 上流、中流、下流の川のようすについて、（　）にあてはまる言葉を□から選んでかきましょう。（1つ5点）

㋐は、両岸が切り立った、V字型の谷で（① V字谷）といいます。流れは（② 急）で、（③ 大きな）岩が多く石の形は（④ ごつごつ）しています。

㋑は、山のふもとを流れていて、流れは少し（⑤ ゆるやか）で、川原には（⑥ 丸み）をおびた大きな石が多くあります。

㋒は、川はばがさらに広がり、流れはゆるやかになります。川原にはすなや、（⑦ 小さな）石が多くなります。

㋓は、川は広い（⑧ 平野）をゆったりと流れ、川の深さは（⑨ 浅く）、川原はすなや（⑩ ねん土）が多くなります。図のⒶのような（⑪ 中州）ができたりします。

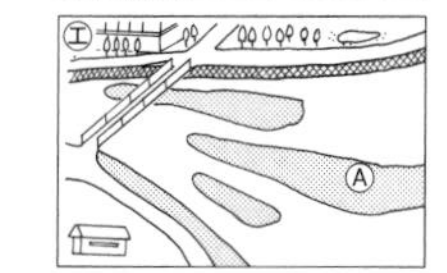

中州　V字谷　平野　急　ゆるやか　大きな　小さな　ごつごつ　丸み　浅く　ねん土

まとめテスト

流れる水のはたらき

月　日　名前　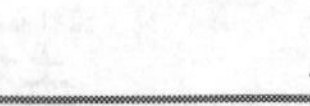

1 図のようにして流れる水のはたらきを調べました。あとの問いに答えましょう。

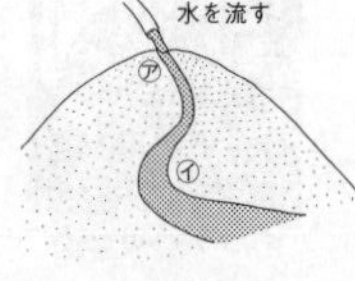

(1) 流れる水が地面をけずるはたらきを何といいますか。（4点）

（しん食）作用

(2) 図の㋐、㋑のようすとして、正しいものには○、まちがっているものには×をつけましょう。（各3点）

①（×）㋐は、たい積作用が大きくはたらいています。
②（○）㋐の水の流れは、㋑に比べると速いです。
③（○）㋑は、たい積作用が大きくはたらいています。
④（○）㋑は、内側に土やすながたまりやすいです。

(3) 流す水の量を増やすと、流れる水の速さや地面をけずるはたらきは、それぞれどうなりますか。（各3点）

① 水の速さ　（速くなる）
② けずるはたらき（大きくなる）

(4) 次の（　）にあてはまる数や言葉をかきましょう。（各3点）

流れる水のはたらきは、（① 3）つあります。そのうち、石やすなを運ぶはたらきを（②運ぱん）作用といいます。水の流れが（③速い）ところや水の量が（④多い）と、このはたらきは大きくなります。

2 次の（　）にあてはまる言葉を□から選んでかきましょう。（各4点）

川の曲がり角の（① 外側）にがけができるのは、流れてきた（② 水）が川岸にぶつかり、長い間に川岸の土や岩を（③けずり）、おし流したからです。

川の曲がり角の（④内側）が川原になるのは、流れが（⑤おそい）ために、上流から運ばれてきた（⑥小石）、（⑦すな）や（⑧ねん土）がしずんで（⑨積もる）からです。　※⑥⑦⑧

すな　水　おそい　外側　ねん土　小石　内側　けずり　積もる

3 次の文は、上流、中流、下流のうちどこのようすを表したものですか。（　）にかきましょう。（各5点）

① 川はばはせまく、水の流れが速いです。（上流）
② 丸みをおびた小石が川原にたくさん積もっています。（中流）
③ 角ばった大きな岩があります。（上流）
④ 水の流れがとてもゆるやかで、すなのたまった中州ができていたりします。（下流）
⑤ 両岸ががけになっています。（上流）
⑥ V字型の深い谷になっています。（上流）

まとめテスト

流れる水のはたらき

月　日　名前　

1 図のように水を流しました。あとの問いに答えましょう。

(1) 水を流し終えたあとのようすとして正しいものはどれですか。（5点）

（イ）

ア　たまった土や石　イ　ウ

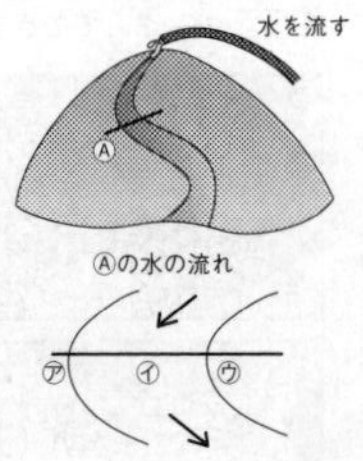

Ⓐの水の流れ

(2) Ⓐの水の流れで、流れが速いのは㋐～㋒のどれですか。（5点）（㋐）

(3) 水を流し終えたあとのⒶの川の断面をかきましょう。（6点）

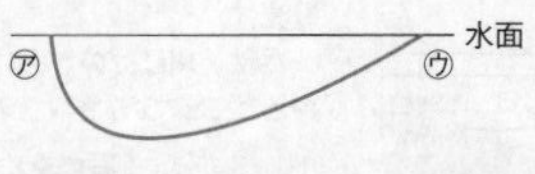

㋐　㋒　水面

(4) 次の（　）にあてはまる言葉を□から選んでかきましょう。（各6点）

川の水の量が（①増える）と、流れる水のはたらきが、（②大きく）なります。そのため、大雨がふったときには、がけくずれやてい防の決かいなどの（③災害）が起こることがあります。そこで、ダムをつくって、川底のすなが（④流される）のを防いだり、コンクリートのブロックやてい防をつくり、川岸の土が（⑤けずられ）たり、流されたりするのを防ぐようにしています。

災害　けずられ　流される　大きく　増える

2 次の文で正しいものには○、まちがっているものには×をかきましょう。（各6点）

①（○）川の水は、雨や雪として地面にふった水が流れこんでできたものです。
②（○）雪どけの春になると川の水量が増えます。
③（×）雨のふらない日には、川の水はなくなります。
④（○）川の水は、量が少ないときでも、すなや土など軽いものを運んでいます。
⑤（○）梅雨のころには、川の水量は増えます。
⑥（×）川原にころがっている小石は、角ばっているものが多いです。

3 次の問いに答えましょう。（各6点）

(1) 多くの川原の石が丸みをおびているのはなぜですか。次の①、②から選びましょう。

① 川の中でころがっているうちに丸くなるから。
② もともと石は丸くなる性質があるから。（①）

(2) 次の①、②のどちらの方の川原の石が大きいですか。

① 山の中を流れる川　② 平地を流れる川（①）

(3) 川原の石が次に流されて運ばれるのは、どんなときですか。次の①、②から選びましょう。

① 大雪がふり、気温が下がったとき。
② 大雨がふり、水の量が増えたとき。（②）

まとめテスト

流れる水のはたらき

月　日　名前　100点

1 図は、川の断面を表したものです。あとの問いに答えましょう。（各7点）

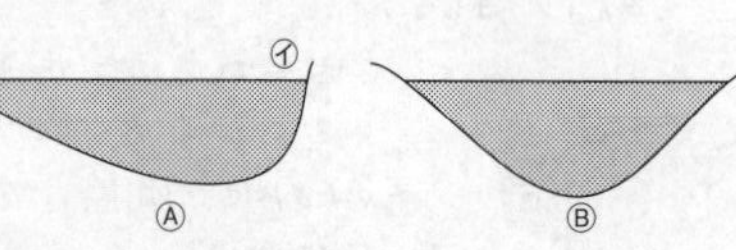

(1) 川の曲がっているところの断面を表しているのはⒶ、Ⓑのどちらですか。（Ⓐ）

(2) 川の断面がⒶのようになるのは、なぜですか。次の①～③から選びましょう。（②）

① 川のまっすぐなところでは、岸近くと中央部分で、流れの速さがちがうから。
② 川の曲がっているところでは、外側と内側で流れる水の速さがちがうから。
③ 流れる水のはたらきは、川のどの部分も同じだから。

(3) Ⓐの図で、川岸が次のような地形になっているのは、㋐、㋑のどちらですか。

がけになっている（㋑）　川原になっている（㋐）

(4) 次の文で、正しいものに○をつけましょう。

川原ができるのは、流れる水が運んだ土を積もらせるはたらきがもう一方の川岸より（大きい・小さい）からです。［大きい に○］

Ⓑのように川の中央が深くなるのは、中央付近がはしに比べて、流れが（速い・おそい）からです。［速い に○］

2 流れる水のはたらきによって、土がけずられたり、運ばれたりすることについて、あとの問いに答えましょう。（1つ7点）

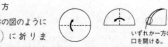

(1) 大雨のあとのように川の水の量が多くなるとき、川の流れが土をけずるはたらきは、大きくなりますか。小さくなりますか。

（大きくなる）

(2) 川がせまいところは、川が広いところと比べて、川の流れの速さは、速いですか。おそいですか。（速い）

(3) (2)のような場所では、どのような川のはたらきが大きくなりますか。2つ答えましょう。

（しん食　作用）（運ぱん　作用）

(4) 大雨のあとに川の水が茶色くにごっています。これは、なぜですか。

水中に（しん食された土が運ばれているから。）

(5) 川原に丸い小石が多くあります。どのようにして石が丸くなったのですか。

川底をころがっていく間に（石にぶつかり丸みをおびる）

3 図のような形の川で、てい防をつくります。どの場所につくるとよいですか。記号をかきましょう。また、理由もかきましょう。（場所6点、理由10点）

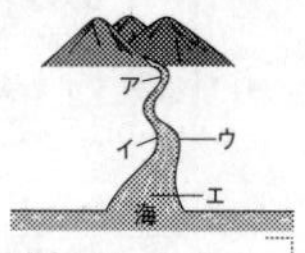

ア　イ　ウ　エ　海

つくる場所（ウ）

理由　曲がった部分では外側がしん食されるので、そこを防ぐためです。

もののとけ方 ①

器具の使い方

月　日　名前

ポイント　メスシリンダー・アルコールランプなどの器具の使い方や、ろ過の仕方も学習します。

1 次の（　）にあてはまる言葉を□から選んでかきましょう。

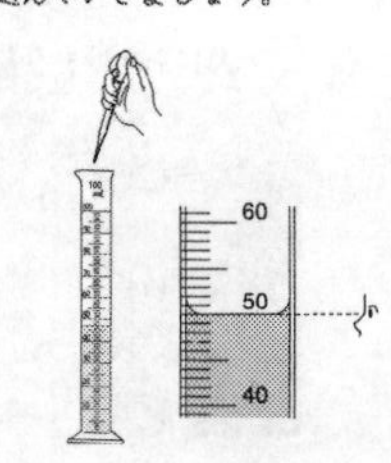

水よう液の体積をはかる図のような器具を（①メスシリンダー）といいます。

50mLをはかるときに50の目もりより少し（②下）のところまで水を入れ、残りは（③スポイト）で少しずつ入れて目もりをあわせます。

目もりを読むときは、（④真横）から見て、水面の（⑤へこんだ）ところを読みます。

メスシリンダー　スポイト　下　真横　へこんだ

2 次の文章において、正しい方に○をつけましょう。

アルコールランプのアルコールは、全体の（半分・8分目）くらいまで入れておきます。［8分目 に○］

アルコールランプの燃える部分のしんは、（3mm・5mm）くらい出します。［5mm に○］

実験用ガスコンロのガスボンベが正しくとりつけられているかを（実験前・実験後）にたしかめます。［実験前 に○］

加熱器具は、（片手・両手）で持ち運ぶようにします。［両手 に○］

3 次の（　）にあてはまる言葉を□から選んでかきましょう。

(1) ろ紙の折り方

ろ紙は、右の図のように（① 4つ）に折ります。折った紙の1か所を広げて（②円すい）の形にします。

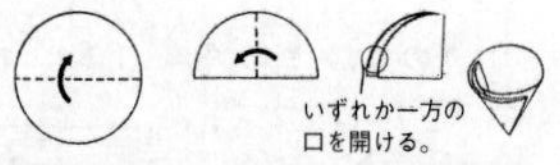

いずれか一方の口を開ける。

スポイトでろ紙をぬらして（③ろうと）にぴったりつけます。

円すい　ろうと　4つ

(2) ろ過の仕方

ろ紙をつけたろうとは、管の先を（①ビーカー）のかべにつけます。

水よう液をろうとに注ぐときは、液を（②ガラス）のぼうに伝わらせて（③少しずつ）注ぎます。

ろうとにたまる水よう液の高さが、（④ろ紙）の高さをこえないようにします。

ビーカー　ろ紙　ガラス　少しずつ

もののとけ方 ②
水よう液

月　日　名前

ポイント　ものが水にとけた液を水よう液といいます。

1 次の(　)にあてはまる言葉を□から選んでかきましょう。

コーヒーシュガーを水に入れると、つぶはとけて(①見え)なくなり、茶色の部分が水全体に(②広がって)いきます。液がとうめいになることを、ものが水に(③とけた)といいます。水にとけたものは少しぐらい時間がたっても水と分かれて(④出てくること)はありません。ものが水にとけた液のことを(⑤水よう液)といいます。

コーヒーシュガーなどを水に入れて、ぼうでかきまぜると、かきまぜないときよりも(⑥速く)とけます。

とけた　広がって　見え　速く　水よう液　出てくること

2 次の(　)にあてはまる言葉を□から選んでかきましょう。

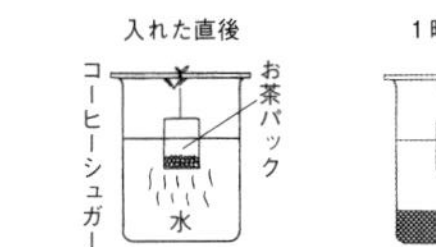

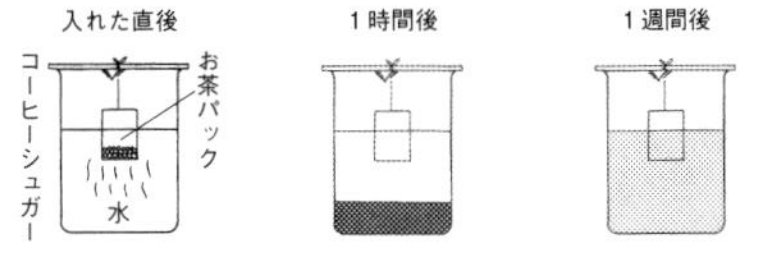

コーヒーシュガーをお茶パックに入れて、ビーカーの水の中に入れました。入れた直後、お茶パックの下から、うすい(①茶色)のもやもやしたものが見られます。

コーヒーシュガーの(②つぶ)が見えなくなり、底の方が、(①)くなっています。1週間後ビーカー(③全体)に、茶色の部分が広がっています。

茶色　つぶ　全体

3 次の文は、水よう液についてかいています。正しいものには○、まちがっているものには×をかきましょう。

① (○) 水よう液は、無色とうめいなものもあります。
② (×) 石けん水のようにうすくなれば、とうめいになるものは水よう液です。
③ (×) ものが水にとけて見えなくなるのは、とけたものがなくなっているからです。
④ (○) 水よう液には、味やにおいがあるものもあります。
⑤ (○) ものが水にとけても、その重さはなくなりません。

4 次の実験の結果から、あとの問いに答えましょう。

	水でとかしたもの	すきとおっているか	色
㋒ (×)	みそ	㋐ (Ⓑ)	うす茶
㋓ (×)	粉石けん	こくすれば牛にゅうのように不とうめいである。	白っぽい
㋔ (○)	ミョウバン	すきとおっている。	無色
㋕ (○)	コーヒーシュガー	㋑ (Ⓐ)	うす茶色

(1) ㋐、㋑にあうものを表の(　)に記号でかきましょう。

Ⓐ すきとおっている。
Ⓑ すきとおっているが、かすがしずんでいる。

(2) ㋒〜㋕で水よう液といえるのはどれですか。いえるものには○、そうでないものには×をかきましょう。

60

もののとけ方 ③
水よう液

月　日　名前

ポイント　ものをとかした水よう液の重さは、とかしたものの重さと水の重さをあわせたものになります。

1 次の(　)にあてはまる言葉を□から選んでかきましょう。

㋐ 水 25mL　食塩 2g　ふたつきの容器　薬包紙　㋑ 食塩を入れる　ふたをしてよくふる　42g

(1) ものが水にとけたとき、とけたものの重さはどうなるか、食塩を水にとかす実験をしました。はじめに、㋐の(①水)を入れた容器と(②薬包紙)にのせた食塩をはかりにのせて、全体の(③重さ)をはかります。

次に㋑のように(④食塩)を容器に入れてよくとかし、容器と薬包紙をのせ、全体の(③)をはかります。

㋐の重さをはかると42gでした。㋑で食塩をとかして重さをはかると、(⑤42)gになりました。

水　薬包紙　重さ　42　食塩

(2) ㋐では、容器と(①水)と(②食塩)と薬包紙の重さは42g、㋑では、容器と食塩の(③水よう液)と薬包紙の重さは42gでした。

容器、薬包紙の重さは同じですから、水と食塩の重さも同じです。この実験から

(④水)の重さ＋(⑤食塩)の重さ＝食塩の(⑥水よう液)の重さとなります。

※①②、④⑤

水　食塩　水よう液　◉2回ずつ使います

2 いろいろなものを図のようにすべて水にとかしました。あとの問いに答えましょう。

㋐ 食塩 10g　水50g
㋑ さとう 15g　水50g
㋒ ホウ酸 3g　水80g

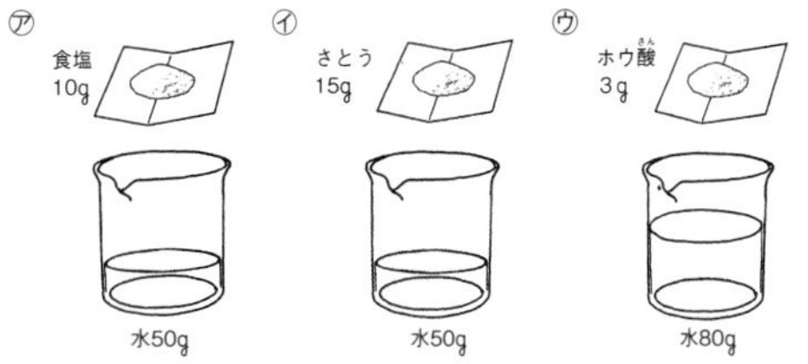

(1) ㋐〜㋒をとかしてできた水よう液の重さは何gですか。

食塩の水よう液 (60 g)　さとうの水よう液 (65 g)　ホウ酸の水よう液 (83 g)

(2) ㋐〜㋒の水よう液で、つぶは見えますか。見えるものに○を、見えないものには×を(　)にかきましょう。

㋐ (×)　㋑ (×)　㋒ (×)

(3) 次の(　)にあてはまる言葉を□から選んでかきましょう。

水に(①とけた)ものは、目には(②見えなくても)水よう液の中にあります。

とけた　見えなくても

61

もののとけ方 ④
もののとける量

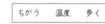

1 グラフは、50mLの水にとける食塩とミョウバンの量と温度の関係を比べたものです。次の(　)にあてはまる数字や言葉を□から選んでかきましょう。

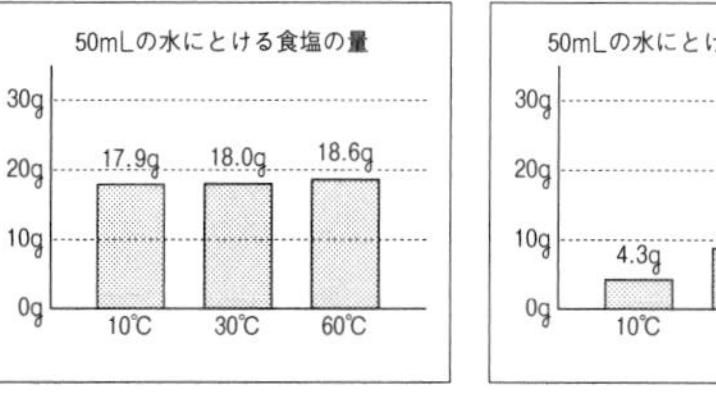

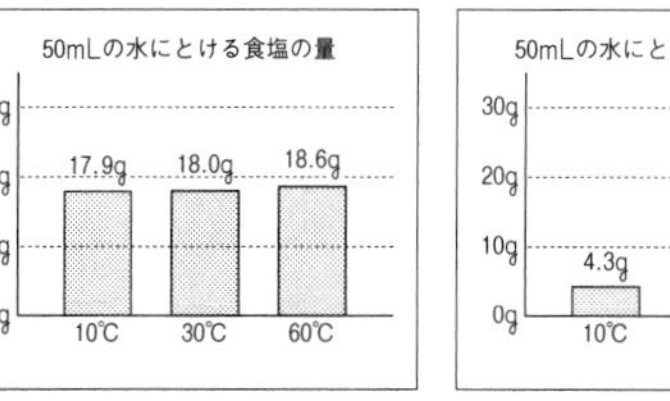

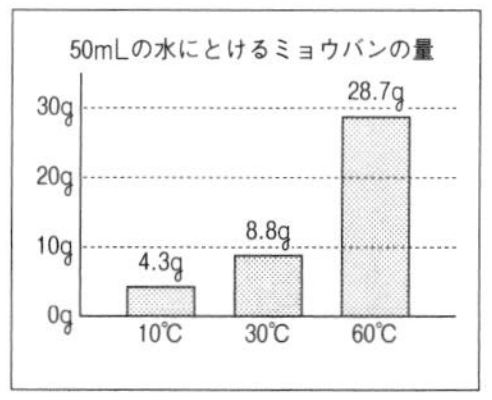

(1) 50mLの水にとける食塩の量は、10℃の水では(①17.9)gで、30℃の水では(②18.0)gで、60℃の水では(③18.6)gです。

また、50mLの水にとけるミョウバンの量は、10℃の水では(④4.3)gで、30℃の水では(⑤8.8)gで、60℃の水では(⑥28.7)gです。

4.3　8.8　17.9　18.0　18.6　28.7

(2) この2つのもののとけ方でわかることは、(①温度)が高ければ、とける量も(②多く)なります。

また、ものによって、とける量が(③ちがう)ということです。

ちがう　温度　多く

月　日　名前

ポイント　水の量と食塩、ミョウバン、ホウ酸などのとける量について学びます。

2 グラフは、50mLの水にとける食塩とホウ酸の量と水の温度の関係を比べたものです。次の文章において、正しい方に○をつけましょう。

50mLの水にとける食塩の量　30g　20g　10g　0g　17.9g　18.0g　18.6g　10℃　30℃　60℃

50mLの水にとけるホウ酸の量　30g　20g　10g　0g　1.9g　3.5g　7.5g　10℃　30℃　60℃

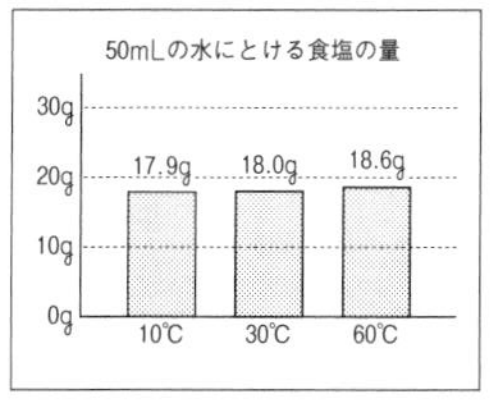

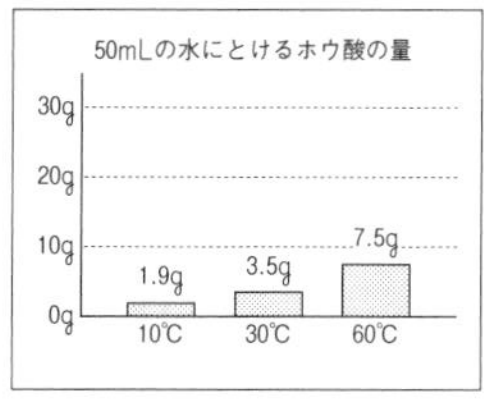

(1) 水の温度が10℃のとき、食塩がとける量は(⑰17.9・1.9)gでホウ酸がとける量は(17.9・①1.9)gです。

(2) 水の温度を10℃から30℃にしたとき、とける量があまり変わらないのは(食塩・ホウ酸)です。(食塩に○)

(3) 50mLの水に6gのホウ酸をすべてとかすためには、水の温度を(30・60)℃にすればよいです。(60に○)

(4) 温度が60℃で、50mLの水に20gの食塩を入れてよくかきまぜると、(全部とけます・とけ残ります)。(とけ残りますに○)

(5) 温度が60℃で、50mLの水にとけるだけホウ酸をとかしました。この水よう液を冷やしました。すると、5.6gのホウ酸が出てきました。水の温度を(10・30)℃まで下げたことがわかります。(10に○)

62

もののとけ方 ⑤
もののとける量

1 グラフを見て、あとの問いに答えましょう。

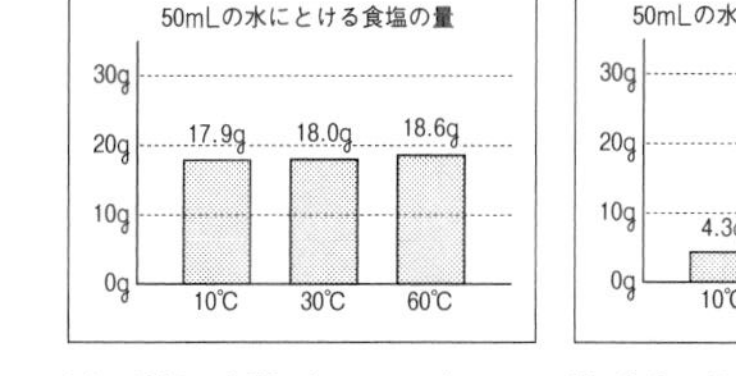

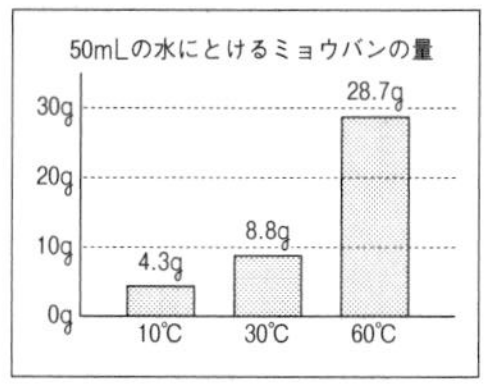

(1) 10℃の水50mLにとかすことのできる量が多いのは、食塩とミョウバンのどちらですか。　(食塩)

(2) 30℃の水50mLに、食塩20gを入れてよくかきまぜましたが、とけ残りがありました。すべてをとかすにはどうすればいいですか。次の㋐〜㋒から選びましょう。　(㋐)

㋐ 水を50mL加える。
㋑ 水の温度を60℃まで上げる。
㋒ もっとよくかきまぜる。

(3) 30℃の水50mLに、ミョウバン20gを入れてよくかきまぜましたが、とけ残りがありました。すべてをとかすにはどうすればいいですか。(2)の㋐〜㋒から選びましょう。　(㋑)

(4) 60℃の水50mLにとけるだけのミョウバンをとかしました。この水よう液が、30℃に温度が下がったとき、ミョウバンのとけ残りは何gになりますか。　(19.9g)

(5) 水の温度が30℃で、100mLの水にミョウバンをとかします。最大何gまでとけますか。　(17.6g)

月　日　名前

ポイント　水にとけるものには、とける量に限りがあることを学習します。

2 3つのビーカーに、それぞれ10℃、30℃、50℃の水が同じ量ずつ入っています。これらに同じ量のミョウバンを入れ、かきまぜると、2つのビーカーでとけ残りが出ました。

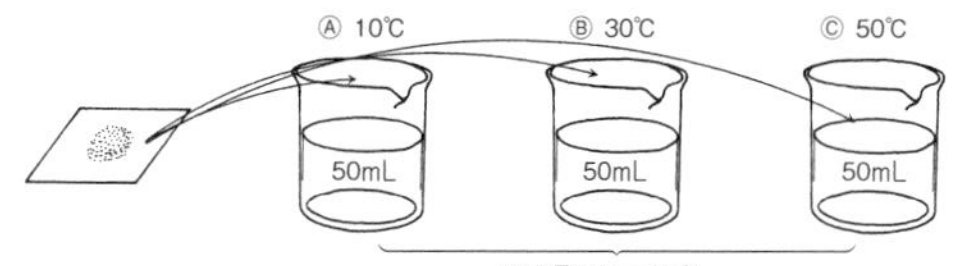

(1) 全部がとけてしまったのは、Ⓐ〜Ⓒのどれですか。　(Ⓒ)

(2) とけ残りが一番多かったのは、Ⓐ〜Ⓒのどれですか。　(Ⓐ)

3 同じ温度の水を50mL入れた3つのビーカーに4g、6g、8gのミョウバンを入れてよくかきまぜました。□の中はその結果です。

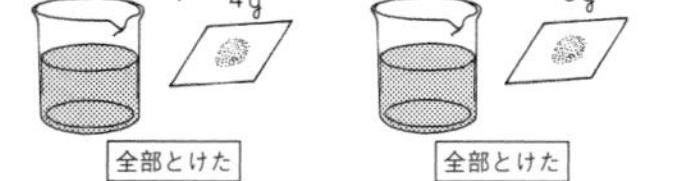

(1) ㋐と㋑の水よう液では、どちらがこいですか。　(㋑)

(2) ㋒で水にとけたミョウバンの重さは何gですか。　(6g)

(3) (2)から考えて、㋐の水よう液には、あと何gのミョウバンをとかすことができますか。　(2g)

(4) ㋐のミョウバンの水よう液の重さは、何gですか。　(54g)

63

ものの とけ方 ⑥

とけたものを取り出す

■1 図のようにして，ろ紙をつけたろうとに液を注ぎました。あとの問いに答えましょう。

(1) 図のようにして液にまじっているものをこしとることを，何といいますか。
（ ろ過 ）

(2) ろ紙の上に残るものはどんなものですか。次の㋐，㋑から選びましょう。（ ㋑ ）

㋐ 水にとけていたもの　㋑ 水にとけていなかったもの

(3) ろ紙を通りぬけた液を何といいますか。（ ろ液 ）

(4) 食塩水を図のように，ろ紙に注ぎました。ろ紙を通りぬけた液には食塩はとけていますか，とけていませんか。
（ とけている ）

■2 次の（　）にあてはまる言葉を□から選んでかきましょう。

60℃の水にミョウバンをとかしました。この水よう液を（①冷やす）と白いつぶが出てきました。この白いつぶは（②ミョウバン）で（③結しょう）といいます。白いつぶが出てきた水よう液を再び（④あたためる）と白いつぶは見えなくなりました。

あたためる　冷やす　ミョウバン　結しょう

月　日　名前

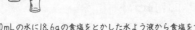

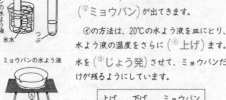

ポイント　水よう液から，ろ過や温度を下げる・じょう発させるなどの方法でとけているものを取り出します。

■3 次の（　）にあてはまる言葉を□から選んでかきましょう。

20℃になると，ミョウバンの水よう液にとけ残りが出ました。このとけ残りのミョウバンを（①ろ過）してとり出しました。とけ残りがなくなった水よう液から，さらに，ミョウバンをとり出します。

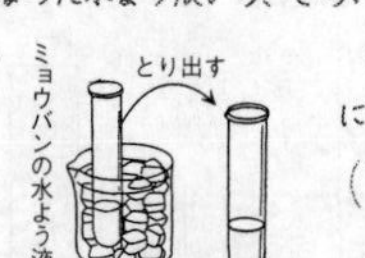

㋐の方法は，20℃の水よう液の温度をさらに（②下げ）ます。とけきれなくなった（③ミョウバン）が出てきます。

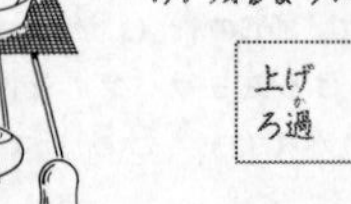

㋑の方法は，20℃の水よう液を皿にとり，水よう液の温度をさらに（④上げ）ます。水を（⑤じょう発）させて，ミョウバンだけが残るようにしています。

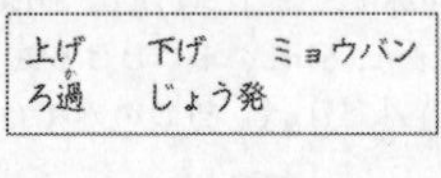

上げ　下げ　ミョウバン　ろ過　じょう発

■4 60℃で50mLの水に18.6gの食塩をとかした水よう液から食塩をできるだけたくさんとり出したいと思います。どうすればよいか，次の㋐〜㋒の中から正しいものを選びましょう。（ ㋒ ）

㋐ ろ過を何回もくり返します。
㋑ 氷水につけて温度を下げます。
㋒ じょう発皿に入れて水をじょう発させます。

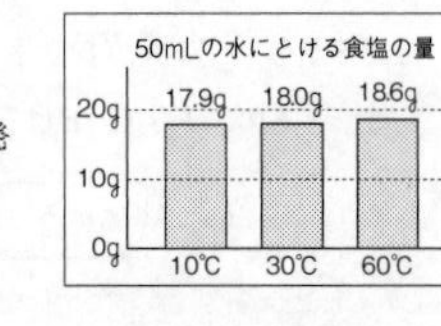

64

まとめテスト

もののとけ方

■1 お茶を入れる紙ぶくろに，コーヒーシュガーをつめて，水の中に入れました。次の文で正しいものには○，まちがっているものには×をかきましょう。（各6点）

①（ ○ ）ふくろの下の方から，もやもやしたものが下へ流れます。
②（ × ）コーヒーシュガーのつぶの大きさは，変わりません。
③（ × ）10日間ほどおいておくと，下の方だけ，色がこくなっています。
④（ ○ ）10日間ほどおいておくと，水全体が同じ色になっています。
⑤（ × ）とけたあと，色がついていると水よう液といいません。

水　コーヒーシュガー

■2 水・とけたもの・水よう液の重さについて，あとの問いに答えましょう。（各7点）

(1) 50gの水を容器に入れ，7gの食塩を入れてよくかきまぜたら，全部とけました。できた食塩の水よう液の重さは何gですか。
（ 57g ）

(2) 重さ50gのコップに60gの水を入れ，さとうを入れてよくかきまぜたら，全部とけました。全体の重さをはかったら128gでした。とかしたさとうは何gですか。
（ 18g ）

(3) 重さのわからない水に食塩をとかしたら，18gとけました。できた水よう液の重さを調べたら，78gでした。何gの水にとかしましたか。
（ 60g ）

月　日　名前　／100点

■3 グラフを見て，あとの問いに答えましょう。（1つ7点）

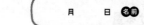

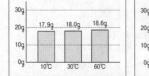

50mLの水にとける食塩の量
30g　20g　10g　0g
10℃ 17.9g　30℃ 18.0g　60℃ 18.6g

50mLの水にとけるミョウバンの量
30g　20g　10g　0g
10℃ 4.3g　30℃ 8.8g　60℃ 28.7g

(1) 10℃の水50mLにとかすことのできる量が多いのは，食塩とミョウバンのどちらですか。
（ 食塩 ）

(2) 30℃の水50mLに食塩20gを入れてよくかきまぜましたが，とけ残りがありました。すべてとかすにはどうすればいいですか。次の㋐〜㋒から選びましょう。
（ ㋐ ）

㋐ 水を50mL加える。　㋑ 水の温度を60℃まで上げる。
㋒ もっとよくかきまぜる。

(3) 60℃の水50mLにミョウバンをとけるだけとかしました。この水よう液を30℃，10℃に冷やしました。それぞれ何gの結しょうが出てきますか。

30℃（19.9g）　10℃（24.4g）

(4) 次の（　）にあてはまる言葉をかきましょう。

この実験から（①温度）によってとける量が（②ちがう）ことがわかります。また，同じ温度でもとかすものによって，とける量が（③ちがいます）。

65

まとめテスト

もののとけ方

■1 水よう液について，正しいものには○，まちがっているものには×をかきましょう。（各5点）

①（ × ）色のついているものは水よう液ではありません。
②（ ○ ）水よう液は，すべてとうめいです。
③（ ○ ）ものが水にとけて見えなくなっても，とけたものはなくなっていません。
④（ × ）水にものがとけてとうめいになれば，そのものの重さはなくなっています。
⑤（ × ）石けん水は，水よう液です。
⑥（ × ）一度水にとけたものは，とり出すことはできません。

■2 右の器具を使って，水を50mLはかりとります。今，目もりまで水が入りました。（各5点）

(1) この器具の名前をかきましょう。
（ メスシリンダー ）

(2) この器具は，どんな場所に置きますか。
（ 平らなところ ）

Ⓐ　Ⓑ　Ⓒ　50　40　Ⓓ　Ⓔ

(3) 目の位置はⒶ〜Ⓒのうちどれが正しいですか。
（ Ⓑ ）

(4) 目もりは，Ⓓ，Ⓔどちらで読めばよいですか。（ Ⓔ ）
また，今は，何mL入っていますか。（ 47mL ）

(5) ちょうど50mLにするためにどんな器具を使って水をつぎたせばよいですか。
（ スポイト ）

月　日　名前　／100点

■3 グラフを見て，次の（　）にあてはまる数字や言葉をかきましょう。（各5点）

図1 (g) 水 50mL　30　20　10　0　5.7g　28.7g　冷やす　とけきれない量　Ⓐ　20　60 (℃)

図2 (g)　10　5　0　5.7g　11.4g　液の量が減るとどけきれない量　Ⓑ　50mL　100mL　水温20℃のとき

図1Ⓐミョウバンの水よう液を20℃まで冷やしました。すると（① 23 ）gのミョウバンがとけきれずに出てきました。

図2Ⓑミョウバンの水よう液を熱して，50mLまで液の量を少なくすると，（② 水 ）だけがじょう発します。この水よう液の温度が20℃のとき，（③ 5.7 ）gの（④ミョウバン）が出てきます。

水にとけていたものが，とけきれずに，同じような形のつぶとなって出てきます。これを（⑤結しょう）といいます。

■4 液の中に出てきたミョウバンだけを図のようにしてとり出しました。（1つ4点）

① ㋐，㋑，㋒の器具の名前をかきましょう。
㋐（ ろうと ）㋑（ ろうと台 ）
㋒（ ビーカー ）

② この方法を何といいますか。（ ろ過 ）

③ 下にたまった液Ⓐはとうめいですが，ミョウバンはとけていますか。（ とけています ）

66

まとめテスト

もののとけ方

■1 グラフを見て，あとの問いに答えましょう。

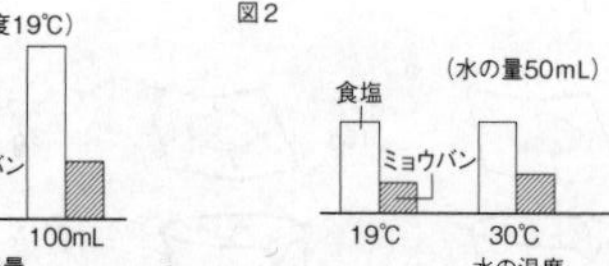

(1) ミョウバンは，水の量が増えるととける量はどうなりますか。次の㋐〜㋒から選びましょう。（8点）
㋐ 増える　㋑ 減る　㋒ 変わらない　（ ㋐ ）

(2) 食塩は，水の量が増えるととける量はどうなりますか。次の㋐〜㋒から選びましょう。（8点）
㋐ 増える　㋑ 減る　㋒ 変わらない　（ ㋐ ）

(3) 水の温度によって，とける量が大きく増えるのは，食塩・ミョウバンのどちらですか。（8点）
（ ミョウバン ）

(4) グラフからわかることとして，正しいものには○，まちがっているものには×をかきましょう。（1つ9点）

①（ ○ ）水の量が増えるととける量は増えます。
②（ × ）食塩は，温度が高いほど，とける量が増えます。
③（ × ）食塩は，どんな条件であっても，限りなくとけます。
④（ ○ ）50℃から19℃まで温度を下げると食塩よりミョウバンの方がつぶが多く出ます。

月　日　名前　／100点

■2 ふたつきの容器に入れた水に，食塩をとかして液の重さを調べました。あとの問いに答えましょう。（1つ8点）

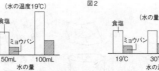

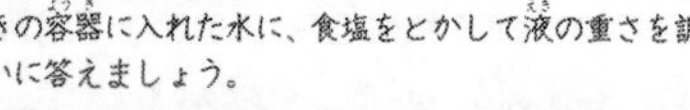

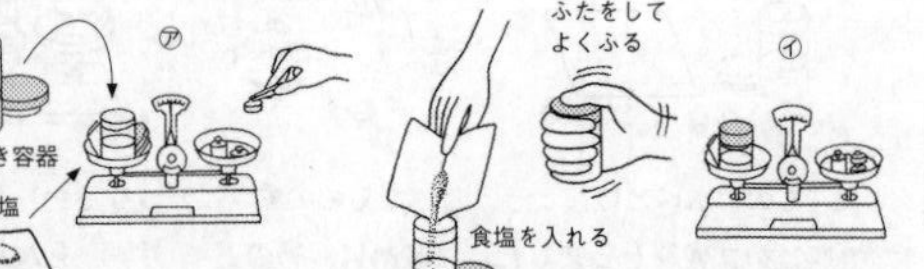

(1) ㋐は130gでした。㋑の重さは次のうちどれですか。正しいものに○をつけましょう。

①（　）130gより軽い　②（　）130gより重い
③（ ○ ）130gと同じ

(2) (1)になる理由で正しいものを1つ選びましょう。（ ③ ）

① 食塩は水をすいこむので，全体の重さは重くなります。
② 食塩は水にとけてなくなったから，全体の重さは軽くなります。
③ 食塩は水にとけましたが，食塩がなくなったわけではないので，全体の重さは変わりません。

(3) 次の（　）にあてはまる言葉をかきましょう。

食塩水の重さ＝（ 水 ）の重さ＋（ 食塩 ）の重さ

(4) 食塩をたくさんとかす方法としてふさわしい方に○をつけましょう。

①（ ○ ）水の量を増やす　②（　）水の温度を上げる

67

まとめテスト

もののとけ方

月　日　名前　　/100点

1 図は、ミョウバンの水よう液にとけ残りができたときのとり出し方を表したものです。あとの問いに答えましょう。（1つ5点）

(1) 図のようにしてとり出す方法を何といいますか。（ ろ過 ）

(2) ㋐～㋔の名前をかきましょう。
㋐（ ガラスぼう ）㋑（ ろうと ）
㋒（ ろ紙 ）㋓（ ろうと台 ）
㋔（ ビーカー ）

(3) Ⓐは何ですか。正しい方に○をつけましょう。
①（ ）水　②（○）ミョウバンの水よう液

2 図のように、食塩をとかしました。あとの問いに答えましょう。（1つ6点）

(1) 次の中で、全部とけるものには○、とけ残りが出るものには×をかきましょう。 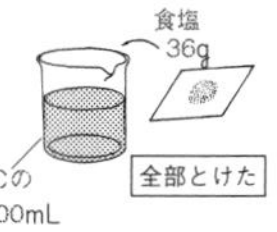
①（×）20℃の水10mLで食塩5g
②（○）20℃の水20mLで食塩7g
③（×）20℃の水50mLで食塩19g

食塩36g　20℃の水100mL　全部とけた

(2) 図の食塩水のこさを調べました。正しいものに○をつけましょう。
①（ ）上の方がこい
②（ ）下の方がこい
③（○）こさはどこも同じ

(3) 図の食塩水の重さは、何gですか。（ 136 g ）

3 グラフを見て、あとの問いに答えましょう。（1つ5点）

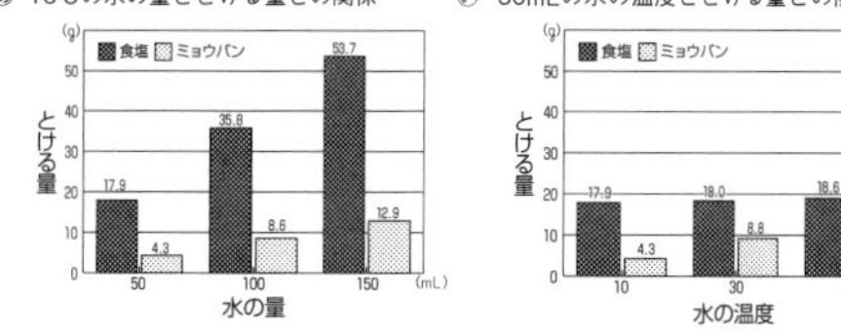

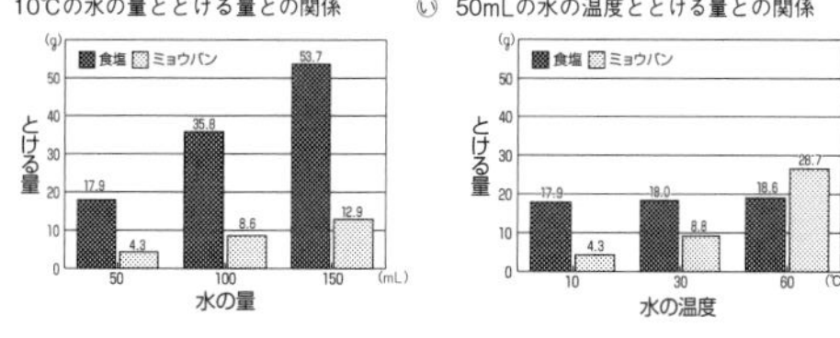

(1) 水の温度が10℃のとき、50mLの水にとける食塩とミョウバンの量は、それぞれ何gですか。
食塩（ 17.9g ）　ミョウバン（ 4.3g ）

(2) 水の温度を10℃から30℃にしたとき、水にとける量があまり変わらないのは、食塩とミョウバンのどちらですか。（ 食塩 ）

(3) 50mLの水に9gのミョウバンを全部とかすためには、水の温度を何℃にすればよいですか。次の㋐～㋒から選びましょう。（ ㋒ ）
㋐ 10℃　㋑ 30℃　㋒ 60℃

(4) 温度が60℃で50mLの水に20gの食塩を入れてよくかきまぜました。食塩は全部とけますか、とけ残りますか。（ とけ残る ）

(5) 温度が60℃で50mLの水に10gのミョウバンをとかしました。その水よう液を氷水につけ、温度を30℃に下げました。出てきたミョウバンのつぶは何gになりますか。（ 1.2g ）

(6) 温度が30℃で100mLの水に食塩をとかしていきました。最大何gまでとけますか。（ 36g ）

68

ふりこの運動 ①

ふりこ

1 次の（ ）にあてはまる言葉を□から選んでかきましょう。

(1) おもりを糸などにつるしてふれるようにしたものを（①ふりこ）といいます。 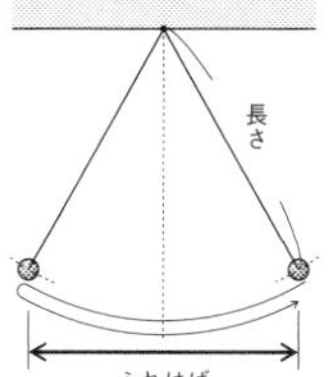
つるしたおもりが静止している位置から、ふれの一番はしまでの水平の長さをふりこの（②ふれはば）といいます。ふりこの長さとは、糸をつるした点からおもりの（③中心）までの長さをいいます。

ふりこ　ふれはば　中心

(2) 1往復とは、ふらせはじめた（①位置）にもどるまでをいいます。
ふりこの1往復する時間の求め方は、1往復の時間が、短いので（②10）往復の時間を（③3）回はかって、その（④平均）を求めます。すると次のようになりました。

10往復する時間（秒）

1回目	2回目	3回目	3回の合計
12.3	13.1	12.8	38.2

3回の平均は、38.2÷3＝12.73…
小数第2位を四捨五入して（⑤12.7）秒です。10往復で12.7秒だから1往復は、12.7÷10＝1.27→約（⑥1.3）秒となります。

平均　10　3　位置　12.7　1.3

70

月　日　名前

ポイント　ふりこが1往復する時間を調べます。

2 次の（ ）にあてはまる言葉を□から選んでかきましょう。

(1) 図1では、おもりの（①重さ）を変えて、ふりこが（②1往復）する時間を調べます。そのとき、同じにするのはふりこの（③長さ）とふれはばです。

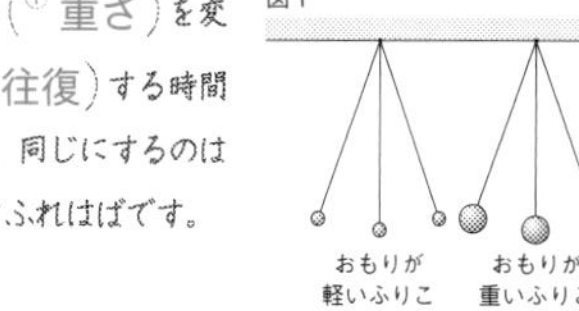

長さ　重さ　1往復

(2) 図2では、ふりこの（①長さ）を変えて、ふりこが（②1往復）する時間を調べます。そのとき、同じにするのはふりこの（③重さ）とふれはばです。

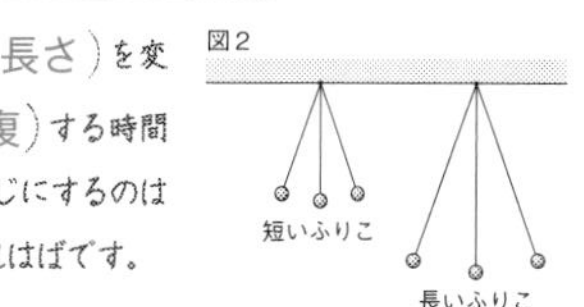

長さ　重さ　1往復

(3) 図3では、（①ふれはば）を変えてふりこが1往復する時間を調べます。そのとき、同じにするのは、ふりこの（②長さ）と（③重さ）です。

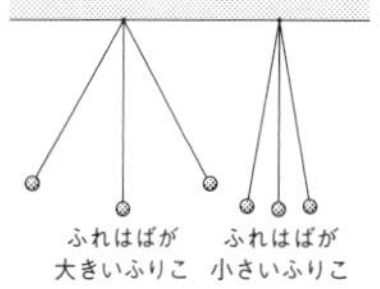

※②③

長さ　重さ　ふれはば

ふりこの運動 ②

ふりこ

1 次の（ ）にあてはまる言葉を□から選んでかきましょう。

(1) 図1はふりこの（①長さ）のちがいを比べたものです。1往復する時間が長いのは（②㋑）です。

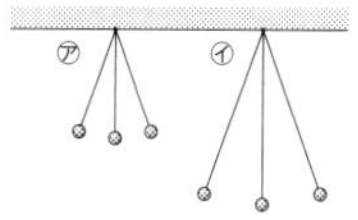

図2は、ふりこの（③ふれはば）のちがいを比べたものです。1往復する時間は（④同じ）です。

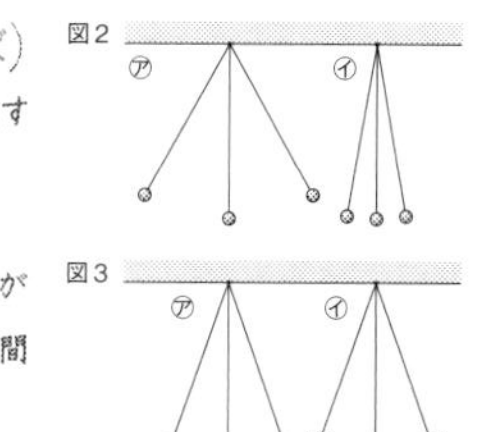

図3はふりこの（⑤重さ）のちがいを比べたものです。1往復する時間は、（④）です。

ふれはば　重さ　長さ　㋑　同じ

(2) (1)の結果から、ふりこが1往復する時間は、（①ふりこの長さ）で変わることがわかります。ふりこの（②重さ）や（③ふれはば）を変えても、時間は変わりません。1往復する時間は、ふりこを長くすると、1往復する時間は（④長く）なり、ふりこを短くすると、（⑤短く）なります。

※②③

ふれはば　長く　短く　重さ　ふりこの長さ

月　日　名前

ポイント　ふりこのふれはば、おもりの重さ、ふりこの長さを比べ1往復する時間を調べます。

2 図のように、㋐～㋔のふりこがあります。あとの問いに答えましょう。

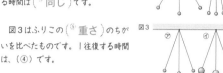

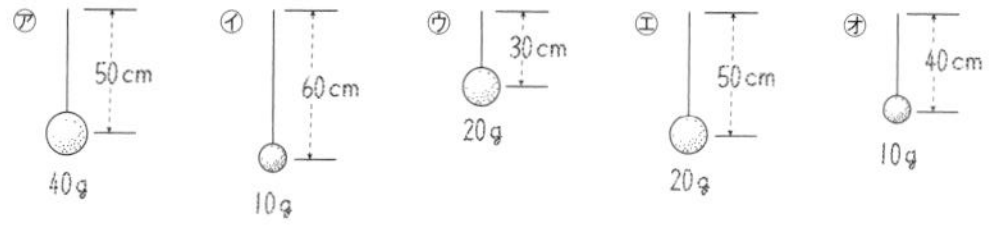

(1) ふりこが1往復する時間が、一番短いのはどれですか。（ ㋒ ）

(2) ふりこが1往復する時間が、一番長いのはどれですか。（ ㋑ ）

(3) ふりこの1往復する時間が、同じになるのは、どれとどれですか。（ ㋐ ）と（ ㋓ ）

(4) ㋐と㋔のふりこが1往復する時間を同じにするためには㋔のふりこをどのように変えればよいですか。（ ）にあてはまる言葉をかきましょう。
㋔のふりこの（ 長さ ）を（ 50cm ）にする。

3 次の中からふりこの性質を利用しているものを3つ選んで記号でかきましょう。（ ㋐ , ㋒ , ㋔ ）

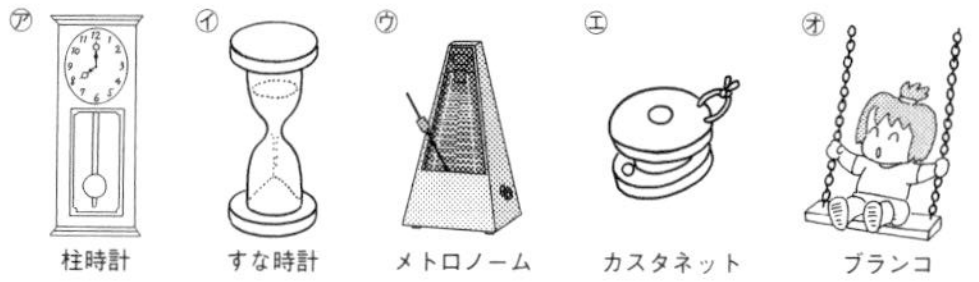

71

まとめテスト

ふりこの運動

1 ふりこの1往復する時間が、ふれはば、おもりの重さ、ふりこの長さのどれに関係するかを調べました。（(1)～(4)各5点）

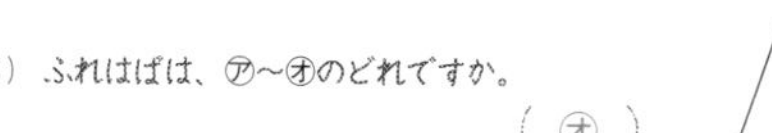

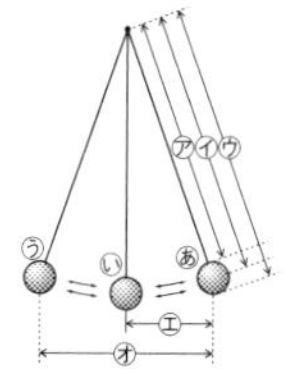

(1) ふれはばは、㋐～㋔のどれですか。（ ㋔ ）

(2) ふりこの長さは、㋐～㋔のどれですか。（ ㋑ ）

(3) ふりこの1往復は、次のどれになりますか。正しいものに○をつけましょう。
①（ ）あ→い→あ　②（ ）あ→い→う→い
③（ ）あ→い→う　④（○）あ→い→う→い→あ

(4) ふりこの1往復する時間の求め方は、次のどれがよいですか。最もよいもの1つに○をつけましょう。
①（ ）ストップウォッチで1往復する時間をはかります。
②（ ）10往復する時間をはかり、それを10でわって求めます。
③（○）10往復する時間を3回はかり、その合計を3でわって、1回あたりを求め、それを10でわって求めます。

(5) ふりこの長さを変えて実験するとき、同じにしておくこと2つは何ですか。（1つ10点）
ふりこの（ 重さ ）。ふりこの（ ふれはば ）。

(6) ふりこが1往復する時間が変わるのは、何を変えたときですか。（10点）
（ ふりこの長さ ）

(7) ふりこが1往復する時間を長くするには、何をどのように変えるとよいですか。（10点）
（ ふりこの長さを　長く　する ）

月　日　名前　　/100点

2 次の3つのふりこのうち、1往復する時間が他の2つよりも短いものを、それぞれ選びましょう。（各10点）

(1)（ ㋑ ）

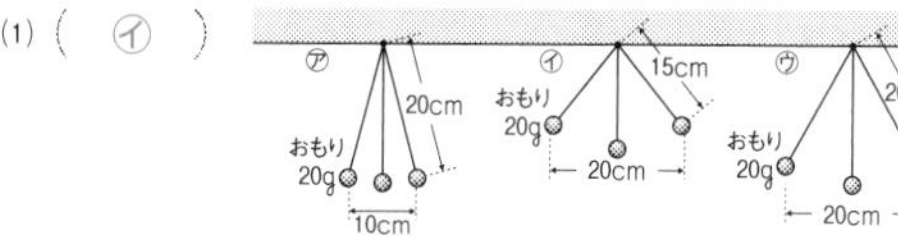

(2)（ ㋓ ）

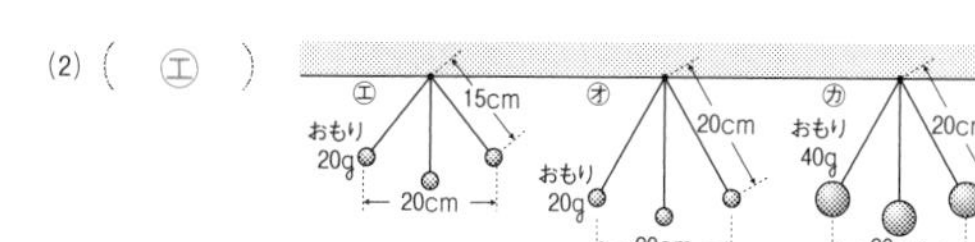

3 次の（ ）にあてはまる言葉を□から選んでかきましょう。（各5点）

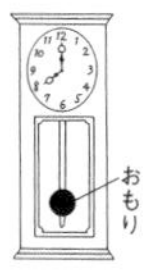

柱時計は（①ふりこ）の長さが同じとき、ふりこの1往復する時間が（②同じ）ことを利用しています。
おもりの位置を上にあげ、ふりこを（③短く）すると、ふれる時間も速くなり、時計が速く進みます。
また、おもりの位置を下にさげると、時計が進むのは（④おそく）なります。

短く　ふりこ　おそく　同じ

72

ふりこの運動

月　日　名前　／100点

■1 ふりこについて、あとの問いに答えましょう。（1つ7点）

(1) 次の（　）にあてはまる言葉を□から選んでかきましょう。

おもりを糸などにつるしてふれるようにしたものを（①ふりこ）といいます。

つるしたおもりが静止している位置から、ふれの一番はしまでの水平の長さをふりこの（②ふれはば）といいます。ふりこの長さは糸をつるした点からおもりの（③中心）までの長さをいいます。

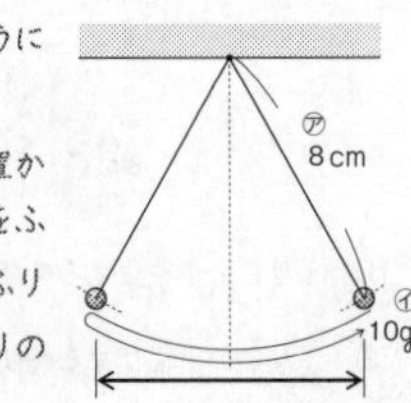

ふりこ　中心　ふれはば

(2) 図の㋐〜㋒の条件を変えました。次のうち、ふりこの1往復する時間が長くなるものに○をつけましょう。

①（○）㋐を10cmにする。　②（　）㋑を15gにする。

③（　）㋒を12cmにする。

(3) ふりこが1往復する時間は、何で変わりますか。

（ふりこの長さ）

■2 ふりこを使ったおもちゃをつくりました。うさぎを速く動かすには、どのようにすればいいですか。説明しましょう。（9点）

ふりこの長さを短くすればよい。

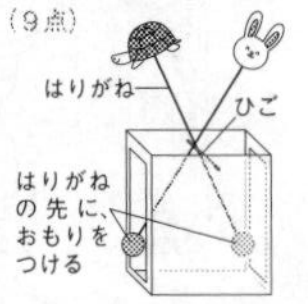

はりがね　ひご　はりがねの先に、おもりをつける

■3 おもりの重さを変えて、ふりこが10往復する時間を調べました。表は、その結果です。あとの問いに答えましょう。（1つ7点）

(1) この実験で、同じにする条件は、ふれはばともう1つは何ですか。

（ふりこの長さ）

	1回目	2回目	3回目
10g	16.5(秒)	15.8(秒)	15.4(秒)
20g	16.3(秒)	15.8(秒)	15.3(秒)

(2) それぞれの重さの3回の合計時間を求めましょう。

(10g) 式 16.5+15.8+15.4=47.7　(秒)

(20g) 式 16.3+15.8+15.3=47.4　(秒)

(3) (2)をもとに、1回（10往復）あたりの時間を求めましょう。

(10g) 式 47.7÷3=15.9　(秒)

(20g) 式 47.4÷3=15.8　(秒)

(4) (3)をもとに、ふりこが1往復する時間を求めましょう。

(10g) 式 15.9÷10=1.59　(秒)

(20g) 式 15.8÷10=1.58　(秒)

(5) 実験の結果からわかることとして、正しいものに○をつけましょう。

①（　）おもりの重さが重いほど、ふりこが1往復する時間は長くなります。

②（　）おもりの重さが重いほど、ふりこが1往復する時間は短くなります。

③（○）おもりの重さを変えても、ふりこが1往復する時間は変わりません。

73

電流のはたらき ②　電磁石

■1 電磁石の強さを調べるために図のような実験をしました。次の（　）にあてはまる言葉を□から選んでかきましょう。

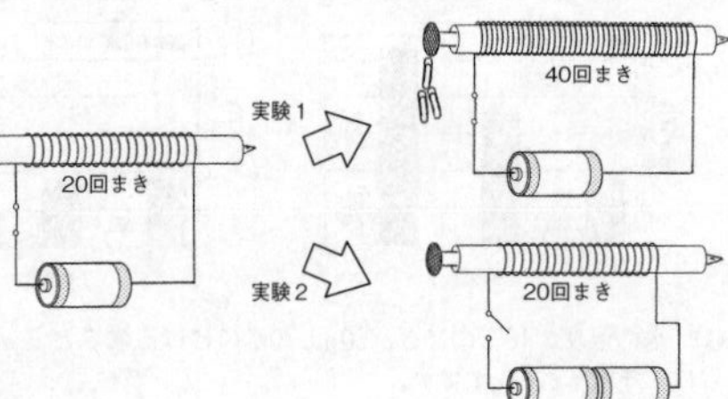

(1) 実験1は（①コイルのまき数）を増やしました。するとで電磁石につくクリップの数は（②増えました）。実験2は（③電池の数）を増やしました。つまり、コイルに流れる電流を（④強く）しました。すると、電磁石につくクリップの数は増えました。

強く　増えました　電池の数　コイルのまき数

(2) 実験の結果から、電流の強さが同じとき、コイルの（①まき数）を多くすると、電磁石の引きつける力は（②強く）なります。コイルのまき数が同じとき、コイルに流れる（③電流）を強くすると、電磁石の引きつける力は（④強く）なります。

強く　強く　電流　まき数

月　日　名前

ポイント　電池の数やコイルのまき数を変えて、磁力のちがいを学習します。

■2 図を見て、あとの問いに答えましょう。

N　コイル　鉄しん（くぎ）

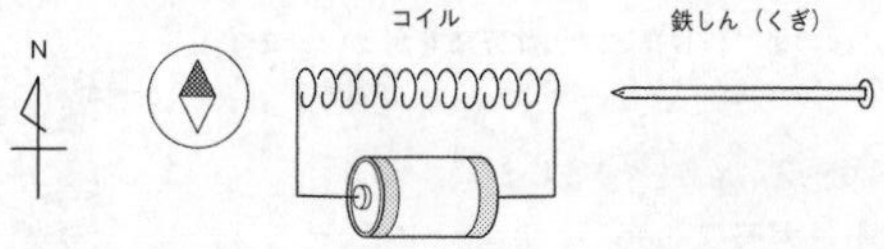

(1) 次の文で正しいものには○、まちがっているものには×をかきましょう。

①（×）方位磁しんをコイルに近づけても、はりの向きは変わりません。

②（○）方位磁しんをコイルに近づけると、はりの向きは変わります。

③（×）コイルには、鉄しんを入れていないので、磁石の力はありません。

④（○）コイルに鉄しんを入れると、磁石の力は強くなります。

⑤（×）コイルに入れていた鉄しんをぬくと、磁石ではなくなります。

(2) 強い電磁石をつくるための方法として正しいものには○、まちがっているものには×をかきましょう。

①（×）電池の向きを逆にします。

②（×）電池を2個にし、へい列つなぎの回路にします。

③（○）電池を2個にし、直列つなぎの回路にします。

④（○）コイルのまき数を増やします。

77

電流のはたらき ①　電磁石

■1 次の（　）にあてはまる言葉を□から選んでかきましょう。

(1) エナメル線をまいて（①コイル）をつくりました。これに電流を流すと（②磁石の力）が発生しました。（①）に鉄のくぎなどの（③鉄しん）を入れました。これに電流を流すと（②）が発生し、その力は、前よりも（④強く）なりました。これを（⑤電磁石）といいます。

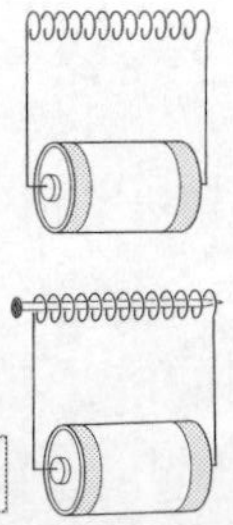

電磁石　磁石の力　コイル　鉄しん　強く

(2) 電磁石はふつうの磁石と同じように、（① N極とS極 ）の2つの極があります。（②電流）の流れる向きを変えると、N極は（③S極）に、S極は（④N極）に変わります。

また、（②）を止めると、電磁石のはたらきは（⑤止まり）ます。

S極　N極　N極とS極　止まり　電流

■2 コイルの中に、いろいろなものを入れて電磁石の強さを調べます。磁石の力が強くなるものに○をつけましょう。

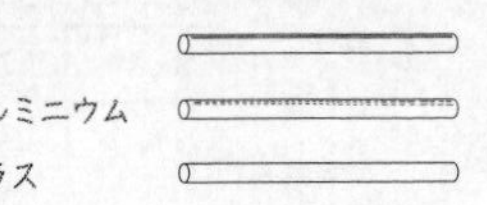

①（○）鉄

②（　）アルミニウム

③（　）ガラス

月　日　名前

ポイント　コイルに電流を流すと磁石の力が発生する電磁石のはたらきを学習します。

■3 図を見て、あとの問いに答えましょう。

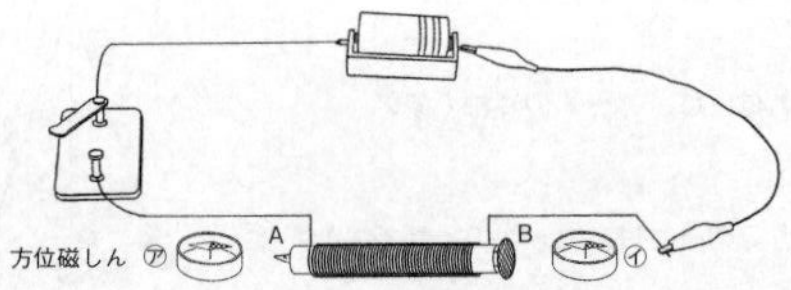

方位磁しん ㋐　A　B　㋑

(1) 次の（　）にあてはまる言葉を□から選んでかきましょう。

スイッチを入れると方位磁しん㋐、㋑が図の向きで止まりました。このことから、Aが（① S ）極、Bが（② N ）極になっていることがわかります。次に、かん電池の（③向き）を変え、電流の向きを（④ 逆 ）にすると、Aが（⑤ N ）極、Bが（⑥ S ）極になりました。これより、電流の向きが（⑦ 逆 ）になると、電磁石の極も（⑧ 逆 ）になることがわかります。

N　N　S　S　向き　逆　逆　逆

(2) 図のかん電池の向きを変えたとき、㋐、㋑の方位磁しんはどうなっていますか。正しいものに○をつけましょう。

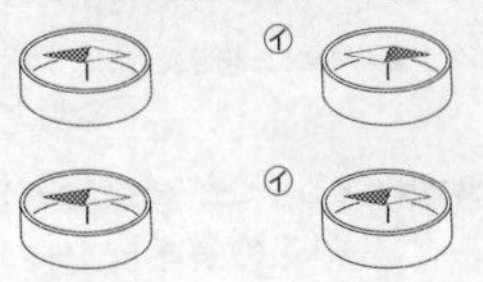

① ㋐　㋑　（　）

② ㋐　㋑　（○）

76

電流のはたらき ③　電磁石

■1 同じ長さのエナメル線とくぎを使って、電磁石をつくりました。

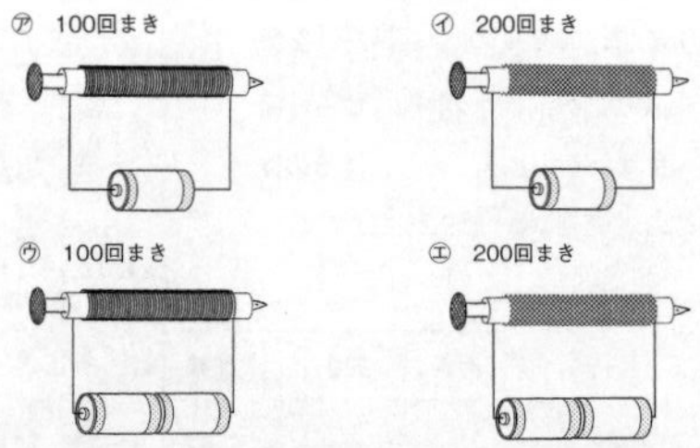

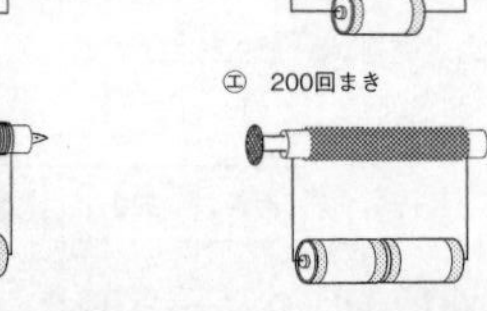

㋐ 100回まき　㋑ 200回まき　㋒ 100回まき　㋓ 200回まき

(1) 次の実験を調べるには、㋐〜㋓のどれとどれを比べるとよいですか。記号で答えましょう。

Ⓐ 電流の強さを変えると電磁石の強さも変わる実験。

①（㋐）と（㋒）、（㋑）と（㋓）

② 上の2つの実験で電磁石が強いものの記号をかきましょう。

（㋒）（㋓）

Ⓑ コイルのまき数を変えると、電磁石の強さも変わる実験。

①（㋐）と（㋑）、（㋒）と（㋓）

② 上の2つの実験で電磁石が強いものの記号をかきましょう。

（㋑）（㋓）

(2) ㋐〜㋓の電磁石で一番強いものはどれですか。記号で答えましょう。

（㋓）

月　日　名前

ポイント　電磁石の極は電流の流れ方によって変わります。

■2 次の（　）にあてはまる言葉を□から選んでかきましょう。

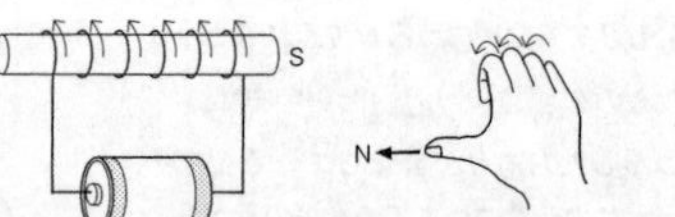

コイルに電流を流すと、N極とS極ができました。（① 右 ）手の指先をコイルに流れる（②電流）の向きにあわせてにぎります。親指の示す方向が（③ N極）になります。

N極　右　電流

■3 図にN極、S極をかきましょう。

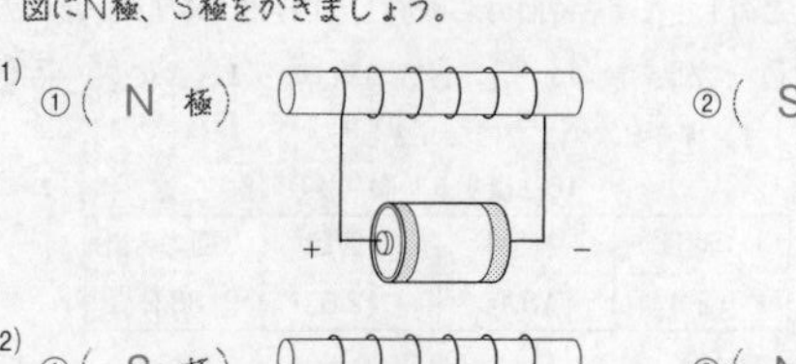

(1) ①（ N 極）　②（ S 極）

(2) ①（ S 極）　②（ N 極）

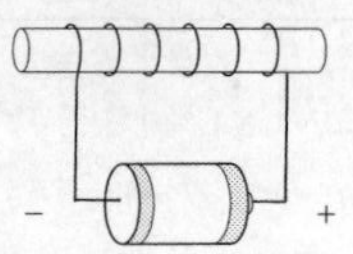

78

電流のはたらき ④
電流計・電げんそう置

1 電流計を使って、回路に流れる電流の強さを調べます。

(1) 次の(　)にあてはまる言葉を□から選んでかきましょう。

電流計は、回路に(①直列)につなぎます。

電流計の(②＋)たんしには、かん電池の＋極からの導線をつなぎます。

電流計の(③－)たんしには、電磁石をつないだ導線をつなぎます。

はじめは、最も強い電流がはかれる(④5A)のたんしにつなぎます。はりのふれが小さいときは(⑤500mA)のたんしに、それでもはりのふれが小さいときは(⑥50mA)のたんしにつなぎます。

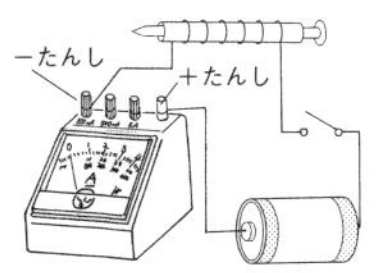

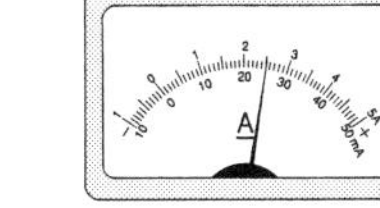

＋	－	直列	5A	500mA	50mA

(2) 右は電流計で電流の強さをはかったところです。－たんしが次のとき電流の強さを答えましょう。

① 5Aのたんし (2.5A)

② 500mAのたんし (250mA)

③ 50mAのたんし (25mA)

月　日　名前

ポイント 電流計や電げんそう置の使い方を学びます。

2 次の(　)にあてはまる言葉を□から選んでかきましょう。

(1) 右のそう置を(①電げんそう置)といいます。(①)を使うと(②かん電池)と同じように、回路に電流を流すことができます。

(①)には、赤色の(③＋)たんしと黒色の(④－)たんしがあります。

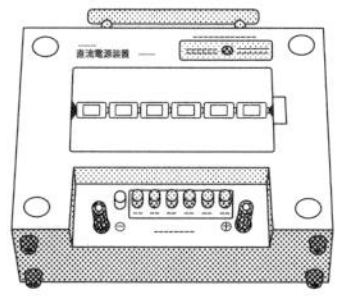

＋	－	かん電池	電げんそう置

(2) 電げんそう置は、電流の強さを変えられます。(①電流)の強さを変えるときは「2個」などとかかれた(②ボタン)をおします。すると、かん電池2個を(③直列つなぎ)にしたときの電流が流れます。

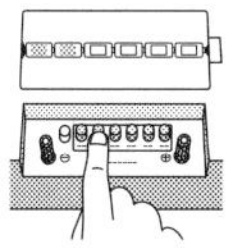

直列つなぎ	電流	ボタン

3 電流計や電げんそう置を使って実験を行います。正しくつなぎ、回路を完成させましょう。

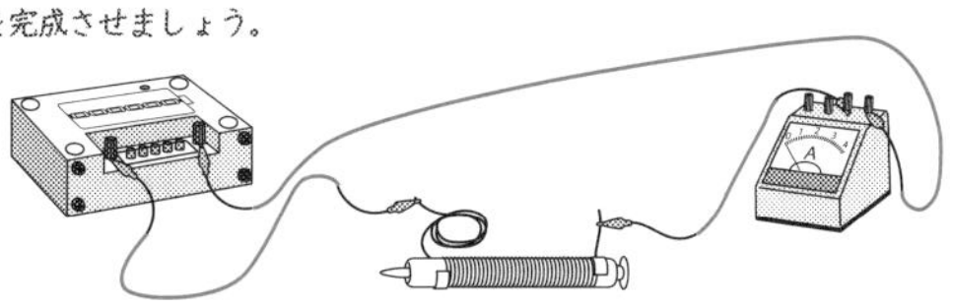

電流のはたらき ⑤
電磁石の利用

1 次の(　)にあてはまる言葉を□から選んでかきましょう。

(1) モーターは(①電磁石)と永久磁石の性質を利用したものです。磁石の極が引きあったり、(②しりぞけあっ)たりすることで回転します。(③電流)が強くなるほど、電磁石のはたらきも(④強く)なり、モーターの回転が(⑤速く)なります。

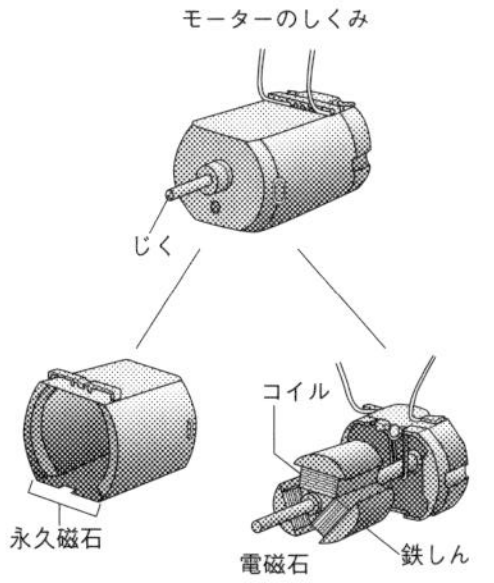

モーターのしくみ　じく　コイル　永久磁石　電磁石　鉄しん

電磁石	しりぞけあっ	強く	電流	速く

(2) 大型のクレーンに、(①電磁石)が使われていることがあります。(②電流)を流したり、その流れを切ったりすることで(③鉄)を引きつけたり、はなしたりすることができます。そのため、(③)と(④アルミニウム)を分けることもでき、とても便利です。また、強い電磁石をつくるために、コイルの(⑤まき数)を増やしたり、鉄しんの部分を(⑥太く)するなどのくふうもあります。

電磁石	まき数	電流	鉄	アルミニウム	太く

月　日　名前

ポイント 電磁石を利用したもののしくみを学習します。

2 電磁石の性質を使ったものに、モーターがあります。図を見て、次の(　)にあてはまる言葉を□から選んでかきましょう。

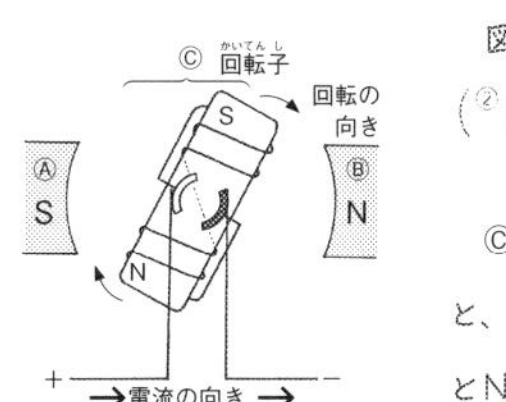

図のⒶ、Ⓑは(①永久磁石)でⓒは(②電磁石)です。

ⓒの回転子に(③電流)が流れると、回転子は(④電磁石)となり、SとNの(⑤極)ができます。するとⒶとⒷの永久磁石の極と(⑥しりぞけあっ)たり、(⑦引きあっ)たりして回りはじめるのです。 ※⑥⑦

電磁石	電磁石	永久磁石	電流	極
しりぞけあっ	引きあっ			

3 次のうちモーターが使われているものには○を、使われていないものには×をかきましょう。

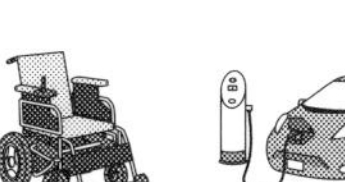
電動車いす (○)

電気自動車 (○)

せん風機 (○)

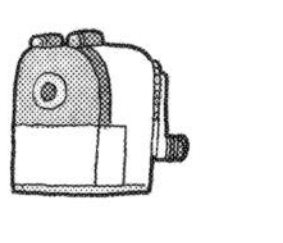

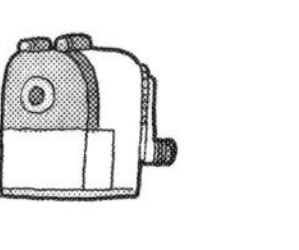

えんぴつけずり (×)

まとめテスト

電流のはたらき

1 図を見て、あとの問いに答えましょう。(1つ5点)

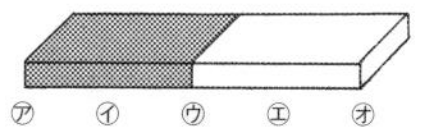

(1) クリップが最もよく引きつけられるのは、図のア〜オのどれとどれですか。 (ア)と(オ)

(2) 次の(　)にあてはまる言葉を□から選んでかきましょう。

(1)のように、クリップが最もよく引きつけられるところを(①極)といいます。磁石には(②N)極と(③S)極の2つがあります。

図の磁石の中心に糸をつけ、バランスよく、くるくる回るようにつるしました。このとき、南の方角をさすのが(④S)極で、北の方角をさすのが(⑤N)極です。 ※②③

極	N	N	S	S

2 図を見て、あとの問いに答えましょう。(各5点)

(1) 図1のアは何極ですか。 (S極)

(2) 図2のように、電磁石からくぎをぬきとりました。イは何極ですか。 (N極)

(3) 図2は、図1と比べ、電磁石のはたらく強さはどうなりますか。 (弱くなる)

月　日　名前　/100点

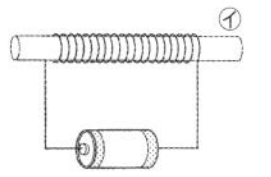

3 図を見て、あとの問いに答えましょう。(1つ4点)

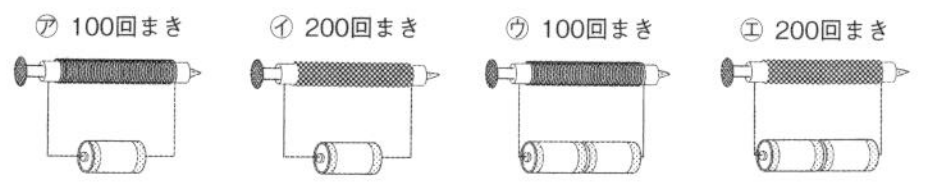

ア 100回まき　イ 200回まき　ウ 100回まき　エ 200回まき

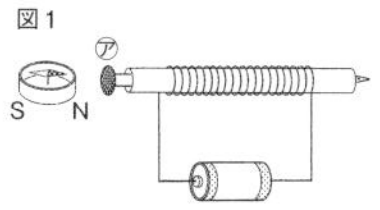

(1) ア〜エの電磁石のうち、磁石のはたらきが一番強いものはどれですか。 (エ)

(2) ア〜エの電磁石のうち、磁石のはたらきが一番弱いものはどれですか。 (ア)

(3) ア〜エの電磁石にクリップを近づけたとき、もっとも強く引きつけるのはどれですか。記号をかきましょう。 (エ)

(4) 次の文の(　)にあてはまる言葉をかきましょう。

(3)の結果から、強い電磁石をつくるためには、コイルのまき数を(多くする)ことと、流れる電流を(強く)することが必要だとわかります。

4 次の製品のうち、電磁石を使っているものに○、そうでないものに×をかきましょう。(各5点)

① モーター (○)　② トースター (×)

③ せんたく機 (○)　④ 電球 (×)

⑤ スピーカー (○)　⑥ アイロン (×)

まとめテスト

電流のはたらき

1 かん電池、電流計、電磁石をつなぎ、回路をつくります。電流計を使って電磁石に流れる電流の強さをはかります。(1つ6点)

(1) 導線アとウは、かん電池のエ、オのどちらにつなぎますか。

ア―(オ)　ウ―(エ)

(2) 電磁石の導線イを電流計の－たんしにつなぐとき、最初につなぐのはカ、キ、クのどのたんしですか。 (カ)

ク 50mA　キ 500mA　カ 5A

(3) たんしキを使って電流をはかりました。はりは右の図のようになりました。電流の強さはいくらですか。 (300mA)

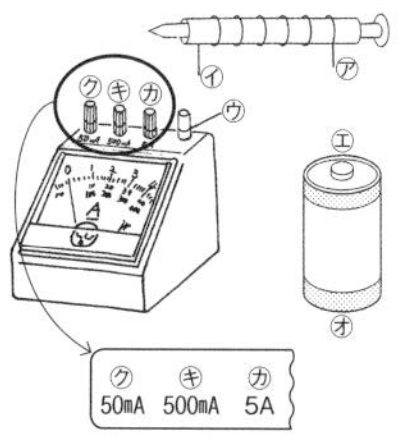

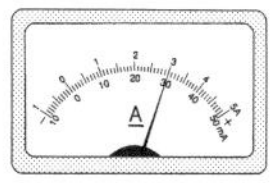

2 図を見て、あとの問いに答えましょう。(1つ6点)

(1) 図アのように、導線を何回も同じ向きにまいたものを何といいますか。 (コイル)

(2) 図イに電流を流すと磁石のはたらきをしました。このようなものを何といいますか。 (電磁石)

(3) 次のものの中で、鉄くぎの代わりになるものに○、ならないものに×をかきましょう。

① アルミぼう (×)　② ガラスぼう (×)

③ はり金 (○)

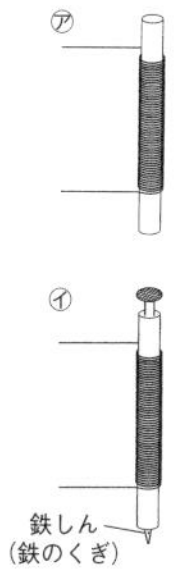

鉄しん(鉄のくぎ)

月　日　名前　/100点

3 図を見て、あとの問いに答えましょう。

ア 100回まき　イ 200回まき　ウ 100回まき　エ 200回まき

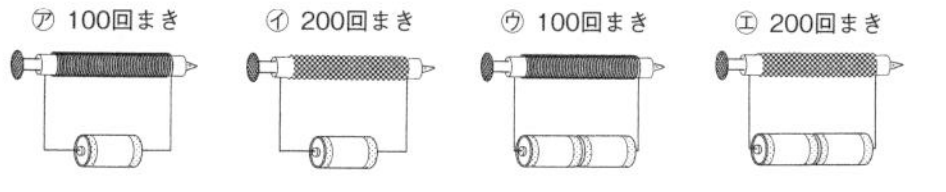

(1) ア〜エにクリップをたくさんつけました。次の2つを比べたとき、クリップがたくさんつく方に○をしましょう。(1つ6点)

(　)アとイ(○)　(　)アとウ(○)

(　)イとエ(○)

(2) ア〜エのうち、一番多くクリップがつくのはどれですか。(6点) (エ)

(3) 電磁石に方位磁しんを近づけると、右の図のようになりました。Ⓐは何極ですか。(6点) (S極)

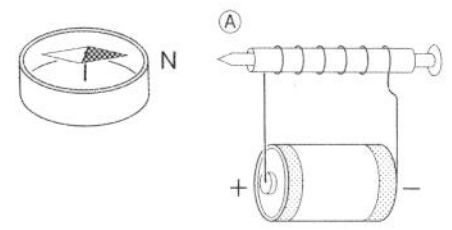

(4) (3)の状態から電池の向きとくぎの向きを変えたときの方位磁しんのはりはそれぞれどうなりますか。記号をかきましょう。(各5点)

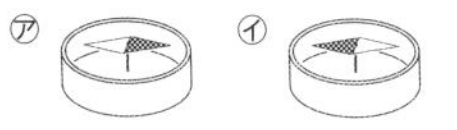

① 電池の向きを変えた (イ)

② くぎの向きを変えた (ア)

(5) 図のような、かん電池の代わりになるそう置を何といいますか。(6点) (電げんそう置)

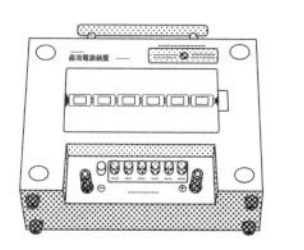

電流のはたらき

1 電磁石のはたらきを調べるために、エナメル線、鉄くぎ、かん電池を使って、次の㋐～㋕のような電磁石をつくりました。

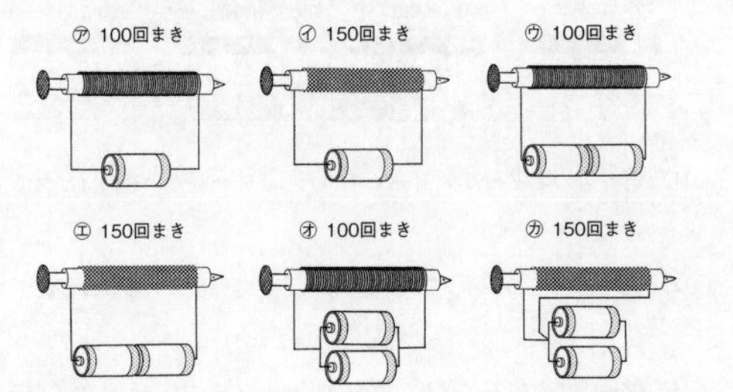

これらの電磁石を使った実験(1)～(5)について、(　)にあてはまる記号をかきましょう。（1つ5点）

(1) エナメル線のまき数と電磁石の強さの関係を調べるためには、㋐と（ ㋑ ）を比べます。

(2) 電流の強さと電磁石の強さの関係を調べるためには、㋐と（ ㋒ ）を比べます。

(3) 電磁石の強さが一番強かったのは（ ㋓ ）です。

(4) 電磁石の強さが、だいたい同じだったのは、（ ㋐ ）と（ ㋔ ）です。

(5) つなぎ方がまちがっていて、電磁石のはたらきがなかったのは（ ㋕ ）です。

月　日　名前　／100点

2 モーターについて、あとの問いに答えましょう。（1つ5点）

(1) 右の図は、モーターのしくみを表しています。図のⒶには何がありますか。

（ 永久磁石 ）

(2) 次の(　)にあてはまる言葉をかきましょう。

モーターは、電磁石の極と（ 永久磁石 ）の極とが、引きあったり、しりぞけあったりして（ 回転 ）します。

モーターのしくみ　じく　Ⓐ　コイル　電磁石　鉄しん

(3) 次のうち、モーターが使われているものには○、使われていないものには×をかきましょう。

（○）電気自動車　（○）リニアモーターカー
（○）せん風機　（×）かい中電灯

3 永久磁石と電磁石の両方にあてはまる文に○、電磁石だけにあてはまる文に△、どちらにもあてはまらない文に×をかきましょう。（各5点）

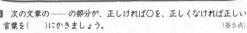

①（○） どちらの方向にも動けるようにすると、南北をさします。
②（△） 磁石の力を強くすることができます。
③（△） N極、S極をかんたんに変えることができます。
④（×） 1円玉を引きつけます。
⑤（○） 同じ極は反発し、ちがう極は引きつけます。
⑥（△） 磁石の力を発生させたり、なくしたりできます。
⑦（○） N極、S極があります。

電流のはたらき

1 次の(　)にあてはまる言葉をかきましょう。（各5点）

検流計（電流の強さと向きを調べる）　電磁石を2つの方位磁しんの間におく　方位磁しん ㋐ A B ㋑

スイッチを入れて電流を流すと、㋐の方位磁しんのN極が右の方にふれました。つまり、電磁石のはしAが（① S ）極になっていることがわかります。このことから、Bは（② N ）極、そして、㋑の方位磁しんのN極は（③ 右 ）にふれます。

次に、かん電池の向きを変え、流れる（④ 電流 ）の向きを逆にすると、電磁石のはしAが（⑤ N ）極、Bが（⑥ S ）極になります。電流の向きが逆になると、電磁石の極は、（⑦ 逆になります）。

2 図を見て、あとの問いに答えましょう。（各5点）

(1) 図のⒶを何といいますか。（ 電流計 ）

(2) 図のようなつなぎ方を何といいますか。（直列つなぎ）

(3) 電磁石㋐、㋑の磁石のはたらきをする力は、どちらが大きいですか。（ ㋑ ）

㋐ 50回まき　㋑ 100回まき　Ⓐ

月　日　名前　／100点

3 次の文章の――の部分が、正しければ○を、正しくなければ正しい言葉を(　)にかきましょう。（各5点）

(1) 電磁石の極は、電池の極を反対につなぐと、反対になります。（ ○ ）コイルのまき数を増やしても、電磁石の強さは変わりません。（ 強くなります ）

(2) 2個のかん電池を直列につないだら、1個のときよりエナメル線に（ ○ ）強い電流が流れ、電流が強いほど電磁石の力は強くなります。（ ○ ）

(3) 電磁石も両はしに、十極・一極ができ、鉄を引きつける力は、この（ S極・N極 ）部分が最も弱くなります。（ 強くなります ）

(4) モーターは、電磁石の極を自由に変えられることを利用して、（ ○ ）永久磁石と電磁石の引きあう力や反発する力で回転します。（ ○ ）

4 コイルのまき数を変えずに、電池を2個直列につなぎました。モーターの回転する速さはどうなりますか。その理由もかきましょう。（10点）

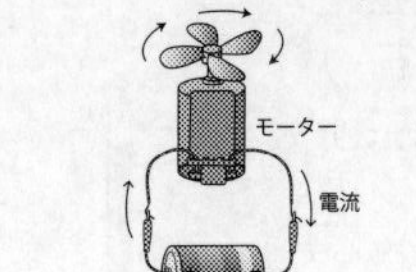

速くなります。
電磁石の力が強くなり速く回転するからです。

クロスワードクイズ

クロスワードにちょう戦しましょう。コ・ゴ、ケ・ゲ、ヒ・ビ、サ・ザ、キ・ギ、シ・ジ、ユ・ュは同じとします。

①コ	ン	チ	②ユ	③ウ	■	④エ
ボ	■	■	⑤ケ	ツ	エ	キ
⑥ウ	⑦チ	ワ	■	ボ	■	チ
■	テ	■	⑧タ	■	⑨ツ	ユ
⑩ス	イ	⑪セ	イ	■	■	ウ
イ	■	⑫イ	セ	エ	⑬ビ	■
カ	■	⑭サ	ギ	■	⑮シ	キ

タテのかぎ

① ○○○、根を食べる野菜です。きんぴらがおいしいよ。

② 空気中に出た水じょう気が冷やされて、水つぶになったもののことです。

③ ウナギのような体型で、サンゴのあなにかくれ、魚などをおそいます。するどい歯を持つ、どうもうな魚です。

④ チョウ、アブなど花のみつをすいにきます。人間の役に立つ虫で、○○○○○とよばれています。

⑦ 大地の底。地面のずっと深いところです。

⑧ ○○○○作用。水の流れが運んだ土やすなを積もらせることです。

⑩ キュウリ、メロンなどの仲間で夏によく食べられます。

⑪ 星の集まりを動物に見立てて名をつけたものです。サソリ、ハクチョウなど。

⑬ うでの中ほどにある関節のことです。足の方でいうならひざです。

ヨコのかぎ

❶ 体が頭・むね・はらに分かれ足が6本ある虫のことです。

❺ 動物の体内をめぐる液体のことです。人間では赤色をしています。

❻ あおいで風をおこす用具のことです。似たものにせんすがあります。

❾ 6月から7月にかけて続く長雨のことです。梅雨ともかきます。

❿ 太陽けいのわく星で太陽にもっとも近い星です。○○、金、地、火、木といって覚えました。

⓬ 大型のエビです。三重県の地名がついています。

⓮ 鳥の名。姫路城はシラ○○城ともよばれています。

⓯ ○○ュウ。女性の体にある赤ちゃんを育てる器官のことです。

答えは、どっち？

正しいものを選んでね。

1 川には、上流と下流がありました。大きな石があるのは、どっち？

（ 上流 ）

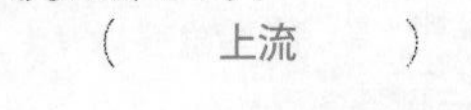
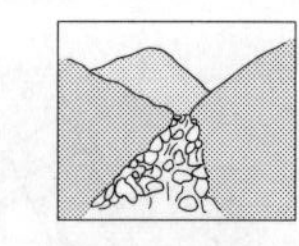

2 電流計を学習しました。電流計の十たんしは、図のⒶ、Ⓑどっち？

（ Ⓐ ）

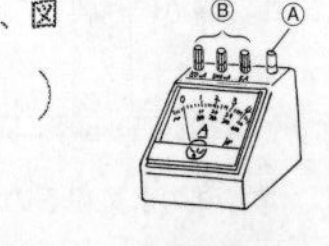

3 雲の量で、晴れ、くもりの天気が決まりました。雲の量が全体10のうち7なら、天気はどっち？

（ 晴れ ）

4 でんぷんにヨウ素液をつけると色が変化しました。赤むらさき色、青むらさき色のどっち？

（ 青むらさき色 ）

5 たまごからかえったばかりのメダカは2～3日、えさはいりますか。それともいりませんか。どっち？

（ いりません ）

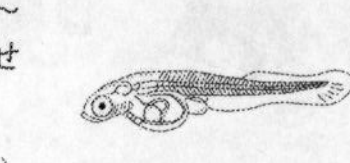

月　日　名前

6 アブラナとカボチャの花を習いました。おばな、めばなの区別があるのはどっち？

（ カボチャ ）

7 花粉はこん虫に運ばれたり、風によって運ばれたりします。マツの花粉はどっち？

（ 風 ）

8 食塩とミョウバンがあります。水50mLにとける量が温度によって大きく変化するのは、どっち？

（ ミョウバン ）

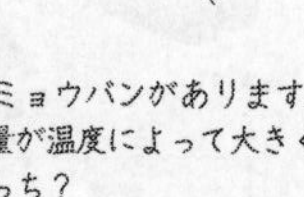

9 ふりこの長さは、Ⓐ、Ⓑのどっち？

（ Ⓐ ）

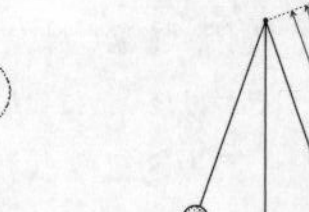

10 ヒトもゾウも母親の体内で赤ちゃんを育てます。母親の体内にいる期間が長いのはどっち？

（ ゾウ ）

理科めいろ

月　　日　名前

◆ あとの5つの分かれ道の問題に正しく答えて、ゴールに向かいましょう。

問題

① けんび鏡をのぞくと、見たい部分が右はしにありました。これを中央に移動させるには、プレパラートを右に動かします。
○か、×か？

② イルカもクジラと同じようにせなかの鼻のあなで息つぎをします。
○か、×か？

③ 方位磁しんのはりが北をさすのは、地球の北極がＳ極になっているからです。
○か、×か？

④ 夏にくる台風が、日本の近海までやってくると、進路を東にとるのは、日本海流にえいきょうされるからです。
○か、×か？

⑤ 入道雲の中の水じょう気が冷やされて氷になったものをヒョウやアラレとよびます。小さい方がヒョウです。
○か、×か？

まちがいを直せ！

月　　日　名前

正しい言葉に直しましょう。

1 あんぱん作用？（　運ぱん作用　）
流れる水のはたらきで、土やすなを運びます。

けずる
運ぶ
積もらせる

2 じゅう道雲？（　入道雲　）
夏の暑い日によく見られる雲です。
短い時間に、はげしい雨をふらせます。

3 ゆれはば？（　ふれはば　）
ふりこは、Ⓐを変えても１往復する時間は変わりません。

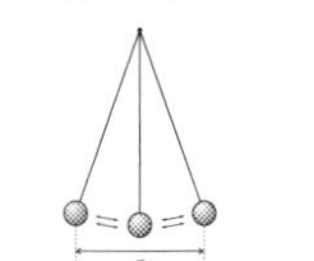

4 白葉箱？（　百葉箱　）
中に、温度計やしつ度計などが入っています。

5 オスシリンダー？（メスシリンダー）
水よう液などの体積をはかるときに使います。目もりは、液面のへこんだ部分を真横から読みます。

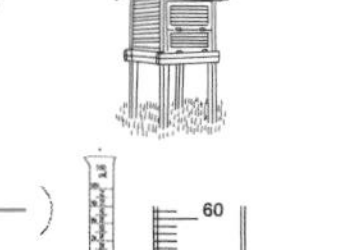
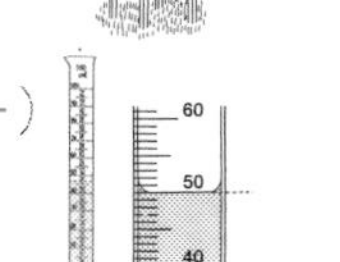
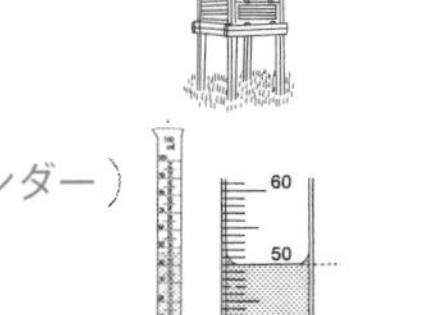

6 アメデス？（　アメダス　）
全国におよそ1300か所ある気象観測そう置です。

7 酸素液？（　ヨウ素液　）
これを使うと、でんぷんがあるかを調べることができます。

茶かっ色の液体

8 月曜液？（　水よう液　）
ものが水にとけた液のことをいいます。つぶが見えない、すきとおっていることをいいます。

9 横列つなぎ？（　へい列つなぎ　）
かん電池２個のつなぎ方で、かん電池１個のときと同じ強さの電流が流れます。

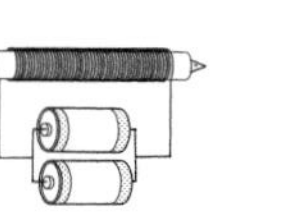

10 電気石？（　電磁石　）
コイルに電流を流すと磁石の力を発生させます。モーターなどに利用されています。

理科習熟プリント　小学5年生　大判サイズ

2020年4月30日　発行

編　集　宮崎　彰嗣
著　者　山下　　洋
発行者　面屋　尚志
企　画　フォーラム・A
発行所　清風堂書店
〒530-0057　大阪市北区曽根崎2-11-16
TEL 06-6316-1460／FAX 06-6365-5607
振替　00920-6-119910

制作編集担当　蒔田司郎　☆☆
表紙デザイン　ウエナカデザイン事務所　5022